国家自然科学基金面上项目(No. 51574093、No. 51774101)
国家科技支撑计划项目(No. 2012BAB08B06)
贵州省应用基础研究计划重大项目(JZ 字[2014]2005)
贵州省高层次创新型人才培养项目(合同编号:黔科合人才(2016)4011 号)
贵州大学培育项目(黔科合平台人才[2017]5788-49)
贵州省土木工程一流学科建设项目(项目编号: QYNYL[2017]0013)

页岩储层破裂特征及裂缝分布预测

Failure Characteristics in Shale Reservoirs and the Prediction of Fractures Distribution

邬忠虎　左宇军　易同生　孙文吉斌　伍耀文　著

科 学 出 版 社
北　京

内 容 简 介

本书以数值模拟和物理试验为主要研究手段，对贵州凤冈三区块下寒武统牛蹄塘组页岩储层的破裂模式、孔隙结构特征、裂缝发育特征、孔喉孔径分布特征、裂缝发育主控因素及该区域的裂缝分布定量预测开展了系统研究。根据多期叠加理论，结合断裂力学、岩石力学和地质力学理论建立了多期次构造应力场数值模拟与储层裂缝分布预测方法。研究成果可有效指导贵州黔北地区页岩气压裂开采方案的设计及水平井的部署。

本书可供土木工程、石油工程、采矿工程等领域的专业技术人员和高等院校的师生参阅。

图书在版编目(CIP)数据

页岩储层破裂特征及裂缝分布预测=Failure Characteristics in Shale Reservoirs and the Prediction of Fractures Distribution / 郧忠虎等著. —北京：科学出版社，2018.11

ISBN 978-7-03-056728-4

Ⅰ. ①页… Ⅱ. ①郧… Ⅲ. ①页岩－裂隙储层集－分布－预测－贵州Ⅳ. ①P618.130.206.273

中国版本图书馆CIP数据核字(2018)第048206号

责任编辑：李 雪 武 洲 / 责任校对：王萌萌
责任印制：张 伟 / 封面设计：无极书装

科学出版社出版
北京东黄城根北街 16 号
邮政编码：100717
http://www.sciencep.com

北京凌奇印刷有限责任公司印刷

科学出版社发行 各地新华书店经销

*

2018 年 11 月第 一 版 开本：720 × 1000 1/16
2019 年 2 月第二次印刷 印张：11 3/4
字数：232 000

POD定价： 98.00元
(如有印装质量问题，我社负责调换)

前　言

目前，随着常规油气资源量的减少，页岩气作为一种非常规能源越来越受到人们的广泛关注。页岩气储量大、分布广，是一种清洁高效的非常规天然气，被认为是常规能源的理想替代者，具有重要的战略地位。页岩既是储层也是烃源岩，其储集空间分为裂缝型、孔隙型和裂缝孔隙复合型，其中裂缝型占据重要地位。

贵州凤冈三区块是国土资源部第二轮页岩气探矿区出让进行招标的区块之一，具有良好的页岩气勘探开发前景。在页岩气勘探开发中，保存条件好的裂缝发育区往往是页岩气的甜点区域。页岩储层中的裂缝控制着储层的含气性、渗透性，是页岩游离气的重要储集空间之一，为页岩气勘探和开发中的井网布局、水平井的设计部署、水力压裂设计和优化注水方案等提供重要的依据，具有重要的理论意义和工程价值。

本书基于贵州凤冈三区块下寒武统牛蹄塘组页岩储层开展页岩储层矿物岩石学、储集物性、岩石力学等特征分析，裂缝发育特征描述，查明裂缝发育主控因素，结合地质力学、岩石力学、弹性力学和断裂力学理论建立多期次构造应力场作用下页岩储层裂缝分布预测方法。研究成果对贵州黔北地区页岩气压裂开采具有重要的指导作用。从宏观到微观角度观察页岩储层裂缝发育特征，发现下寒武统牛蹄塘组页岩岩心裂缝发育，其中以构造裂缝为主，构造裂缝中张性裂缝所占比例大于剪切裂缝。由野外露头、岩心、显微镜和扫描电镜观测可知，下寒武统牛蹄塘组页岩裂缝充填程度较高，通常微裂缝中最常见的充填物是方解石，其次还有少量石英和黄铁矿。

构造应力场、岩性和矿物组分、岩石力学性质及有机碳含量是控制页岩储层裂缝的重要因素，其中构造应力场是裂缝形成最重要的因素。页岩中脆性矿物如石英、方解石等含量越高，裂缝越发育；有机碳含量也与裂缝发育程度呈正相关关系。研究区燕山期和喜马拉雅期叠加后的应力场模拟结果表明，在断裂带附近，断裂端部和断裂交汇处应力水平较高，应力低值区分布在断裂与断裂之间。裂缝发育区($I_c>1.11$)主要分布在：①何家坝断裂、随阳山断裂、党湾断裂、桃坪断裂和峰岩断裂；②断裂转折处及不同断裂相交处。裂缝相对发育区($1<I_c<1.11$)主要分布在鱼泉沟断裂、随阳山断裂西部、永和断裂、FC-1井西侧和峰岩断裂西部。其他地方属于裂缝不发育区($I_c<1$)，贵州凤冈三区块裂缝发育程度受断裂控制明显。贵州凤冈三区块下一步勘探的重点区域建议优先选择裂缝发育区。

本书第1章绪论部分主要指出研究对象的重要意义和国内外研究现状；第2

章主要介绍贵州凤冈三区块的区域地质背景；第 3 章分析研究区下寒武统牛蹄塘组页岩储层特征；第 4 章对 FC-1 井进行测井解释评价；第 5 章分析研究区下寒武统牛蹄塘组页岩裂缝发育特征及主控因素；第 6 章对研究区构造应力场进行三维数值模拟分析；第 7 章对研究区页岩储层裂缝分布进行定量预测；第 8 章为结论。

本书是在国家自然科学基金面上项目(No. 51574093、No.51774101)、国家科技支撑计划项目(No. 2012BAB08B06)、贵州省应用基础研究计划重大项目(JZ 字[2014]2005)、贵州省高层次创新型人才培养项目(合同编号：黔科合人才(2016)4011号)、贵州省科技计划项目(黔科合平台人才[2017]5788-49)、贵州省土木工程一流学科建设项目(项目编号：QYNYL[2017]0013)的资助下完成的，在此，特表示衷心的感谢！

本书在撰写过程中得到了贵州省非常规天然气勘探开发利用工程研究中心有限公司、贵州省煤田地质局、贵州省天然气能源投资股份有限公司在资料收集、取样及试验方面提供的帮助，尤其是贵州省天然气能源投资股份有限公司的伍耀文工程师为本书提供了丰富的地质资料，在此表示深深的谢意！特别感谢澳大利亚纽卡斯尔大学王善勇教授，中国地质大学(北京)丁文龙教授，中国矿业大学(北京)孟召平教授，中国地质科学院地质力学研究所王宗秀研究员、张林炎副研究员，东北大学朱万成教授、杨天鸿教授、于庆磊副教授，内蒙古科技大学陈世江副教授对本书提供的指导和帮助！此外，感谢作者的师弟鹿重阳、许云飞对本书提出的意见和建议！

由于作者水平和经验有限，书中难免有不足之处，敬请广大读者批评指正！

作　者

2018 年 1 月于贵阳

目　录

第1章 绪　　论

1.1 引　　言

目前，随着常规油气资源量的减少，页岩气作为一种非常规能源越来越受到人们的广泛关注(Curtis, 2002; Montgomery et al., 2005; Warlick, 2006; Jarvie et al., 2007; Pireh et al., 2015; Wang et al., 2016a; Wu et al., 2017)。页岩气是常规油气最现实的替代资源之一，具有重要的战略地位。近年来，许多国家和地区都已经加大对页岩气的勘探开发和研究力度，我国的页岩气资源丰富，不同学者对我国不同沉积盆地及盆地外的页岩分布区开展了页岩气地质评价与有利区预测等研究工作(聂海宽等，2009a; Zou et al., 2010; 陈尚斌等，2012; Ding et al., 2012; 陈吉和肖贤明，2013; Ding et al., 2013; Jiu et al., 2013; Meng and Xian, 2013; Zeng et al., 2013a; 黄磊和申维，2015; 王秀平等，2015; Li et al., 2016; He et al., 2016, 2017; 朱炎铭等，2016)，取得了丰富的成果认识和良好的勘探效果。近期重庆焦石坝地区下志留统龙马溪组页岩气田的商业化开发表明，南方地区是我国页岩气勘探开发的重要战略地区(Yang et al., 2016; Hu et al., 2017)。2016年，中国地质调查局在贵州遵义开发的AY-1井取得了页岩气重大突破性成果，使我国南方复杂地质构造区和贵州页岩气勘探开发展现了光明前景。

根据《国务院关于进一步促进贵州经济社会又好又快发展若干意见》(国发〔2012〕2号)，《国土资源部关于加强页岩气资源勘查开采和监督管理有关工作的通知》(国土资发〔2012〕159号)，《国务院办公厅关于转发国土资源部等部门找矿突破战略行动纲要(2011—2020年)的通知》(国办发〔2011〕57号)，《国土资源部关于构建地质找矿新机制的若干意见》(国土资发〔2010〕59号)，贵州省委、省政府提出的《关于实施工业强省战略的决定》(黔党发〔2012〕12号)，《贵州省工业十大产业振兴规划》(黔府发〔2010〕16号)的要求，页岩气是一种清洁高效的能源资源。加强页岩气勘查、开采，对提高我国能源资源保障能力，优化能源结构，改善生态环境，促进经济社会可持续发展具有重要的战略意义。《页岩气发展规划(2011—2015年)》提出："国民经济和社会发展'十二五'规划明确要求'推进页岩气等非常规油气资源开发利用'，为大力推进页岩气勘探开发，增加天然气资源供应，缓解我国天然气供需矛盾，调整能源结构，促进节能减排，特制定本规划。本规划期限为2011年至2015年，展望到2015年。"《中华人民共和国国民经济和社会发展第十二个五年规划纲要》明确提出："实施地质找矿战略工程，加大勘查力度，实现地质找矿重大突破，形成一批重要矿产资源的战略接续区。建立重要矿产资源储备体系。”据此，国土资源部、国家发展和改革委员会、科学技术部、财政部同有关部门编制了《找矿突破战略行动纲要(2011—2010 年)》，以石油、天然气、铀、铁、铜、铝、钾盐等重要矿产为重点，开展主要含油气盆地，重点成矿区带地质找矿工作，力争用 8～10 年的时间新建一批矿产勘查开发基地，重塑全国矿产勘查开发格局，为我国经济社会可持续发展提供有力支撑。实施找矿突破战略行动，是新形势下进一步增强矿产资源保障能力的有效途径，对全面建成小康社会宏伟目标的实现具有重要意义。充分发挥好贵州能源资源富集区的矿产资源优势，建设我国南方地区重要的战略资源支撑基地，大力实施工业强区战略，加快推进新型工业化进程，促进遵义地区社会经济又好又快、更好更快地发展，实现“强区升位、跨越发展”的战略目标，建立和完善地质找矿新机制，扎实推进国土资源部提出的地质找矿“358”目标：“三年有重大进展，五年有重大突破，八到十年重塑矿产勘查开发新格局”，加快实现地质找矿的重大突破。贵州省委、省政府紧紧抓住国家深入实施西部大开发战略和《国务院关于进一步促进贵州经济社会又好又快发展的若干意见》(国发〔2012〕2 号)的历史机遇，以“加速发展、加快转型、推动跨越”为主基调，大力实施工业强省和城镇化带动战略，按照国土资源部“358”找矿突破战略行动总体部署和贵州省找矿突破战略计划，为建设全国重要的能源基地、资源深加工基地，确保与全国同步实现小康社会的宏伟目标，充分调动社会各方积极性，发挥好地勘单位找矿主力军作用，实现地质找矿重大突破，为贵州社会经济发展提供资源保障。

页岩既是储层也是烃源岩，其储集空间分为裂缝型、孔隙型和裂缝孔隙复合型，其中裂缝型占据重要地位(Guo et al., 2016; Wang et al., 2016b; Wu et al., 2017)。聂海宽等(2009a)认为裂缝在页岩气成藏中具有两方面的作用：一方面，裂缝是页岩气的运移通道和储集空间，有助于页岩气储层总含气量的增加；另一方面，如果裂缝尺寸过大，有可能导致页岩气散失，不利于油气保存。事实上，气藏对于保存条件要求比较高，一般在断裂影响范围内，裂缝比较发育，对气藏保存是相对不利的；而不靠近断裂的地方，在存在上覆盖层的情况下，裂缝发育区往往是甜点区域。Bowker(2007)和 Montgomery 等(2005)通过对 Barnett 页岩进行研究，认为在阿巴拉契亚盆地中处于裂缝发育带的地方，页岩气产量高，而在裂缝不发育的地方，页岩气产量低甚至不产气，表明页岩储层中页岩气含量高低与储层裂缝密切相关。吴礼明等(2011)对渝东南地区的海相页岩进行研究，结果表明裂缝是页岩储层储集物性的重要特性之一，其发育控制着页岩气储层的含气性、渗透性，页岩储层裂缝的研究已经成为页岩气勘探开发中的一项重要内容。Curtis(2002)和张金川等(2004)通过研究表明指出，目前发现的具有工业价值的页岩气藏裂缝都比较发育。

同时，页岩储层中的裂缝不仅为页岩气的赋存提供空间，同时也是页岩气渗流的通道。页岩储层在构造应力作用下产生的构造裂缝是裂缝中最重要的一种类型，准确预测和评价页岩中构造裂缝的发育特征、分布规律，可对页岩气勘探和开发中的井网布局、水平井的设计部署、水力压裂设计和优化注水方案等提供重要的依据，具有重要的理论意义和工程价值。

1.2　国内外研究现状

1.2.1　页岩气勘探开发研究现状

页岩气资源潜力巨大，在全球分布广泛。美国能源信息署(Energy Information Administration, EIA)(EIA, 2013)对全球14个主要页岩气产气区进行页岩气资源调查评估，估计全球可采页岩气资源量为 $187\times10^{12}m^3$。我国页岩气可采资源量为 $36\times10^{12}m^3$，全球排名第一，其次是美国(方小美和陈明霜，2011)。

1. 国外页岩气勘探开发研究现状

美国在 1821 年就开始了对页岩气的开发，是世界上最早从事页岩气研究和勘探开发的国家，从美国第一口商业井完钻以来，页岩气有近 200 年的勘探开发历史。从 20 世纪 70 年代开始，美国政府积极推进页岩气产业，政府机构在资金、政策和价格方面积极支持页岩气勘探开发研究，鼓励页岩气的商业化开发。同时，随着钻完井技术及水力压裂技术的进步，页岩气的单井产量大大提高，页岩气开发逐步成为美国重要的勘探开发目标。2007～2017 年，美国页岩气产量大幅度增加，几大产气页岩储层如密歇根(Michigan)盆地的 Antrim 页岩、圣胡安(San Juan)盆地的 Lewis 页岩、福特沃斯(Fort Worth)盆地的 Barnett 页岩、阿巴拉契亚(Appalachian)盆地的 Ohio 页岩和伊利诺伊(Illinois)盆地的 New Albany 页岩的页岩气产量在 2013 年达到 $3100\times10^8m^3$、2014 年达到 $3400\times10^8m^3$，远远超过我国常规天然气的年产量。据美国能源信息署的最新预测，到 2035 年美国页岩气产量将提高 49%(EIA, 2013)。

继美国之后，加拿大也开展了页岩气勘探开发工作，根据预测，蒙特尼(Montney)盆地和霍思河(Horn River)盆地作为加拿大两大主要页岩气产气盆地，其页岩气开采资源量为 $6.80\times10^{12}m^3$，且资源分布面积广，涉及的地层主要包括侏罗系、白垩系、三叠系和泥盆系(World Energy Council, 2010)。根据美国能源信息署预测，加拿大页岩气产量 2020 年将超过 $625\times10^8m^3$。

2. 我国页岩气勘探开发进展

我国页岩气的研究工作起步较晚，但随着世界各国对页岩气的逐步重视，进入 21 世纪以后，我国页岩气的勘探开发工作已经逐步启动，并先后在很多地方布置勘探工作。2020年，我国天然气供需差距预计为$80\times10^8m^3$。页岩气作为一种清洁能源，具有开采寿命长的优点，一旦突破形成规模产能，必将对缓解我国油气资源紧张的压力产生重大影响。据估算，2012年我国页岩气可采资源量约为$26\times10^{12}m^3$，与美国($28\times10^{12}m^3$)大致相当。主要分布在我国南方、华北地区及塔里木海相盆地，以及北方大片陆相盆地。

2009年，国土资源部启动页岩气地质资源调查项目，对我国上扬子及滇黔桂地区、华北及东北地区、中下扬子及东南地区、西北地区四大地区(不含青藏地区)的页岩气资源进行评价，共优选出有利区108个，累计面积为$111.49\times10^4km^2$，潜在页岩气地质资源量为$134.42\times10^{12}m^3$，可采资源量为$25.08\times10^{12}m^3$(不含青藏地区)。2011年，页岩气成为我国第172个矿种，国家对其制定了一系列鼓励扶持政策，为社会资金进入页岩气勘查开发领域提供了机会，有利于形成竞争局面，加快我国页岩气勘探开发进程。2011年6月，国土资源部在第一轮页岩气探矿区招标中拿出了4个区块共$1.1\times10^4km^2$进行公开竞标，陕西延长石油(集团)有限责任公司、中国石油化工集团公司(以下简称中石化)、中国石油天然气集团有限公司等企业参与竞标。2012年10月，国土资源部拿出20个区块进行公开招标，总面积约$2\times10^4km^2$。

2012年11月，中石化在重庆涪陵地区的页岩气勘探取得重大突破，JY-1井获得高产气流。通过研究认为涪陵地区页岩气有利区面积达到$4000km^2$，该区页岩气丰度高、厚度大，是典型的海相页岩气。随后在2013年9月，国家能源局建立了涪陵国家级页岩气示范区。截至2013年，涪陵国家级页岩气示范区年产页岩气$6\times10^8m^3$。2014年，中石化宣布涪陵页岩气田进入商业化开发阶段，将在2017年建成百亿立方米的页岩气田。2015年，涪陵页岩气田新增页岩气储量$2739\times10^8m^3$，该区成为除北美外的最大页岩气田(郭旭升等，2014; 天工，2015)。

1.2.2 页岩储层裂缝预测研究现状

页岩储层中的裂缝不仅是页岩气的储集空间，同时也是其渗流通道，天然裂缝的发育可以有效提高游离气和吸附气的比例，影响页岩气的开发效益，裂缝作为油气勘探开发的一个重要指标，吸引了大量学者的广泛关注(Nelson, 2001; Zeng et al., 2010; Zhang et al., 2016; Zou et al., 2016; 穆龙新等，2009; 久凯等，2012)。北美在海相页岩气勘探开发中取得成功的经验表明，当页岩储层中发育大量的裂缝系统时，页岩可以作为有效储层(Curtis, 2002; Warlick, 2006; 孙岩等，2008; 李新景等，2007, 2009; 聂海宽等，2009b; Cho et al., 2013)。根据目前的技术现状和储层裂缝特征，储层裂缝预测的方法主要有定性预测和定量预测两种。

1. 储层裂缝定性预测

储层裂缝定性预测主要是基于构造部位和岩性的关系进行预测。在断裂带两侧、断裂末端、断裂交汇处及断裂产状发生改变的区域，储层裂缝发育(久凯等，2012)。与断裂距离越远，裂缝发育程度越低。断裂带内外岩体力学性质差异越大，裂缝越发育。此外，断裂类型与裂缝发育程度有关，通常正断层的裂缝发育程度较低，逆冲断层的裂缝发育程度中等，压扭性断层的裂缝发育程度最高。背斜构造在轴向上的裂缝密度、大小和连通性一般高于背斜两翼(Ghosh and Mitra, 2009)。

岩性对储层裂缝发育程度有重要影响。通常，白云岩、砂岩和灰岩储层裂缝发育程度比泥岩和砾岩高(曾联波等，2007; Ameen et al., 2012; 范存辉等，2013)。

2. 储层裂缝定量预测

1) 曲率法预测裂缝

曲率反映几何体的弯曲程度，包括欧拉曲率、最小主曲率、最大主曲率和高斯曲率等(Chopra and Marfurt, 2014)。从几何学角度出发，储层裂缝分布在一定程度上可以通过曲率值表示(郭科等，1998; Hunt et al., 2011)。通常，岩石受构造应力挤压时，会沿某一方向发生弯曲，岩石中性面以上会承受张应力产生张性裂缝(图1-1)，中性面以下受压应力，不能产生张性裂缝；地层受力越大，曲率值越大，岩石破裂程度也越高，裂缝越发育(孙尚如，2003)。因此，从几何学角度看，曲率值可以表征裂缝发育程度。

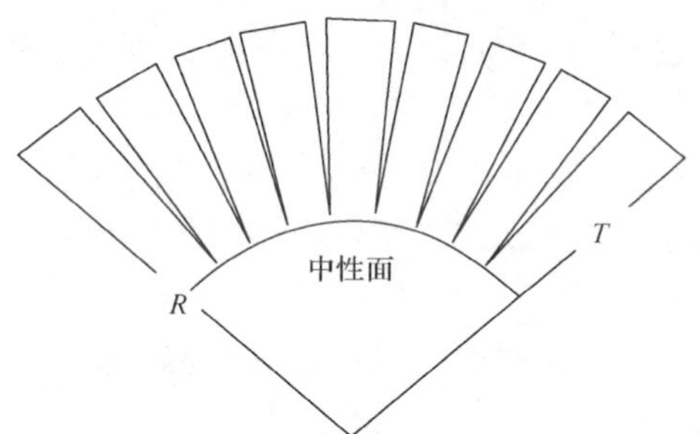

图1-1　张性裂缝构造图

R-半径；*T*-拉应力

Murray(1968)最先把曲率法运用在美国圣菲斯普林斯(Spanish)油田的储层裂缝预测，并取得成功，随后许多学者将该方法引入我国的储层裂缝预测。曾锦光等(1982)以弯曲薄板作为力学模型，对背斜构造进行了讨论分析，得出了用最大主曲率值作为裂缝发育程度的判据。他提出用构造图计算最大主曲率的方法，而且把该方法用于四川中坝构造并证明了该方法的有效性。Lisle(1994)将曲率属性推广到地质学领域，并使其得到了广泛应用。李志勇等(2003)用曲率法对江汉盆地储层裂缝进行预测，预测结果与实际情况吻合较好。彭红利等(2005)在微分几何原理的基础上导出了主曲率计算公式，给出了构造裂缝形成时的临界曲率值计算公式，并把主曲率方法成功应用于麻柳场嘉陵江组储层裂缝预测。刘宏等

(2008)采用综合曲率法对四川盆地三叠系嘉陵江组储层进行了裂缝预测，预测结果精度高于单一曲率法。刘金华(2009)在对渤海湾盆地火成岩进行裂缝预测时，发现了构造曲率法预测裂缝的缺陷，因此把缝面比参数与统计学分析引入曲率法，提出了经过改良的曲率法。王雷等(2010)采用曲率属性法对柴达木盆地某区块进行了裂缝预测，认为曲率属性法虽然有效，但是不能作为单独的评价标准，必须和其他属性法相结合才能提高预测精度。曲率法通常只考虑二维平面应力状态，没有考虑地层的三维实际情况，因此和三维应力(应变)分析相比，曲率法的预测结果没有三维应力(应变)分析精度高(Shaban et al., 2011)。此外，层间滑动对岩石的变形和破裂具有显著的控制作用(Smart et al., 2009)。根据曲率法的原理，该方法只适用于张性裂缝的预测，对剪切裂缝不适用，因而构造曲率法在裂缝预测方面也存在一定的局限性(吴胜和，2010)。因此，构造曲率法在定性或者半定量储层裂缝预测分析中有一定的优势(李志军等，2013; 王珂等，2014, 2015)，但由于仅仅考虑了张性裂缝，很难全面准确地预测裂缝。

2)二元法预测裂缝

20 世纪 60 年代，Price(1966)基于岩石破裂过程中表面能不断增加的现象，认为储层裂缝越发育，岩石中的弹性应变能越高。基于上述原理，周新桂等(1998)提出了能量法，在数值模拟中把岩石应变能作为储层裂缝预测的参数，认为岩石应变能越高，裂缝越发育。90 年代起，许多学者把破裂法与有限元数值模拟相结合对储层裂缝进行预测(丁中一等，1998; 宋惠珍等，1999a, 1999b; 曾联波等，2007; 周新桂等，2007)。该方法通过拟合破裂值、能量值与单井裂缝密度之间的关系预测储层裂缝分布。实践表明，该方法能提高储层裂缝预测的准确程度，而且操作简单，效果明显(鞠玮等，2013, 2014)。

二元法需要进行多元多次方程的拟合，对井位数量有要求，在井位数量少的情况下预测结果与实际有偏差，所以二元法有一定的局限性。

3)分形维数法预测裂缝

分形理论认为，岩石破裂形成的裂缝具有分形特征(童亨茂，2004)，可以通过分形维数定量描述储层裂缝发育程度。尹燕义等(1998)分别用盒维数法和康托点集法对辽河油田 38 区块潜山变质岩储层进行分形维数研究，研究结果显示不论是宏观裂缝，还是微观裂缝，发育程度都具有明显的分形特征，可用分形维数值 D 描述储层裂缝发育程度。此外，在同一构造应力场下，不同岩性裂缝发育程度不同，碎屑岩中裂缝最发育，分形维数值最高；灰绿岩中裂缝发育程度最低，分形维数值最小。邬光辉等(2002)通过对塔里木碳酸盐岩储层裂缝进行研究，认为储层裂缝密度越大，分形维数值越大。邓攀等(2006)通过把分形维数值和电导率测井、声波测井、地层倾角测井和放射性测井结合起来，对辽河盆地的火山岩裂缝型储层裂缝发育程度和裂缝密度进行了定量预测。冯阵东等(2011)和赵力彬等

(2012)对克拉2气田储层裂缝进行研究时发现，裂缝密度值与分形维数值之间呈正相关关系，裂缝分形维数值可以作为衡量裂缝发育程度的指标。

采用分形维数法预测裂缝要求研究区地震解释精度高、断裂系统发育，存在一定的局限性。

4)构造应力场数值模拟法预测裂缝

构造应力场是由于构造运动而产生的应力场(Bayly, 1992; 万天丰，2004; Zoback, 2010; Yang et al., 2014)，李四光首次提出了构造应力场的概念，并研究了各种构造行迹与构造应力的关系(李四光，1973)。按形成时间划分，构造应力场分为古构造应力场和现今构造应力场。地壳中的各种地质现象与地质过程的演化都与构造应力作用密切相关(Zoback et al., 1989; Tingay et al., 2012)。构造应力场是控制储层裂缝的最主要因素，因此，在储层裂缝研究中，构造应力场的研究是一项重要内容(汪勇，2013; Pei et al., 2014; 琚宜文等，2014)。构造应力场数值模拟法已经成为目前预测油气田储层裂缝分布的常用方法。和其他裂缝相比，页岩储层中以构造裂缝为主，其发育规律、形态和空间分布特征及渗流规律主要受控于构造应力场，尤其是古构造应力场，因此，广大学者通常运用古构造应力场反演的方法预测裂缝。古构造应力场的反演具有多解性，因此，数值模拟中必须通过多调试，反复验证，才能逐渐使数值模拟结果逼近实测的构造应力数据(Smart, et al., 2009; 曾联波等，2010)。通过对研究区构造应力场进行模拟，并将模拟结果与格林菲斯(Griffith)强度准则和莫尔-库仑(Mohr-Coulomb)强度准则相结合，即可对储层裂缝分布进行预测。通常用于构造应力场数值模拟的方法有：有限元法、有限差分法和离散元法。其中以有限元法应用最为广泛，它凭借处理复杂边界条件的能力及能在模拟中考虑断裂、温度和流体等作用，成为目前构造应力场数值模拟法预测储层裂缝的重要方法。

构造应力场数值模拟法预测储层裂缝是地质学、力学与数学相互交叉与有机结合的过程(沈国华，2008; 孙晓庆，2008; Zeng et al., 2013a; Yang et al., 2014; Dubinya et al., 2015)。从影响储层构造裂缝形成与发育的地质因素入手，在构造裂缝形成时期古构造应力场数值模拟的基础上，结合岩石破裂准则和单井裂缝描述成果，是目前定量预测构造裂缝分布规律的有效手段。曾锦光等(1982)首次把力学理论和裂缝预测相结合建立断层古应力场解析方法，但由于基础理论太过理想化，在实际运用中存在很大问题。随着电子计算机软硬件的快速发展，构造应力场数值模拟法预测裂缝研究取得了重大进展(殷有泉，1987; 谭成轩和王连捷，1999; 丁文龙等，2010, 2011a; 冯建伟等，2011; 邱登峰等，2012; Jiu et al., 2013; Zeng et al., 2013b; 戴俊生等，2014; 王俊鹏等，2014; 岳喜伟等，2014)。

就目前研究来看，通过建立研究目标区块的地质模型和力学模型，利用构造应力场数值模拟法进行储层裂缝预测具有良好的理论基础，是一种比较可靠的储层裂缝预测方法，应该是裂缝预测的主要方向。

5) 地震与测井预测裂缝

近年来，随着科技进步，地震和测井技术在裂缝预测方面也取得了重要进展。

储层裂缝预测的地震方法包括横波分裂法、多波多分量探测法、相干体数据法、地震属性分析法等(巫芙蓉等，2006)。在裂缝型油气藏中，横波在裂缝储层中传播时会分裂成一个平行于裂缝方向的快波(S1)和一个垂直于裂缝方向的慢波(S2)(即所谓横波双折射现象)，通过利用检波器接收快、慢波数据，并通过对接收数据进行坐标旋转，分离出快波和慢波，对数据进行处理得到裂缝走向和密度。张明等(2007)认为利用横波双折射现象预测裂缝的方法主要包括正交基旋转法、最小熵旋转法和全局寻优法等。多波多分量技术比单波携带更多的地质信息，因此在裂缝预测方面比单波更具有优势，可以有效预测裂缝系统(崔健等，2008)。相干体数据法是 20 世纪 90 年代初发展起来的一种地震资料解释技术，对断层和裂缝的识别效果比较好。由于地震勘探的连续性，可以通过相干体技术方便、快捷地找到裂缝发育带、裂缝展布特征(袁士义等，2004)。近年来，许多研究者将相干体数据法成功运用到断层与裂缝的识别上，并取得了很多有价值的研究成果。刘传虎(2001)和苏朝光等(2002)利用相干体数据法对研究区的储层裂缝进行了预测，预测效果较为满意；万学鹏等(2007)利用相干体数据法对 K 油田的碳酸盐岩裂缝分布特征进行了研究和预测，认为不同强度和密度的断层及裂缝在相干体切片上具有明显区分。胡伟光(2010)利用相干体数据法不仅预测出了研究区裂缝发育带和断裂分布，而且还解决了断裂组合问题。地震属性系指直接从地震数据中获取的几何学和统计学分析的定量参数(Sliz and Al-Dossary, 2014)。地震研究人员可以从地震属性中获得多岩性等地质信息。地震属性包括曲率属性、相干属性和地层倾角属性等，这些属性能为研究人员判断裂缝空间展布特征提供依据。Jr(1965)揭示了裂缝孔隙度与曲率属性的关系，并根据地震资料计算出了裂缝密度。张凤莲等(2007)运用地震相干与可视化技术，预测了松辽盆地北部徐东地区营城组火山岩裂缝，预测结果与井筒分析结果吻合。刘晓梅等(2009)针对碳酸盐岩储层非均质性和各向异性强的特点，联合多元统计分析、地震属性和自适应性模糊神经网络等综合预测了塔中某工区的储层裂缝分布、碳酸盐岩储层裂缝孔隙度分布，该方法弥补了利用某种单一技术难以准确定量地刻画出裂缝孔隙度空间分布情况的不足。预测结果与钻遇优质储层的井点吻合。顾雯等(2013)在裂缝型储层中运用叠后地震属性分析技术预测裂缝，并建立了多属性预测储层裂缝的方法。Baytok 和 Pranter(2013)把曲率属性和三维地震数据、井壁成像测井和蚂蚁追踪属性相结合，对储层裂缝发育程度与岩性关系进行了分析，取得了良好效果。

目前，在油气勘探开发中，根据测井曲线响应特征识别裂缝，尤其是成像测井资料在裂缝预测中占有重要地位。前人研究表明，在已有的常规测井资料中，深浅侧向、声波时差、密度、地层倾角等20种测井曲线可以比较有效地识别裂缝储层。裂缝发育段往往具有双侧向曲线差异、声波时差增大、密度减小、双井径存在差异等现象。成像测井技术是近20年来兴起的新型测井方法，是很多油田裂缝识别采用的主要方法(牛虎林等，2008; 肖立志，2010; 姚瑞士等，2011; 李启翠等，2013)。它与常规测井方法相比具有很大的优势(黄继新等，2006)，成像测井能够使地质工作人员更加直观、清楚地观察裂缝特征(倾角、方位等)(张树东等，2007)，所以它和岩心资料一样，成为识别和评价裂缝发育的关键地质资料。同时它与岩心资料相比，更能在测井段内连续观测，所以成像测井在裂缝油气藏的识别和评价中必然得到更加广泛的应用。

1.2.3 页岩气储层特征研究现状

1. *页岩气储层岩石学特征分析*

页岩储层岩石组成分析是储层特征研究中的关键部分，关系到页岩气赋存方式、储层压裂造缝及开发方式等的选择(Curtis, 2002)。页岩储层岩石组成包含黏土矿物、有机质、石英等脆性矿物及碳酸盐矿物，并含一定量的长石、云母、方解石、白云石、黄铁矿等矿物(赵杏媛和何东博，2012；王濡岳等，2016; Wang et al.,2016b)。黏土矿物含量越低，脆性矿物含量越高，岩石的脆性越强，在外力作用下越易形成裂缝，越有利于页岩气开采(Ross and Bustin, 2009)；而黏土矿物含量越高，页岩塑性越强，压裂形成的裂缝以平面缝为主，越不利于页岩体积改造(Jarvie et al, 2007)。

页岩中的有机质是生烃的物质基础，根据页岩气勘探开发经验表明，含气页岩中有利区的平均有机碳含量不低于1.5%，核心区不低于2.0%(邹才能，2011)。有机碳含量不仅与生烃能力密切相关，对页岩气的吸附也有重要影响(蒲泊伶等，2008)，此外，页岩中裂缝发育程度也受有机碳含量的影响(Jarvie et al, 2007; Zhao et al, 2007)。页岩中随着有机质成熟度的增加，有机质更多地转为烃类，硅质含量增加，脆性也在增强，越容易形成裂缝(孟庆峰和侯贵廷，2012)。丁文龙等(2012)通过对裂缝发育程度与有机碳含量的研究，表明随着有机碳含量的增加，储层裂缝发育程度由差到好地发展。很多学者就四川盆地龙马溪组页岩露头和钻井取心开展了矿物组分测试研究(刘树根等，2011; 陈尚斌等，2012; 黄金亮等，2012; 王玉满等，2012; 陈文玲等，2013)，认为不同地理区域、不同层系、不同深度，页岩有机碳含量均存在较大差距，总体而言海相页岩有机碳含量高于陆相页岩。

黏土矿物主要包括伊利石、高岭石和蒙脱石，是页岩中的主要成分之一。黏土矿物内部具有较大的孔隙比表面积，因此具有很强的吸附性能，这对页岩气的赋存状态有重要影响(Ross and Bustin, 2008)。页岩中除了黏土矿物之外，还含有石英、方解石和长石等脆性矿物。这些脆性矿物含量越高，越容易人工压裂形成裂缝，因此页岩中脆性矿物含量是页岩气储层评价的重要指标。琚宜文等(2014)指出在页岩气储层的众多属性中，矿物组成对水力压裂的影响最显著。

2. *页岩气储层岩石力学性质*

页岩气储层由于存在层理、裂缝等，其岩石力学性质具有显著的各向异性(李庆辉等，2012a, 2012b；杨建等，2012; Sone and Zoback, 2013; Lisjak et al., 2014；钟建华等，2015；衡帅等，2015a, 2015b; Rybacki et al., 2015, 2016; Zhang et al., 2016; Wu et al., 2016)。Niandou 等(1997)通过静水压力和三轴压缩试验研究了 Tournemire 页岩的力学各向异性，分析了页岩的破裂模式与围压的关系。Mokhtari 等(2013)根据声波试验与三轴测试分析了页岩破裂前后的特征，总结出了残余强度和围压的关系。杨迪等(2013)通过对牛蹄塘组页岩进行三轴和单轴测试认为，页岩破裂模式主要包括拉伸破裂、共轭剪切破裂和单斜剪切破裂。岩石抗压强度与剖面沉积背景具有一定的相关性，此外，岩石矿物组成也是影响抗压强度的另一个主要因素。陈天宇等(2014)利用 ROCKMAN207 系统对不同层理角度的黑色页岩试样进行了三轴压缩试验，获得了黑色页岩试样的全应力-应变曲线和破坏模式，并对比分析围压和层理角度对黑色页岩力学行为和破坏模式的影响。在低围压条件下，页岩容易形成较为复杂的裂缝网络系统；在高围压条件下，形成的裂缝比较单一。

1.2.4 贵州页岩气研究现状

多年的研究结果表明，我国海相页岩地层普遍发育，具有有机碳含量高、热演化程度较高、母质类型好、埋藏浅、面积大和层厚等特点，是页岩气的主要富集层系。目前，我国海相页岩气勘探程度低，浅井数量少，只有少数井钻遇寒武系和志留系地层，主要在四川盆地的部分地区发现有一定规模的页岩气。

贵州页岩气的前景研究始于 2004 年，资源调查和勘探始于 2009 年，目前已经积累了包括区域地质、地层、地震、钻井、音频大地电磁探测、微生物勘探等方面的成果资料，为开展页岩气资源勘查评价奠定了基础。

国土资源部于 2009 年启动和实施了页岩气资源战略调查工作，国土资源部油气资源战略研究中心开始在黔北地区开展页岩气资源前景调查工作，在勘查区周缘地区选取 CY-1 井、SQ-1 井、ZK406 井、ZK408 井、ZK605 井、ZK807 井和 ZK211 井进行系统分析，开展了含气页岩层系地层剖面实测、地质剖面勘查和钻井岩心观察描述等工作。通过岩心解吸和等温吸附模拟研究，获取了较系统的页岩气资源潜力评价参数，为在区域范围内进一步进行页岩气勘查提供了依据。

2010 年，国土资源部在川渝黔鄂等地区建立了页岩气资源战略调查先导试验区，开展前期调查，并将贵州黔北地区作为重点，在岑巩县实施了第一口页岩气资源战略调查井，优选出了一批页岩气富集有利区。根据 2011 年国土资源部页岩气地质资源调查评价，将贵州列为重点进行整体调查评价，总共将贵州划分为4个区块进行研究(图1-2)。初步研究结果表明，贵州页岩气资源潜力大，具有良好的勘探开发前景。

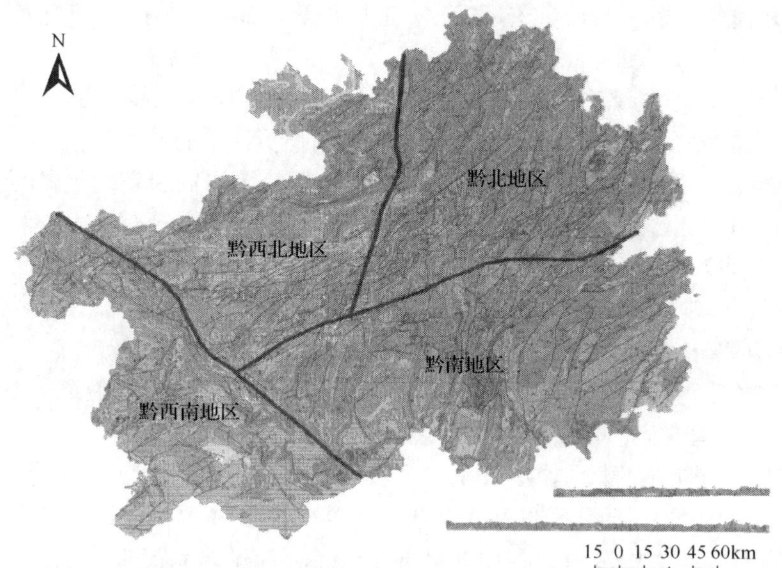

图1-2 贵州地区工作区位置图

2011年，通过对黔北地区页岩发育程度、展布、地质特征、构造沉积背景等方面进行深入研究，确定采样点23个，优选出页岩气调查井井位8个，其中，CY-1井和SQ-1井作为主要地质调查井经钻探取得了阶段性成果。2011年3月，SQ-1井完井深度350m，钻遇牛蹄塘组厚度45m。2012年3月，全国超千米的页岩气战略调查“贵州岑页-1号”压裂试气，于4月29日点火成功，对研究下寒武统页岩气的经济可采性及系统评价黔北地区页岩气的资源潜力具有重要意义。根据该项研究成果，贵州凤冈三区块位于页岩气有利远景目标区内。

2012年，贵州为进一步摸清本省页岩气资源“家底”，由贵州省国土资源厅组织实施了“贵州省页岩气资源调查评价”项目，历时16个月，投入大量的地质、地球物理、地球化学和钻探工程，在全省范围内确定了牛蹄塘组、龙马溪组、变马冲组、火烘组、打屋坝组/旧司组、梁山组、龙潭组7套含气页岩，明确了各套页岩的主要分布区域；评价页岩气地质资源总量为13.54万亿m^3，优选出26个有利区，有利区内地质资源量为9.2万亿m^3，可采资源量为1.95万亿m^3，居全国第三，资源潜力大，开发前景广阔。

贵州页岩气研究主要集中在黔北地区，其下寒武统牛蹄塘组海相富有机质黑色页岩发育厚度比较大，有机碳含量高(久凯等，2012)。在贵州余庆—铜仁一带，页岩厚度达到 158m。在前期的地质调查评价中，许多学者做了大量的工作，使得贵州页岩气研究取得了一定成果(杨剑和易发成，2012；杨剑等，2004; 袁宏等，2007; 白振瑞，2012; 李娟等，2012, 2013; 王丽波等，2013; 王世玉，2013; 赵松，2013; 韩双彪等，2013; 孙全宏，2014; 王坤阳等，2014; 易同生和赵霞，2014; Wang et al., 2016c; Wu et al., 2017)。

由以上研究进展综述可知，储层裂缝分布及发育规律正越来越受到关注，构造应力场是裂缝形成的最根本因素，因此首先对研究区进行构造应力场数值模拟，其次结合岩石破裂准则预测裂缝发育规律，将会成为页岩储层裂缝预测的一个重要方向。目前虽然通过对构造应力场进行数值模拟预测储层裂缝有了大量的研究成果并且在一定程度上能指导有关工程实践，但还存在一些问题，主要包括以下几个方面：

(1) 页岩经常被方解石等矿物充填，在矿物充填作用下，页岩的破裂模式前人没有做过相关研究。

(2) 大多数研究只关注古构造应力场中某一期的应力对储层裂缝的影响，而较少研究多期次构造应力场叠加对储层裂缝的分布影响。

(3) 储层在构造应力场作用下是一个多场耦合问题，包括应力场、温度场、渗流场，目前的研究主要集中在应力场方面，很少考虑热-流-固耦合效应。

(4) 基于多期次构造应力叠加的页岩储层破坏理论体系尚未建立。

1.3 本书主要研究内容

本书选择贵州凤冈三区块下寒武统牛蹄塘组页岩储层为研究对象，结合岩心和成像测井资料进行岩心裂缝识别和特征分析，总结页岩储层裂缝发育的控制因素。根据野外地质调查、钻井、测井和地震资料建立贵州凤冈三区块的三维地质模型，采用非线性有限元法对研究区的构造应力场进行研究，得到研究区应力场空间分布规律，揭示多期次构造应力对研究区富有机质页岩的破坏作用，并在此基础上采用岩石破裂准则对页岩储层裂缝分布进行预测评价，然后结合覆压孔渗透试验对储层渗透性进行评价，从而为页岩气勘探和开发中的井网布局、水平井设计部署、水力压裂设计和优化注水方案等提供科学依据。本书研究内容主要分为以下几个方面。

1) 页岩储层特征研究

通过 X 射线衍射(X-ray diffraction, XRD)、核磁共振、扫描电镜、岩石力学试验(单轴和三轴全岩应力-应变渗透性试验)和数值模拟研究了页岩储层矿物岩石学特征、储集物性特征及其岩石力学特征、页岩的应力敏感性。

2) 研究区裂缝识别和特征研究

通过野外露头、岩心、测井、显微镜及扫描电镜观察页岩的宏观裂缝和微观裂缝。识别出裂缝的充填物、力学性质、密度和岩性等特征，分析裂缝类型和裂缝成因。

3) 页岩储层裂缝发育控制因素分析

针对富有机质页岩裂缝发育基本特征，考虑构造应力场、岩性和矿物组分、岩石力学性质和有机碳含量，对控制裂缝发育的各种因素进行分析，总结控制研究区储层裂缝发育的重要因素，为研究区页岩储层裂缝发育规律的预测提供科学依据。

4) 研究区古构造应力场数值模拟与裂缝分布预测

通过获取岩心和野外相似露头取样做岩石力学试验和声发射测试，获取力学参数及古构造应力，然后根据研究区的地质、测井和地震资料建立三维地质模型，通过有限元反演和岩石破裂准则，同时考虑多期次构造应力场作用对贵州凤冈三区块页岩储层裂缝三维空间分布进行预测，为勘探开发提供科学依据。本书的研究技术路线如图1-3所示。

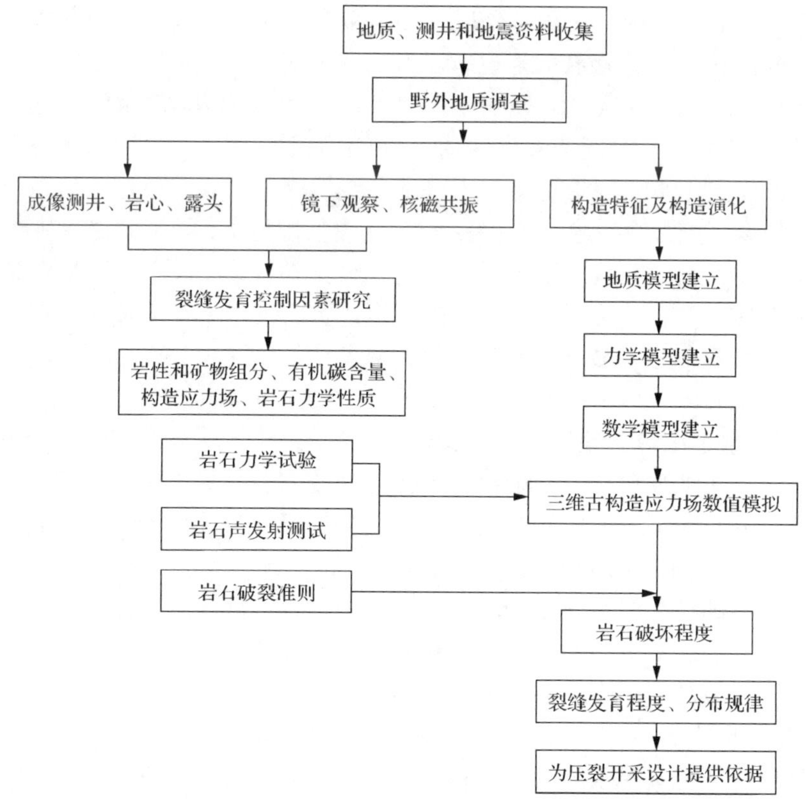

图1-3 研究技术路线图

1.4 本书主要研究成果和认识

(1) 贵州凤冈三区块在区域构造单元划分上属于扬子准地台、黔北台地隆起、遵义断凸、凤冈北北东向构造变形区。研究区位于黔北地区中部，其演化过程经历了雪峰运动时期(Z)、早—中加里东时期(∈—O)、晚加里东时期(S)、海西期(D—C)、印支期、燕山期和喜马拉雅期。燕山运动是最强的构造运动，奠定了研究区现今的构造格局，喜马拉雅期对燕山期形成的构造进行了叠加和改造。多期次构造运动的叠加，造成了扬子地台复杂的构造形态。

(2) 通过 X 射线衍射全岩定量分析和黏土矿物分析可知，下寒武统页岩储层中，石英含量为 36%～92%，平均含量为 78%；黄铁矿含量为 2%～25%，平均含量为 7.4%；斜长石含量为 3%～23%，平均含量为15%；黏土矿物含量为 2%～30%，平均含量为 8%，黏土矿物以伊利石为主，平均含量为 87%。该地区下寒武统牛蹄塘组黑色页岩脆性矿物含量较高，容易在外力作用下形成裂缝。通过扫描电镜观察，研究区下寒武统牛蹄塘组样品中发育大量纳米级孔隙。页岩裂缝中构造裂缝发育，利用核磁共振测试分析可知，下寒武统牛蹄塘组页岩孔喉主要分布在 0～0.1μm，属于纳米级孔隙，也有少量的微米级孔隙。页岩的孔径主要集中分布在 0.001～0.010μm 和 0.01～0.40μm，表明研究区页岩孔隙以纳米级孔隙为主。

(3) 通过全岩-应力-应变渗透性试验，测定了不同围压和不同渗透压下页岩的渗透率，结果显示页岩的渗透率与围压呈非线性相关关系，通过数值拟合，发现三次函数拟合程度最高，达到了 0.99145，在较低围压下，页岩渗透率随着围压的增大近似呈三次函数关系。随着围压的增大，页岩渗透率减小，页岩渗透率与渗透压近似呈线性正相关关系。在较低围压下，页岩渗透率与渗透压近似呈线性正相关关系，渗透率随着渗透压的增大而大幅度增加；在较高围压下，渗透率增加幅度减小。

(4) 采用数字图像处理技术表征页岩中矿物的空间分布，尤其是页岩中常被方解石脉充填，在细观尺度上利用数字图像处理技术表征页岩中由方解石矿物的形状、大小及分布对页岩造成的非均匀性，结合基于细观结构的岩石破裂过程分析系统(realistic failure process analysis based digital image processing, RFPA-DIP)建立反映页岩细观结构的数值模型。利用该模型进行不同角度的单轴数值试验，得出了不同方向加载下页岩的细观结构对其抗压强度和破坏模式的影响。可将页岩单轴破坏后的最终破坏模式归纳为 4 种：倒 V 形(方位角 α=0°、30°、45°)、倒 Z 形(α=15°)、直线形(α=75°)、V 形(α=60°、90°)。观察数值试验中声发射分布情况，其分布特征与宏观破坏模式有相似性，基于分形几何理论，采用计算不同应力水平、不同方向加载条件下的页岩破坏分形维数值 D，能很好地反映页岩的破裂模式。从破裂模式的变化趋势可知，倒Z形破坏试样D最大，为1.688016；直线形破坏试样D最小，为1.481904；倒V形和V形破坏试样D在两者之间。因此，D越大，破坏模式越复杂；D越小，破坏模式越简单。

(5) 对下寒武统页岩进行了孔渗试验，试验拟合结果表明：有效应力与渗透率和孔隙度满足负指数函数规律，相关性系数在0.9以上。在压应力作用下，随着应力的增加，页岩储层产生竖向压缩变形，页岩储层孔隙度减小、渗透率下降；下寒武统页岩储层压缩系数m为0.1093～0.2814MPa^{-1}，平均为0.1734MPa^{-1}；应力敏感性回归系数为0.08664～0.12223MPa^{-1}，平均为0.11030MPa^{-1}；页岩渗透率损害率为61.44%～73.93%，平均为69.92%，参照石油天然气行业标准《岩心分析方法》(SY/T 5336—2006)、《储层敏感性流动实验评价方法》(SY/T 5358—2010)、《覆压下岩石孔隙度和渗透率测定方法》(SY/T 6385—2016)可知，本区渗透率损害程度中等偏高。渗透率应力敏感性系数为0.04867～0.05485MPa^{-1}，平均为0.05312MPa^{-1}，因此本区页岩储层应力敏感性强。页岩应力敏感程度与岩石矿物成分及岩石力学性质有关，矿物成分中黏土矿物含量越高，页岩的弹性模量越小，越容易被压缩，应力敏感性系数越大。

(6) 构造应力场、岩性和矿物组分、岩石力学性质和有机碳含量是控制页岩储层裂缝的重要因素，其中构造应力场对裂缝的影响程度最高。页岩中石英、白云石、方解石等脆性矿物含量越高，裂缝越发育，有机碳含量也与裂缝发育程度呈正相关关系。

(7) 贵州凤冈三区块燕山期和喜马拉雅期叠加后的应力场模拟结果表明，在断裂带附近，断裂端部和断裂交汇处，应力水平较高，应力低值区分布在断裂与断裂之间。裂缝发育区(综合破裂系数I_c>1.11)主要分布在：①何家坝断裂、随阳山断裂、党湾断裂、桃坪断裂和峰岩断裂；②断裂转折处及不同断裂相交处。裂缝相对发育区($1<I_c<1.11$)主要分布在鱼泉沟断裂、随阳山断裂西部、永和断裂、FC-1井西侧和峰岩断裂西部。其他地方属于裂缝不发育区($I_c<1$)，贵州凤冈三区块裂缝发育程度受断裂控制明显。

第 2 章　区域地质背景

2.1　研究区概况

2.1.1　地理位置及交通

贵州凤冈三区块位于贵州北部，覆盖湄潭县中部、凤冈县中南部及思南县西部，南与余庆县，西与遵义市、绥阳县接壤。湄潭县的鱼泉镇、永兴镇、天城乡、兴隆镇和凤冈县的琊川镇、进化镇、永和镇、峰岩镇、王寨乡等乡镇均位于研究区内。

研究区交通以陆路为主，G326、S204 和 S304 经过研究区，已经完工并通车的杭瑞(杭州—瑞丽)高速公路横贯县境，县级公路贯穿研究区，乡镇均有二、三级公路相通。位于研究区西部的渝黔高速公路、渝黔铁路及东南部乌江水运航道使得通行更加便捷顺畅(图 2-1)。

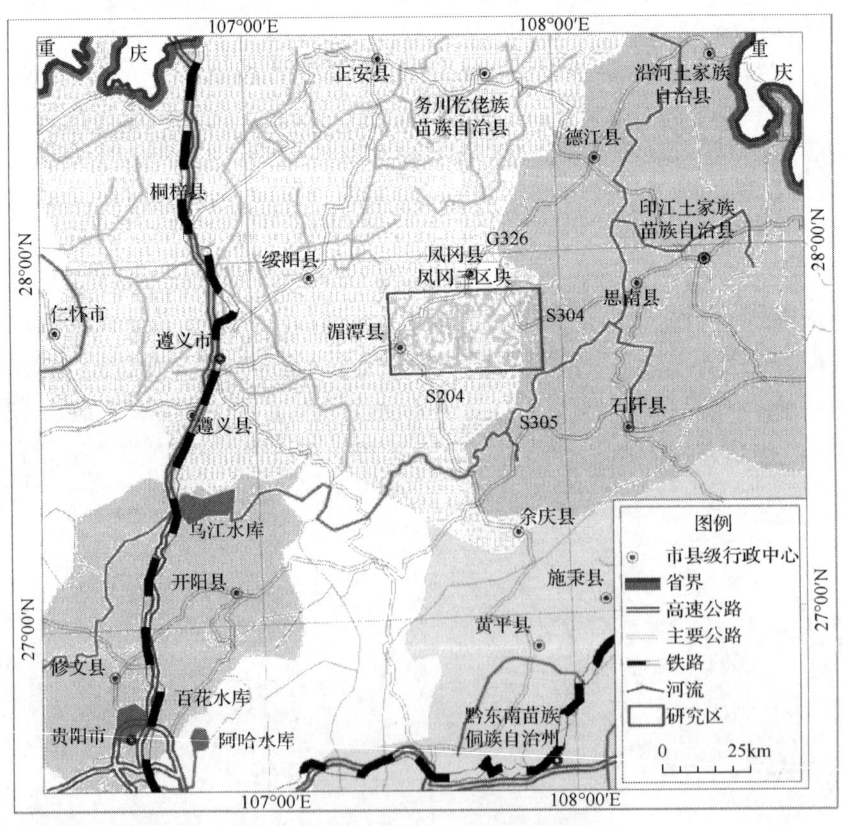

图 2-1　研究区地理位置及交通图

2.1.2 自然地理

研究区地处川黔南北向构造带、北北东向构造带和北东向构造带的交汇地带，区内山岭连绵、重峦叠峰，江河纵横，岩溶及构造剥蚀地貌分布广泛，为喀斯特地形地貌景观。研究区位于云贵高原至湖南丘陵的过渡地带，地势西北部和中部高，东南部低。全区地形总体起伏不大，海拔为 800～1200m，中南部东侧沛基坪为最高点，海拔为 1417m，东部最低点海拔为 340m。山脉、谷地总体呈北东-南西延伸，与构造线方向基本一致，属高海拔地区的浅切割低山-丘陵地貌(图 2-2)。

研究区属中亚热带季风湿润气候区，气候宜人。全年最冷月(1 月)平均气温为 5℃左右，最热月(7 月)平均气温为 23℃左右，年气温为 14.9～15.2℃。年降水量为 800～1300mm，年平均降水量为 1022mm，降水分布不均，一般 5～7 月和 10 月雨量较多。自然灾害主要有干旱、洪涝、冰雹等。

根据野外实地踏勘情况，结合研究区的地形地貌特征及二维地震勘测情况，二维地震部署情况如图 2-3 所示，对测线地形起伏情况进行初步分析，抽取了两条主测线 FG3-13-EW03、FG3-13-EW05 及两条联络测线 FG3-13-SN01、FG3-13-SN03 共 4 条测线绘制了测线地表高程剖面图(图 2-4～图 2-7)，其中主测线 FG3-13-EW03、FG3-13-EW05 相对高差分别为 605m、295m，联络测线 FG3-13-SN01、FG3-13-SN03 相对高差则分别为 275m、453m。

研究区位于贵州北部，地势南高北低、西高东低，地形起伏大，地貌类型复杂。地势起伏呈条带状分布，总体是西部相对平坦，东部起伏剧烈。沟谷纵横，下切成 V 形，以南北向的冲沟断崖为主，与表层地质图走向非常吻合。研究区溶蚀构造地貌(岩溶地貌)分布最为广泛。

2.1.3 社会经济状况

研究区所在地属多民族聚集区，居民以汉族为主，还有土家族、苗族和仡佬族等。平坝及河谷两岸为人口集居地，多有耕地分布；河流的分支沟谷及其坡地，多为灌木丛，人口较少；在较陡峻的坡地及山岭地带人烟稀少。

研究区为典型的内陆农业经济，优质农产品资源丰富，以盛产茶叶、粮油、烤烟、辣椒、中药材、畜产品等闻名。

研究区所在县矿产资源品种多，已探明的矿产资源有煤、硅石、水晶、高岭土、黄铁矿等十几种，其中煤炭资源最为丰富。

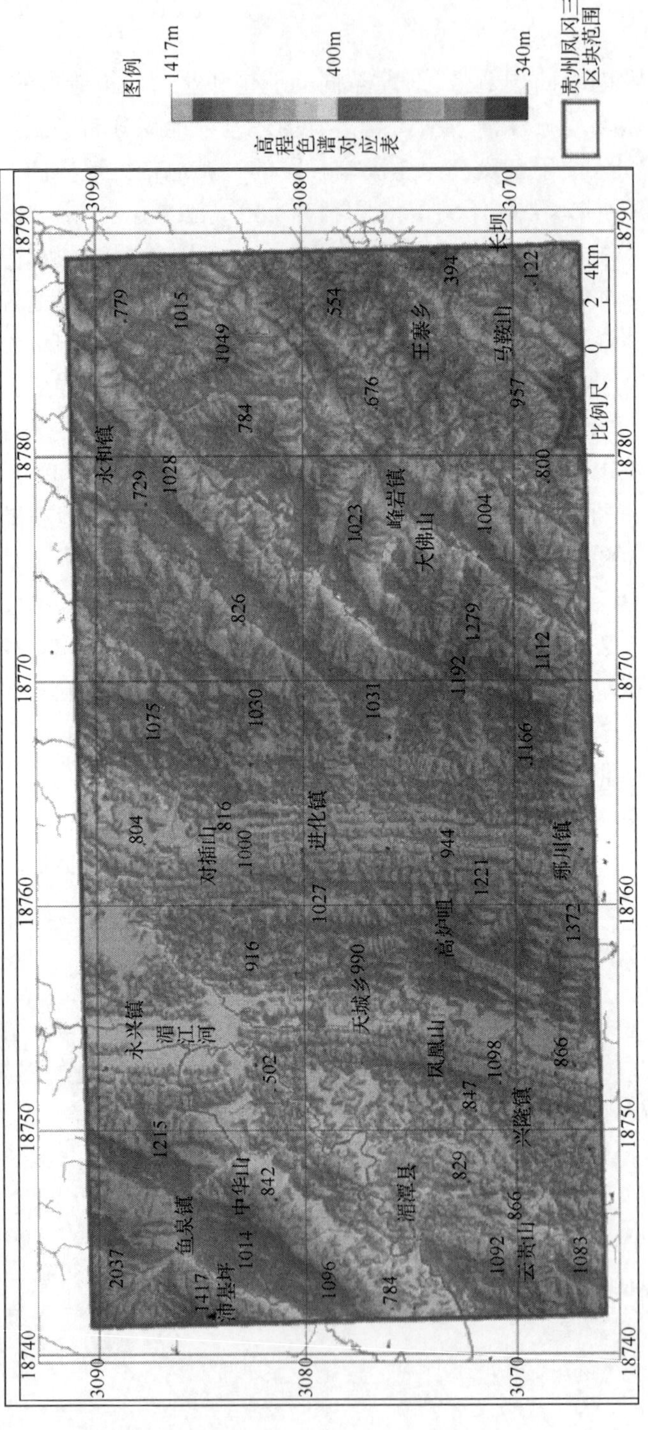

图2-2　贵州凤冈三区块地貌特征图

资料来源：贵州省非常规天然气勘探开发利用工程研究中心有限公司

当前，贵州实施工业强省战略和城镇化带动战略，对能源资源特别是天然气资源需求强劲。研究区所在的遵义地区依托资源优势，加快页岩气勘探开发，对于缓解遵义地区乃至全省天然气资源紧缺，解决遵义地区长期出现短缺的天然气供给问题，促进社会经济发展具有十分重要的意义。

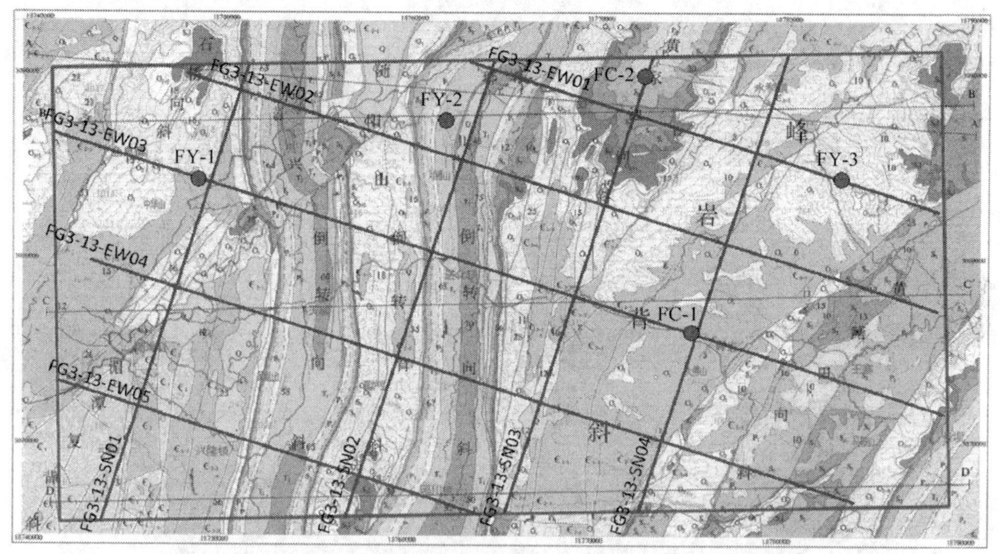

图 2-3　贵州凤冈三区块二维地震部署情况

资料来源：贵州省非常规天然气勘探开发利用工程研究中心有限公司

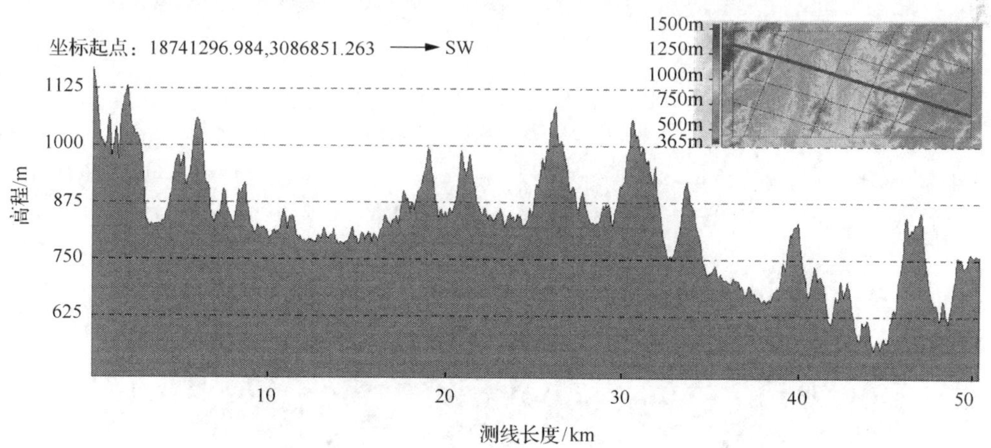

图 2-4　贵州凤冈三区块 FG3-13-EW03 测线地表高程剖面图

资料来源：贵州省非常规天然气勘探开发利用工程研究中心有限公司

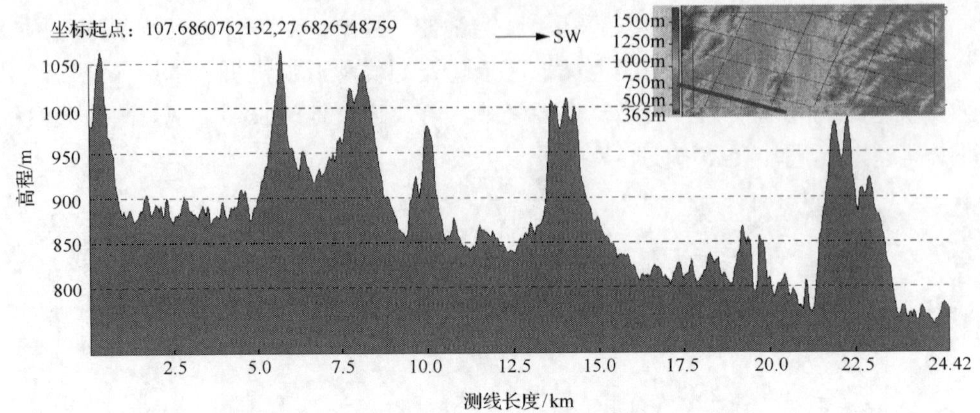

图 2-5　贵州凤冈三区块 FG3-13-EW05 测线地表高程剖面图

资料来源：贵州省非常规天然气勘探开发利用工程研究中心有限公司

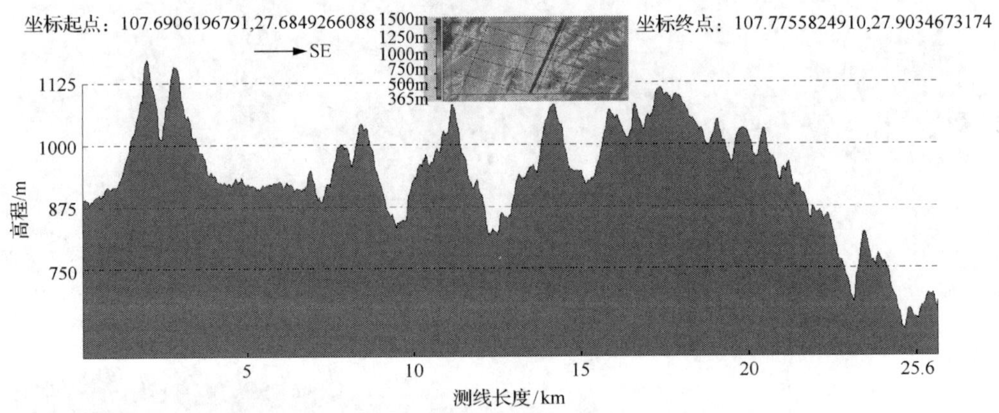

图 2-6　贵州凤冈三区块 FG3-13-SN01 测线地表高程剖面图

资料来源：贵州省非常规天然气勘探开发利用工程研究中心有限公司

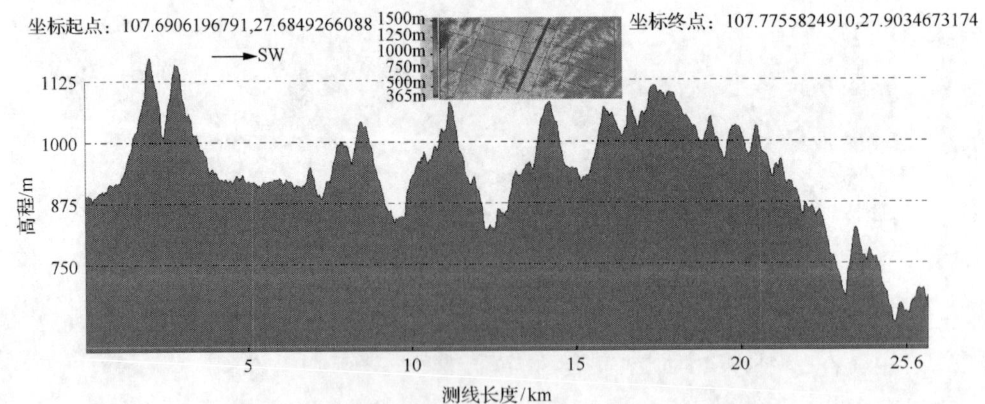

图 2-7　贵州凤冈三区块 FG3-13-SN03 测线地表高程剖面图

资料来源：贵州省非常规天然气勘探开发利用工程研究中心有限公司

2.1.4　水文特征

研究内水系较为发育(图 2-8)，区内沟溪交错，河流纵横，山间沟谷遍布，较大的河流有湄江河和六池河及其支流，均属长江流域的乌江水系。湄江河位于研究区的西部，由北到南贯穿整个研究区，六池河及其支流位于研究区的东部，乌江也从研究区的东南角穿过，河岸两侧多为陡峭山崖，同时研究区内分布着一定数量的水库及水电站，对施工组织及安全产生较大的影响。

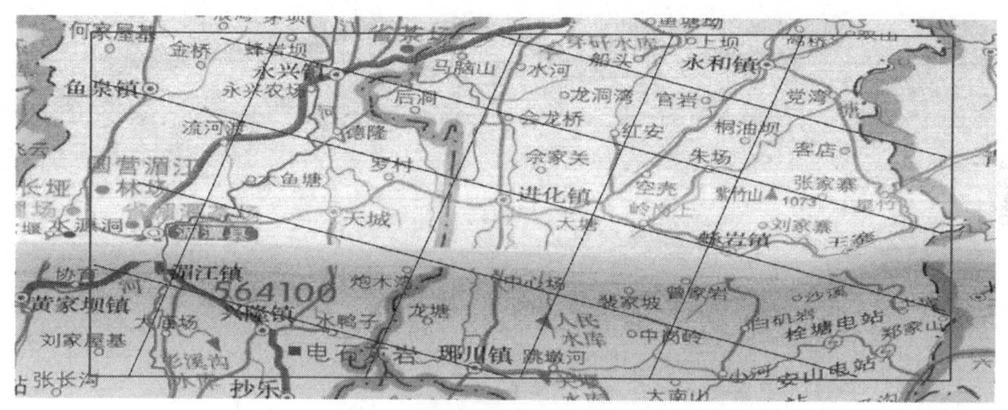

图 2-8　贵州凤冈三区块河流图

2.1.5　气候条件和风土人情

研究区属中亚热带季风湿润气候，四季分明，气候平和，多年平均气温为 14.9℃，气温最高月为 7 月，气温最低月为 1 月，极端最低气温为–7.8℃，极端最高气温为 37.4℃。年降水量为 800～1300mm，平均降水量为 1022mm，降水分布不均，一般 5～7 月降水量最多，占年降水量的 41.2%，易引发极端气象条件下的山洪等自然灾害，以及崩塌、滑坡、泥石流等次生地质灾害。12 月至次年 2 月在高海拔地区易出现霜冻、冻雨等天气，造成路面结冰，且全年多雾天，影响交通安全。

湄潭县和凤冈县居民以汉族、苗族为主。根据近几年少数民族聚居区施工经验，由于受民族风俗、习惯差异影响，此类地区地方关系协调工作非常困难，与地方是否建立良好的企地关系，文明施工，创造和谐的施工环境，直接影响施工能否顺利开展及后续页岩气的开发工作。

2.2　区域地层特征

贵州地层区划属扬子地层区，扬子地层区进一步划分为黔北-黔中分区、黔西-黔南分区、右江分区和黔东南分区(周泽，2015)。黔西-黔南分区地层包括两个部分，即黔西-黔南分区的西部和右江分区的大部地区(图 2-9)。贵州凤冈三区块(以下简称研究区)是全国页岩气资源战略调查先导试验区项目的重要组成部分，具有较好的地质研究基础和资源开发前景。该区位于贵州北部，行政区划属贵州省遵义市东南部湄潭县、凤冈县和铜仁地区思南县所辖。属 1∶20 万湄潭幅，涉及 1∶5 万标准分幅 6 幅，分别为茅坡幅(G48E001022)、凤冈县幅(G48E001023)、永和幅(G48E001024)、湄潭县幅(G48E002022)、琊川幅(G48E002023)和峰岩幅(G48E002024)。地理坐标范围：东经 107°27′00″～107°56′00″，北纬 27°41′00″～27°54′15″，研究区面积为 1167.49km^2。

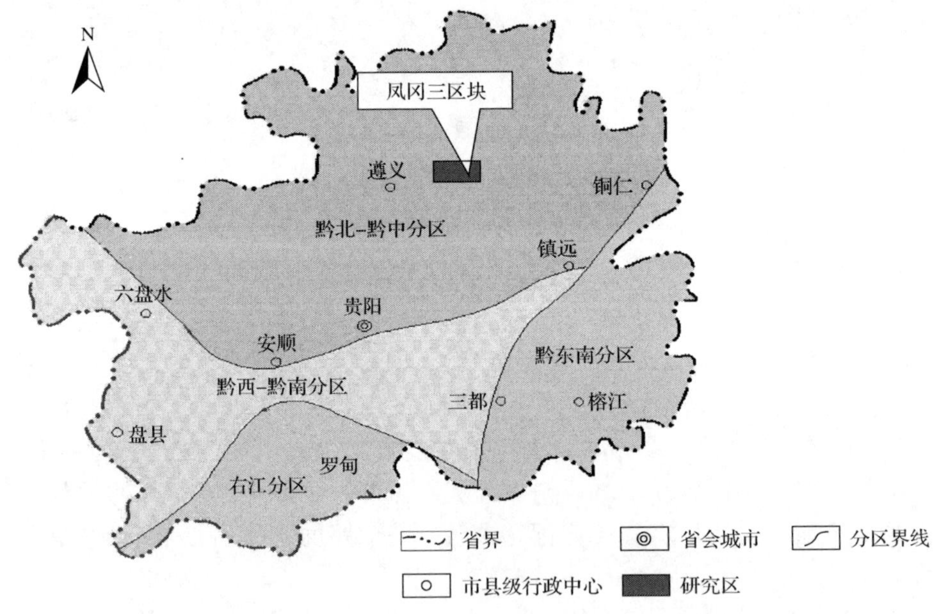

图 2-9　贵州省地层分区图(贵州省地质矿产局，1987，有修改)

研究区所在湄潭-凤冈地区地层区划属华南地层大区、扬子地层区、黔北-川南分区、遵义南川小区。根据邻区钻井资料和区域露头揭示，区内发育地层有寒武系、奥陶系、中下志留统、二叠系、三叠系和第四系地层，缺失上志留统、泥盆系、石炭系、侏罗系和白垩系地层。根据 1∶20 万湄潭幅区域地质调查报告成果，研究区内出露各地层主要岩性从老至新简述如下(图 2-10)。

界	系	统	组	地层代号	柱状图	厚度/m	岩性描述
新生界	第四系			Q		0~>10	坡积、残积、冲积的碎石、砂、砂质黏土
中生界	三叠系	中统	狮子山组	T_2s		>134	上部为灰黄、灰绿、紫红色泥岩，钙质泥岩与灰、黄灰色薄–中层泥灰岩互层；下部为浅灰、灰色薄–厚层灰岩，生物碎屑灰岩夹少量白云岩与泥灰岩
			松子坎组	T_2s		>134	上部为灰、深灰、灰绿色薄–中厚层白云岩、泥页岩，夹泥灰岩、灰岩；下部为浅灰、灰色中–厚层灰岩、白云岩及角砾状灰质白云岩
			茅草铺组	T_1m		378~486	上部为浅灰、灰色夹肉红色中–厚层白云岩、白云质灰岩、灰岩，夹角砾状灰质白云岩；下部为浅灰、浅肉红色薄及中厚层灰岩、白云质灰岩，由下而上白云质增多为白云岩
		下统	夜郎组	T_1y		187~557	上部为紫红、灰紫色夹灰绿色泥岩夹泥灰岩及浅灰、浅肉红色中–厚层灰岩、暗紫色泥岩夹泥灰岩；中部为浅灰–深灰、浅肉红色薄–厚层灰岩，夹鲕粒灰岩、泥灰岩；下部为灰、深灰、黄绿色页岩、钙质泥岩、泥灰岩；底部侵蚀面常有灰白色黏土岩
上古生界	二叠系	中统	长兴组	P_2c		30~110	顶部0~5m为灰色薄层硅质岩及黏土岩，其下为深灰色中厚层–块状燧石灰岩
			吴家坪组	P_2w		80~230	灰–深灰色灰岩、燧石灰岩夹含碳质页岩、黏土岩、硅质岩，底部为黏土岩夹煤层，含高岭土或铁矿
		下统	茅口组	P_1m		160~280	上部为浅灰、灰白色块状灰岩；底部为含燧石灰岩夹硅质岩；下部为灰–深灰色石灰岩，夹薄层燧石灰岩或硅质岩
			栖霞组	P_1q		70~160	深灰色灰岩，夹灰黑色波状泥质条带灰岩和燧石灰岩
			梁山组	P_1l		0~13	上部为石英砂岩、页岩、硅质岩；中下部为碳质页岩、黏土岩、绿泥石岩，含黄铁矿，偶夹铝土矿、煤
下古生界	志留系	中统	韩家店组	S_2h		0~473	上部为灰绿色页岩、泥岩，夹少量薄层砂岩、灰岩及灰岩透镜；下部为紫红色夹少量灰绿色页岩、泥岩、砂质泥岩、钙质泥岩，夹薄层砂岩
		下统	石牛栏组	S_1sh		0~189	中上部为灰绿色页岩夹砂岩、泥质灰岩；下部为灰色中–厚层生物碎屑灰岩、瘤状灰岩
			龙马溪组	S_1l		0~127	中上部为灰色薄层含云母片钙质粉砂岩；下部为黄绿、灰绿色页岩
	奥陶系	上统	五峰组	O_3w		0~12	上部为生物碎屑灰岩、泥灰岩；下部为碳质页岩
			涧草沟组	O_3j		0~5	灰色薄层泥灰岩
		中统	宝塔组	O_2b		0~60	浅灰、浅紫、紫红色中–厚层龟裂纹灰岩
			十字铺组	O_2sh		0~60	灰色中–厚层泥灰岩、厚层结晶灰岩
		下统	湄潭组	O_1m		0~255	灰绿色页岩夹薄层细砂岩、生物碎屑灰岩
			红花园组	O_1h		0~45	灰色中–厚层生物碎屑灰岩
			桐梓组	O_1t		0~151	上部为灰色中–厚层白云质灰岩、白云岩；下部为灰绿色页岩、灰色薄层生物碎屑灰岩
	寒武系	中上统	娄山关组	$€_{2-3}ls$		637~927	为灰、深灰色中–厚层白云岩夹白云质灰岩、灰岩等。顶部含燧石团块和透镜体，底部为灰白色薄–厚层石英砂岩
		中统	石冷水组	$€_2sh$		185~256	中上部为灰、浅灰色薄层白云岩夹中–厚层角砾状、叶片状白云岩及砂、泥质白云岩和石膏；下部为灰、深灰色中–厚层白云岩，具豹皮状、泥质条带状构造
			高台组	$€_2g$		12~65	灰色薄层砂质、泥质白云岩、黏土岩，底部为鲕状白云岩
		下统	清虚洞组	$€_1q$		171~276	上部为灰、浅灰色薄–厚层微–细晶白云岩，夹角砾状白云岩及砂、泥质白云岩；中下部为灰、深灰色厚层微–细晶灰岩、条带状白云质灰岩、豹皮状灰岩；底部为鲕粒灰岩
			金顶山组	$€_1j$		106~160	灰绿、黄绿色薄–厚层含云母细砂岩、粉砂岩、砂质页岩夹灰、深灰色鲕粒灰岩
			明心寺组	$€_1m$		492~685	上部为灰–深灰色薄–中厚层砂质页岩、页岩、细砂岩、含砾石英砂岩及中–厚层灰岩、鲕粒灰岩、砂质灰岩；下部为灰黑、灰色泥岩夹碳质泥岩、砂质页岩与细砂岩
			牛蹄塘组	$€_1n$		24~55	黑色碳质页岩，底部为含磷硅质岩、硅质岩及磷块岩

图 2-10　贵州凤冈三区块地层柱状图

1) 寒武系(∈)

研究区寒武系发育较全，分布较广泛，为一套浅海相碳酸盐岩和碎屑岩建造。根据岩性、岩相、沉积旋回及生物群组合可分为下统、中统、中上统，总厚为1627～2424m，与上覆奥陶系呈整合接触。

(1) 牛蹄塘组($∈_1n$)。研究区内未见出露。主要由黑色碳质页岩组成，底部为黑色含磷硅质岩、硅质岩及磷块岩，产三叶虫。厚24～55m。与下伏灯影组呈假整合接触，两者岩性差别大，分界清楚。

(2) 明心寺组($∈_1m$)。研究区内西南角有出露，总厚492～685m，按照岩性和生物组合，可分为上下两部分：下部为灰黑、灰色泥岩夹碳质泥岩、砂质页岩与细砂岩，厚300～390m；上部为灰-深灰色薄-中厚层砂质页岩、页岩、细砂岩、含砾石英砂岩及灰、深灰色中-厚层灰岩、砂质灰岩、鲕粒灰岩，向上灰岩逐渐增加，厚192～295m。本组在横向上，下部变化不大，上部由南到北灰岩逐渐减少且厚度增加。

(3) 金顶山组($∈_1j$)。主要由灰绿、黄绿色薄-厚层含云母细砂岩、粉砂岩、砂质页岩夹灰、深灰色薄-厚层状鲕粒灰岩组成，厚106～160m。厚度由南向北、向东增加。

(4) 清虚洞组($∈_1q$)。岩性横向变化不大，中下部为灰、深灰色厚层微-细晶灰岩、条带状白云质灰岩、豹皮状灰岩；上部为灰、浅灰色薄-厚层微-细晶白云岩，夹薄层砂、泥质白云岩及厚层角砾状白云岩，局部夹有少量石膏层；底部为鲕粒灰岩，常见一层含黑色燧石团块的白云岩。寒武世晚期，区内海水加深，以碳酸盐岩沉积为主，生物较丰富；到了末期，以白云岩沉积为主，局部含石膏夹层，说明海水开始咸化，属浅海相，厚171～276m。

(5) 高台组($∈_2g$)。主要为灰色薄层砂质、泥质白云岩、黏土岩，是含钾岩石的产出层位之一，底部局部见1～3m厚的深灰色鲕状白云岩，厚12～65m。

(6) 石冷水组($∈_2sh$)。下部为灰-深灰色中-厚层白云岩，具豹皮状、泥质条带构造；中部为灰、浅灰色薄层白云岩夹中-厚层角砾状白云岩；上部为灰、浅灰色薄层白云岩夹叶片状白云岩及砂、泥质白云岩和石膏。总厚185～256m。

(7) 娄山关组($∈_{2\text{-}3}ls$)。主要为灰、深灰色中-厚层微-粗晶白云岩夹白云质灰岩、灰岩等，底部为灰白色薄-厚层中-粗粒石英砂岩，以此作为娄山关组底界的划分标志。研究区内本组岩性变化不大，自下而上粒度逐渐变粗，顶部多含大量黑色燧石团块和透镜体。总厚637～927m。

2) 奥陶系(O)

研究区内奥陶系发育齐全，分布广泛。以浅海相碎屑岩及碳酸盐岩建造为主，与下伏娄山关组和上覆志留系均为连续沉积，呈整合接触。受“黔中隆起”的影响，研究区所在地质单元自寒武纪后由西南向东北方向逐渐隆升，致使奥陶系各组自下而上由西南向东北依次退覆，地层厚度则由东北向西南逐渐减薄。

(1) 桐梓组(O_1t)。下部为绿色页岩、灰色薄层生物碎屑灰岩，在西南部相变为灰色厚层状细晶白云岩，下部顶端稳定发育一层厚 10m 左右的灰绿、灰白色页岩，是研究区内重要的含钾岩石；中、上部为灰色中-厚层微-细晶含燧石团块的白云岩及白云质灰岩，是产重晶石的主要层位。总厚 0～151m。

(2) 红花园组(O_1h)。岩性变化不大，主要为灰色中-厚层生物碎屑灰岩，下部含有泥质，近底部常含少量白云质团块，是重晶石的产出层位之一。厚 0～45m，由西南向东北逐渐增厚。

(3) 湄潭组(O_1m)。主要岩性为灰绿色页岩、砂质页岩，中部夹一层稳定的生物碎屑灰岩，上部夹多层细砂岩，厚 0～255m。本组生物群十分发育，尤以笔石最为突出。

(4) 十字铺组(O_2sh)。根据岩性大致可分为上、下两部分：下部为厚层结晶灰岩，厚 1～15m；上部为灰色中-厚层泥灰岩，厚 15～55m。研究区内本组由西南向东北钙质逐渐增多。总厚 0～60m。

(5) 宝塔组(O_2b)。岩性主要为浅灰、浅紫、紫红色中-厚层龟裂纹灰岩，其中常含大量生物碎屑和泥质，厚 0～60m。

(6) 涧草沟组(O_3j)。岩性单一，变化不大，岩性主要为黄绿、灰色薄层泥灰岩夹泥岩，厚度为 0～5m。分布范围进一步缩小，主要出露于北部，南部地区仅零星可见。

(7) 五峰组(O_3w)。厚 0～12m，岩性单一，变化不大，岩性主要为生物碎屑灰岩、泥灰岩、黑色碳质页岩、含粉砂质页岩及硅质页岩，见有大量的笔石化石。

3) 志留系(S_1)

为浅海相碎屑岩及碳酸盐岩建造，早期以发育笔石为主，中晚期珊瑚、腕足类丰富。总厚 789m，由东向西逐渐减薄。与下伏奥陶系呈整合接触，与上覆二叠系呈平行不整合接触。系内各组连续沉积，均呈整合接触。

(1) 龙马溪组(S_1l)。由浅海相的碎屑岩组成，厚 0～127m，北部及东北部沉积较厚，向南逐渐减薄。按岩性分为两部分：下部为黄绿、灰绿色页岩、云母砂质页岩及粉砂质页岩，具有纹层状和球状风化，底部为黑色碳质泥岩，为笔石页岩相沉积。生物群单一，几乎全由笔石组成，厚 0～10m。中上部为灰色薄层含云母片钙质粉砂岩、钙质砂岩夹薄层灰岩或灰岩透镜体。其中砂岩具有蠕虫状构造，厚 0～117m。

(2) 石牛栏组 (S_1sh)。含大量珊瑚、腕足类及少量笔石化石，为浅海碳酸盐岩及碎屑岩建造，厚 0～189m。按岩性分为上、中、下 3 个部分。下部为灰色中-厚层生物碎屑灰岩、介壳灰岩夹瘤状灰岩，厚 0～80m。中部岩性较复杂，东部以灰绿、黄绿色页岩为主，其次为粉砂质页岩夹灰色中-厚层瘤状灰岩，瘤体多由群体珊瑚和层孔虫组成，夹层由东向西逐渐增加。西部以灰岩、泥质灰岩为主，仅夹少量泥灰岩，厚 0～83m，由西南向东北逐渐增加。上部为灰绿、黄绿色页岩、云母质页岩夹灰绿色薄层状砂岩或粉砂岩，厚 0～26m。本组为志留纪一次较大海侵的产物。初期沉积了一套碳酸盐岩，腕足类和珊瑚大量发育；中晚期海水逐渐退缩，变为碎屑岩夹少量碳酸盐岩沉积，生物群除底栖的腕足类和珊瑚外，浮游生物也开始出现。

(3) 韩家店组 (S_2h)。以浅海相碎屑岩为主，以紫红色泥页岩出现于下伏石牛栏组灰绿色砂质页岩为标志层，下部生物贫乏，上部较发育，总厚 0～473m，厚度由西向东逐渐增加。下部为紫红色夹少量灰绿色页岩、泥岩、砂质泥岩、钙质泥岩，夹薄层砂岩；上部为灰绿页岩、泥岩，夹少量薄层砂岩、灰岩及灰岩透镜体。与上覆二叠系梁山组呈平行不整合接触。

4) 二叠系 (P)

研究区内二叠系主要在向斜的翼部广泛分布，保存较完整，分布范围与志留系相似，由含煤建造-浅海相灰岩建造组成，沉积了丰富的矿产资源——煤、锰、铁、铝、黄铁矿、硅石、高岭土等。总厚 340～793m。与下伏志留系和上覆三叠系均呈平行不整合接触。

(1) 梁山组 (P_1l)。下二叠统是以湖相-沼泽相沉积为主的含煤建造，主要由灰黑色黏土岩、碳质页岩、硅质岩、石英砂岩、页岩等组成，含铝土矿、煤、黄铁矿等，厚 0～13m。与上覆栖霞组连续沉积，呈整合接触。

(2) 栖霞组 (P_1q)。由浅海相深灰色中-厚层灰岩、含燧石灰岩夹灰黑色波状泥质条带灰岩和燧石灰岩组成，颜色深，透镜状层理发育，厚 70～160m，区内西南部较薄，东北部较厚。与上覆茅口组呈整合接触。

(3) 茅口组 (P_1m)。上部为浅灰、灰白色块状灰岩；底部为灰-深灰色中-厚层含燧石灰岩夹硅质岩；下部为灰-深灰色石灰岩，夹薄层燧石灰岩或硅质岩。生物群以蜓类为主，厚 160～280m。与上覆吴家坪组呈平行不整合接触。

(4) 吴家坪组 (P_2w)。厚 80～230m。中下部主要为浅海相灰-深灰色中-厚层燧石灰岩、灰岩夹碳质页岩、黏土岩、硅质岩；底部为陆相灰色、杂色块状泥岩，黏土岩夹煤层，含高岭土或铁矿；上部为浅海相灰黄-深灰色页岩、灰岩、硅质岩互层，偶夹砂岩。与上覆长兴组呈整合接触。

(5) 长兴组 (P_2c)。顶部 0～5m 为灰色薄层硅质岩及黏土岩，其下主要由灰色、深灰色中厚层-块状燧石灰岩、灰岩组成，下部常夹深灰、灰黑色页岩、碳质页岩，中部常夹少量硅质岩。厚 30～110m，区内南部薄，向北、东增厚，厚度变化与吴家坪组相反。与上覆三叠系夜郎组呈平行不整合接触。

5) 三叠系 (T)

研究区内三叠系发育不全，上统缺失，中统上部残存了一部分，主要分布于研究区中部。为浅海相灰岩、页岩、白云岩及白云质灰岩连续沉积，具有明显的韵律；与上覆侏罗系呈整合接触，与下伏二叠系呈平行不整合接触。

(1) 夜郎组 (T_1y)。研究区该组地层出露齐全，发育较好。中部为浅灰-深灰、浅肉红色薄-厚层灰岩夹鲕粒灰岩、泥灰岩；上部为紫红、灰紫色夹灰绿色泥岩夹泥灰岩及浅灰、浅肉红色中-厚层灰岩、暗紫色泥岩夹泥灰岩；下部为灰、深灰、黄绿色页岩、钙质泥岩、泥灰岩；底部侵蚀面常有灰白色黏土岩，厚 187～557m。与上覆茅草铺组呈整合接触。

(2) 茅草铺组 (T_1m)。分布面积仅次于夜郎组，厚 378～486m，主要为浅灰、灰色夹肉红色中-厚层微晶白云岩、白云质灰岩、灰岩夹泥-微晶灰岩、鲕粒灰岩与角砾状灰质白云岩。以夜郎组顶部的紫红色泥页岩夹泥灰岩结束和茅草铺组底部灰色泥-微晶灰岩的出现作为划分二者的界限。与上覆松子坎组呈整合接触。

(3) 松子坎组 (T_2s)。下部为浅灰、灰色薄-中厚层微晶白云岩、灰岩、泥页岩夹泥灰岩与生物碎屑灰岩、角砾状灰质白云岩；上部为灰、深灰、灰绿色薄-中厚层白云岩、泥页岩，夹泥灰岩、灰岩；底部为绿、黄绿色薄层状“绿豆岩”(玻屑凝灰岩)，厚 0.5～4m，以此层的“绿豆岩”作为茅草铺组与松子坎组的分界标志。与上覆狮子山组呈整合接触，总厚＞134m。本组岩性稳定，厚度变化不大。

(4) 狮子山组 (T_2sh)。分布范围进一步缩小，岩性稳定，横向变化不大。下部为浅灰、灰色薄-厚层灰岩、生物碎屑灰岩夹少量白云岩与泥灰岩；上部为灰黄、灰绿、紫红色泥岩，钙质泥岩与灰、黄灰色薄-中层泥灰岩互层。厚度＞134m。

6) 第四系 (Q)

分布零散，厚度不大，一般不超过 10m，局部达 20m 左右。岩性为土红、棕黄、灰黄、黄色砾岩、砂、砂质黏土等，所含矿产主要有风化淋滤型铁矿、黏土矿和水晶砂矿等。成因类型包括残积(红土风化壳等)、冰川沉积、溶洞堆积、崩积和坡积等。

2.3　沉积背景

在早寒武世牛蹄塘期，扬子地台北部为活动大陆边缘，南部为被动大陆边缘。

早寒武世初期，研究区及其周缘地区整体下沉，大部分地区演变为陆棚沉积环境，此时沉积古地貌格局是北西高、南东低，自北西向东南分别由古陆、滨岸、浅水陆棚、深水陆棚、斜坡相组成(贵州省地质矿产局，1987)。早寒武世总体是在早期短暂的快速海进和缓慢海退的沉积背景下，早期为深水陆棚，后期沉积环境逐渐变浅，向浅水陆棚及潮坪演化，形成一个以快速加深为特征的淹没不整合面，导致牛蹄塘组底部的深水相沉积直接覆盖在灯影组之上，沉积了一套泥页岩建造(图 2-11)。

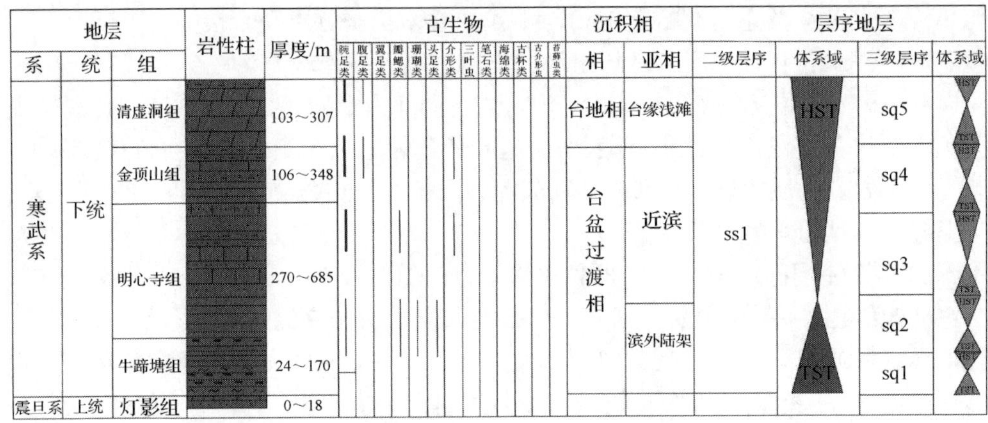

图 2-11　黔北地区下寒武统岩相综合地层柱状图

资料来源：先导区子项目研究成果

2.4　区域构造演化及特征

2.4.1　大地构造位置

研究区从大地构造上来看位于上扬子地台区，地理位置上属于黔北地区，构造演化与扬子地台的区域构造演化具有一致性。通常所说的扬子地台的范围是嘉山-响水断裂和勉略-大别山碰撞带南缘断裂以南，师宗-弥勒断裂、垭都-紫云断裂、溆浦-四堡断裂以北的范围(图 2-12)。

2.4.2　区域构造单元划分

构造单元是在板块活动控制下所产生的从板块边缘到板块内部的一系列有规律展布的各具特征的地质构造区域。不同的构造区域控制着互有差别的构造变形、沉积作用及变质作用的发生。因此，根据现今所保存下来的构造形迹、沉积特征和变质程度的差别，可以将某一地区划分成不同的构造变形区，结合不同地区演化程度的差异，进行构造单元级别的划分。

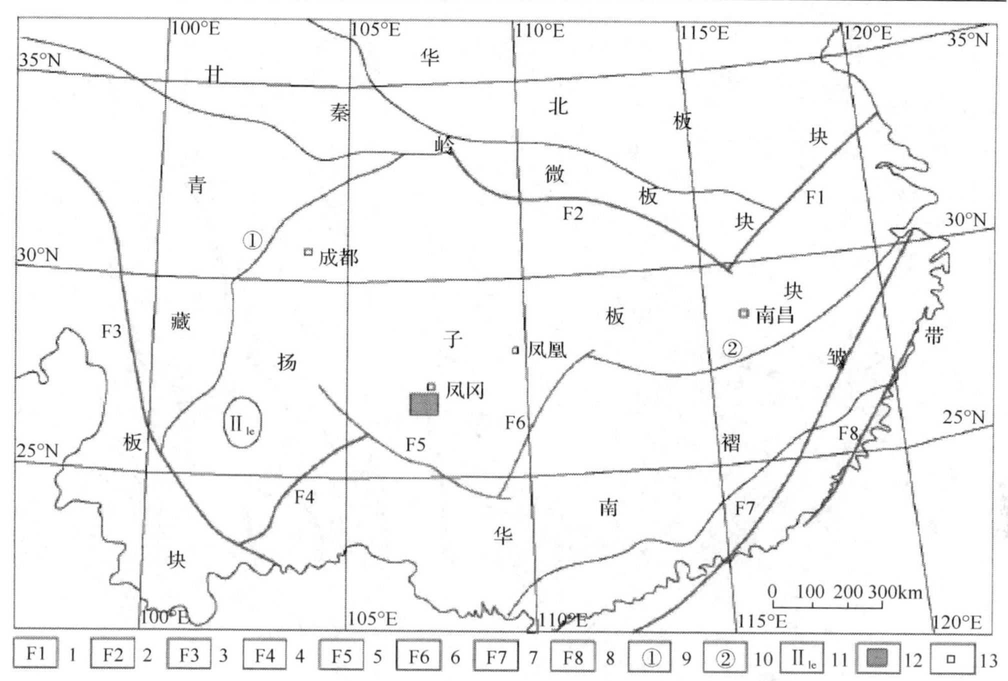

图 2-12　贵州凤冈三区块大地构造位置图

1-嘉山-响水断裂；2-勉略-大别山碰撞带；3-金沙江-哀牢山断裂；4-师宗-弥勒断裂；5-垭都-紫云断裂；6-溆浦-四堡断裂；7-长乐-南澳断裂带；8-雨水-海丰断裂带；9-扬子地台西缘俯冲带；10-绍兴-宜春断裂；11-康滇隆起；12-研究区；13-市县级行政中心

一级构造单元分为扬子准地台（Ⅰ）和华南褶皱带（Ⅱ）；扬子准地台进一步划分为黔北台地隆起（I_1）、黔南台地拗陷（I_2）和四川台地拗陷（I_3）；黔北台地隆起内部又可划分为遵义断凸（$\mathrm{I}_1\mathrm{A}$）和六盘水断陷（$\mathrm{I}_1\mathrm{B}$）。遵义断凸具体细分还可以分为毕节北东向构造变形区（$\mathrm{I}_1\mathrm{A}_1$）、凤冈北北东向构造变形区（$\mathrm{I}_1\mathrm{A}_2$）和贵阳复杂构造变形区（$\mathrm{I}_1\mathrm{A}_3$）；六盘水断陷具体细分还可以分为威宁北西向构造变形区（$\mathrm{I}_1\mathrm{B}_1$）、普安旋扭构造变形区（$\mathrm{I}_1\mathrm{B}_2$）。黔南台地拗陷可以分为贵定南北向构造变形区（I_2^1）、望谟北西向构造变形区（I_2^2）（图 2-13，表 2-1）。研究区则位于凤冈北北东向构造变形区。区域内震旦系之后的沉积盖层所发育的变形构造，主要由侏罗纪末—早白垩世的燕山运动形成，并具有多期次叠加改造的特征。黔北地区构造非常发育，构造形态主要为断裂和褶皱，轴部出露中元古代及晚元古代地层，西部以北东向和北北东向构造为主。按其岩层形变的各种结构面、构造形迹和褶皱、断裂的基本要素与它们的伸展方向及配合方式，研究区构造体系大致分为近南北向构造带、北北东向构造带和北东向构造带（邬忠虎等，2015；周泽，2015）（图 2-14）。

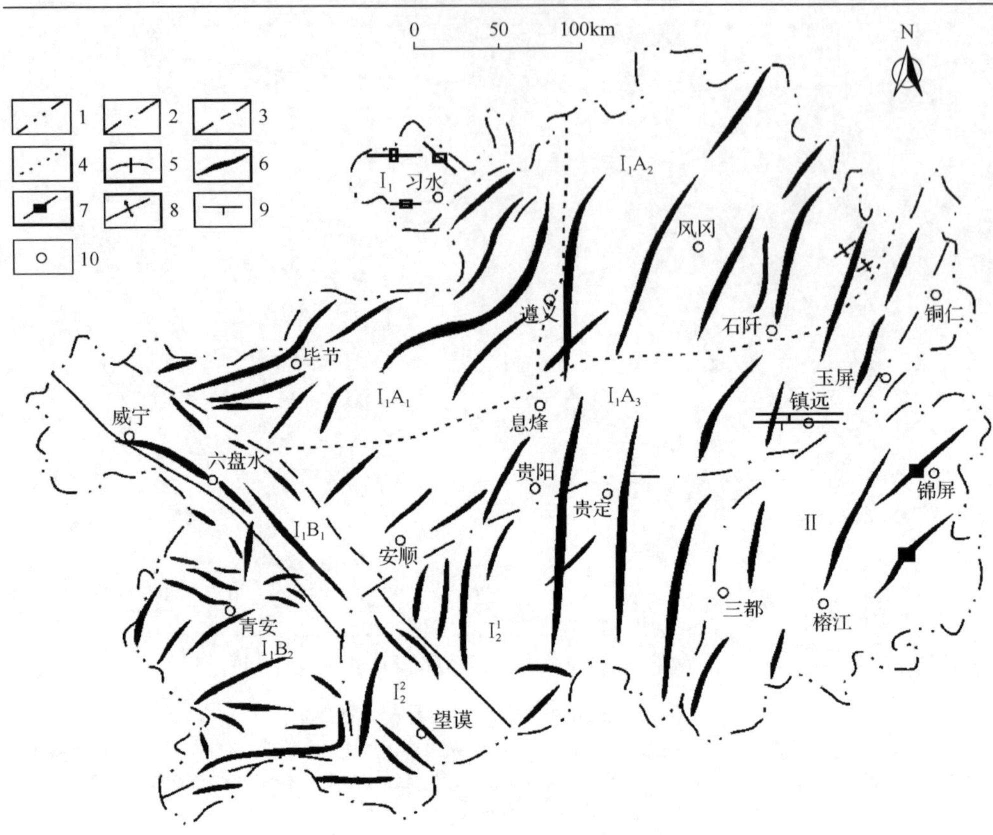

图 2-13　贵州构造单元划分图

资料来源：贵州省区域地质志，1987，有修改

1-一级单元界线；2-二级单元界线；3-三级单元界线；4-四级单元界线；5-喜马拉雅期褶皱(背斜)；6-燕山期褶皱(背斜)；7-加里东期褶皱(背斜)；8-武陵期褶皱(背斜)；9-东西向断层；10-县市级行政中心

表 2-1　区域构造单元划分

一级	二级	三级
扬子准地台（I）	黔北台地隆起（I_1）	遵义断凸（I_1A）
		六盘水断陷（I_1B）
	黔南台地坳陷（I_2）	
	四川台地坳陷（I_3）	
华南褶皱带（II）		

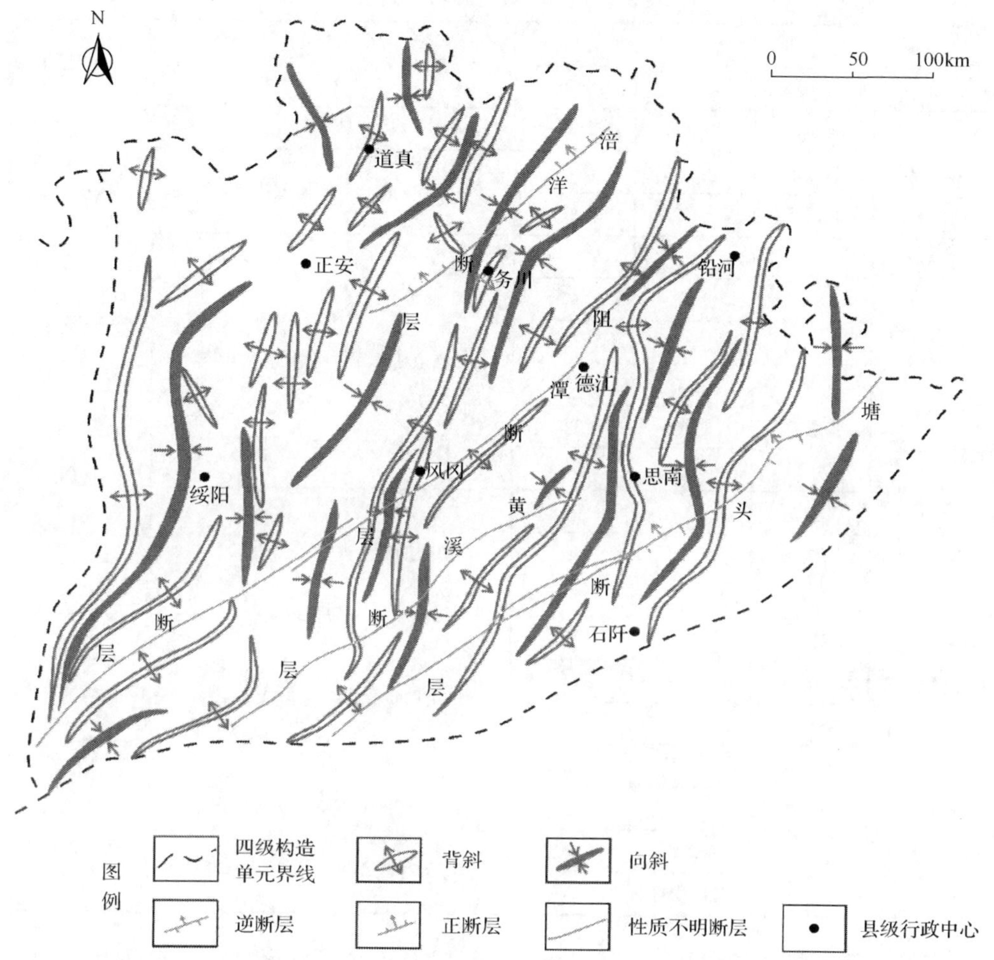

图 2-14　贵州凤冈北北东向构造变形区主要构造形迹分布图(贵州省地质矿产局，1987；周泽，2015，有修改)

2.4.3　区域构造演化特征

扬子地台的演化过程经历了多期次构造运动的叠加，包括雪峰运动、早—中加里东运动、晚加里东运动、海西运动、印支运动、燕山运动和喜马拉雅运动(表 2-2)。多期次构造变形叠加，使得扬子地台构造形态非常复杂(贵州省地质矿产局，1987)。

表 2-2　区域构造演化划分简表

<table>
<tr><th colspan="4">地层系统</th><th rowspan="2">构造演化阶段</th><th rowspan="2">构造旋回</th></tr>
<tr><th>界</th><th>系</th><th>统</th><th>代号</th></tr>
<tr><td rowspan="3">新生界</td><td>第四系</td><td></td><td>Q</td><td rowspan="3">喜马拉雅期的山间断陷整体隆升阶段</td><td rowspan="5">新特提斯构造旋回</td></tr>
<tr><td>新近系</td><td></td><td>N</td></tr>
<tr><td>古近系</td><td></td><td>E</td></tr>
<tr><td rowspan="6">中生界</td><td rowspan="2">白垩系</td><td>上统</td><td>K_2</td><td rowspan="6">燕山期的陆内河湖沉积阶段
印支期的稳定台地阶段</td></tr>
<tr><td>下统</td><td>K_1</td></tr>
<tr><td>侏罗系</td><td></td><td>J</td><td rowspan="7">中特提斯构造旋回</td></tr>
<tr><td rowspan="3">三叠系</td><td>上统</td><td>T_3</td></tr>
<tr><td>中统</td><td>T_2</td></tr>
<tr><td>下统</td><td>T_1</td></tr>
<tr><td rowspan="3">上古生界</td><td>二叠系</td><td></td><td>P</td><td rowspan="3">海西期的陆内张裂-台地阶段</td></tr>
<tr><td>石炭系</td><td></td><td>C</td></tr>
<tr><td>泥盆系</td><td></td><td>D</td></tr>
<tr><td rowspan="3">下古生界</td><td>志留系</td><td></td><td>S</td><td rowspan="3">加里东期的被动陆缘-稳定台地阶段</td><td rowspan="3">古特提斯构造旋回</td></tr>
<tr><td>奥陶系</td><td></td><td>O</td></tr>
<tr><td>寒武系</td><td></td><td>Є</td></tr>
<tr><td rowspan="4">元古界</td><td>震旦系</td><td></td><td>Z</td><td rowspan="2">南华期的冰期、间冰期阶段</td><td rowspan="4">基底构造旋回</td></tr>
<tr><td>南华系</td><td></td><td>Nh</td></tr>
<tr><td rowspan="2"></td><td>板溪群</td><td></td><td rowspan="2">武陵期-雪山期的基地形成阶段</td></tr>
<tr><td>梵净山群</td><td></td></tr>
</table>

研究区位于黔北地区，包括凤冈县和湄潭县部分行政区域。中元古代梵净山群是黔北地区出露的最古老地层。从中元古代以来，研究区经历了 3 个构造演化阶段：中元古代晚期—志留纪发展阶段、泥盆纪—晚三叠世中期发展阶和中—新生代(自晚三叠世晚期以来)发展阶段。

1) 中元古代晚期—志留纪发展阶段

该阶段是研究区从大洋地壳开始转变为大陆地壳的地质时期。

(1) 中元古代晚期早阶段，黔北地区处于大洋环境，随着大洋地壳向北扩张移动至向南增生的川中古陆缘，此时黔北地区具有过渡性地壳性质。

(2) 自中元古代晚期晚阶段—志留纪，经过雪峰运动、郁南运动(加里东中期运动 I 幕)、都匀运动(加里东中期运动 II 幕)等构造运动，黔北(整个贵州)地壳逐步由活动陆缘向稳定的地台型大陆地壳过渡。

(3) 到志留纪末的广西运动(加里东运动晚期)后，黔北地区才全部转化为稳定的大陆性地壳。

2) 泥盆纪—晚三叠世中期发展阶段，为大陆扩张阶段

(1) 自早泥盆世中期开始，黔北地区转入了拉张沉陷构造发展阶段，同时开始海侵。

(2) 自晚二叠世—中三叠世，地壳继续保持着深水盆地和浅水台地并存的断块性质的构造环境。

(3) 晚三叠世早期沉积物补偿充填，海水变浅，裂谷逐渐消亡。

(4) 晚三叠世晚期之前结束了区内大陆扩张的历史。

3) 中—新生代(自晚三叠世晚期以来)发展阶段

该阶段为太平洋板块俯冲作用和印度板块碰撞作用影响下的地质发展阶段。

(1) 晚三叠世晚期—始新世，黔北地区在太平洋板块朝北北西方向对亚洲大陆斜向俯冲作用的影响下，在晚三叠世晚期发生了一场上升运动——安源运动(印支运动早期)，结束了黔北海相沉积历史；侏罗纪时形成大型内陆拗陷湖盆。

(2) 早白垩世初期南北向左旋直扭性质的断块构造活动日益增强，最终导致褶皱的形成。早白垩世晚期—始新世，贵州大部地区在褶皱的基础上形成众多小型山间断陷谷地。

(3) 渐新世以来，随着太平洋板块改变为向北西西方向俯冲及印度洋板块和亚洲大陆的碰撞，造成近东西向挤压的构造环境，发生褶皱隆升。

根据研究区地震解释资料和区域构造研究成果，该研究区的构造演化过程如图 2-15 所示。

2.4.4　地质构造特征

研究区位于武陵构造带(隔槽式变形带)南段，区内发育南北向、北北东向和北东向断裂和褶皱构造，且相互叠加改造。走向南北、北东和北北东向的褶皱轴面和冲断面等压性结构面，构成了区内的主要构造骨架(图 2-16)。区内褶皱、断裂普遍发育，褶皱以北东向和北北东向展布的“隔槽式”结构为主，发育一系列北东向的复背斜和复向斜。断裂是由多个走向的断裂相互切割，联合作用形成的，以北北东向和北东向的扭性断裂为主(图 2-16)。这些构造行迹中南北向构造带形成最早，北东向构造带形成最晚，北北东向构造带的形成时间在两者之间。

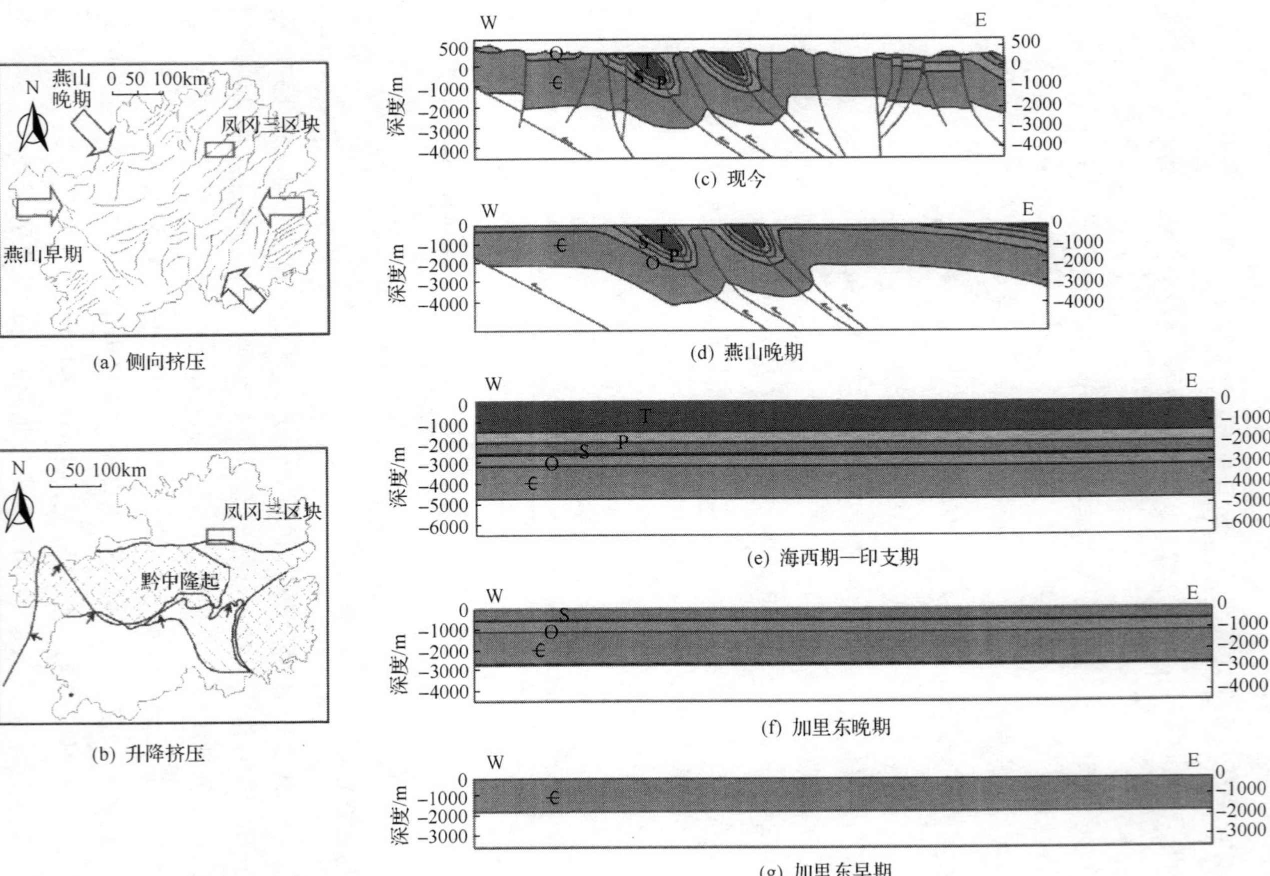

图2-15　FG3-13-EW03线构造演化剖面

资料来源：贵州省非常规天然气勘探开发利用工程研究中心有限公司

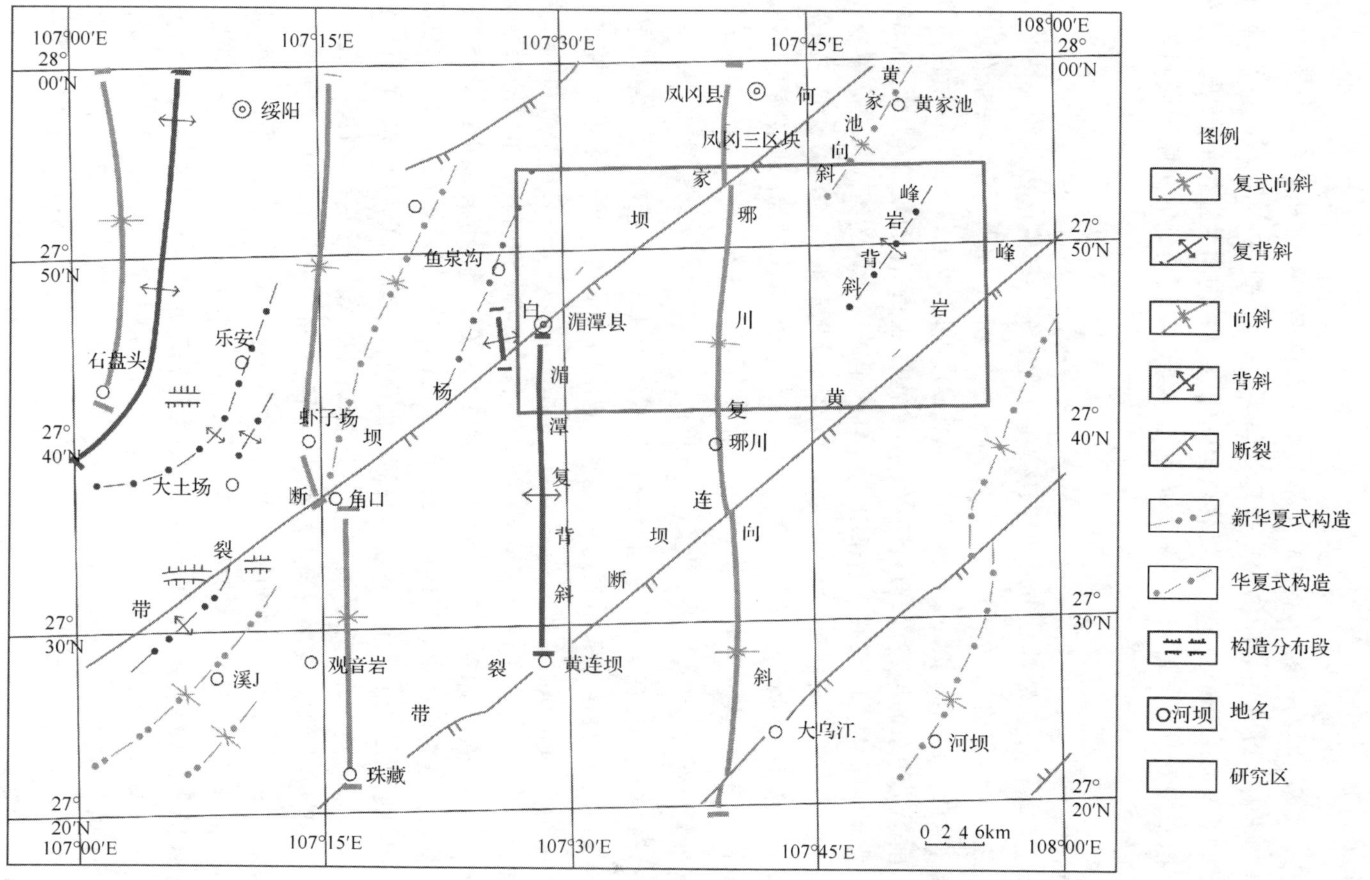

图2-16　湄潭幅构造体系分区示意图

资料来源：据区调报告改写

1. 褶皱特征

研究区中西部展布一系列南北向的褶皱群和冲断带，褶皱构造多形成歪斜、倒转和扇形褶皱，以琊川复向斜和湄潭复背斜为主。研究区中东部凤冈县至琊川镇一线以东，主要由一系列走向呈北北东向的宽阔背、向斜及压性或压扭性断裂组成，包括湄潭复背斜、琊川复向斜、黄家池向斜、峰岩背斜、黄鳝田向斜和石桥向斜等(图 2-16，图 2-17)。

1) 湄潭复背斜

湄潭复背斜位于湄潭县一带，南端延伸出研究区外，研究区内长约为 20km，宽为 8～12km，面积约为 220km^2。构造轴向呈近南北向，北翼于湄潭县城附近被走向为北东 45°左右的何家坝-白杨坝压扭性断裂带斜切，致使轴线左行错移，继续向北，由于北北东向构造(如石桥向斜、鱼泉沟断裂带等)的叠加作用，轴线形迹不清。背斜轴部主要由寒武系及部分上震旦统组成，两翼为奥陶系、志留系、二叠系、三叠系。轴部岩层倾角为 20°左右。背斜西翼地层倾角较平缓(10°～20°)，不少地方近趋水平；东翼近轴部地层倾角均在20°左右，远离轴部，地层突变陡倾，倾角均在 60°～70°。实为东陡西缓、轴部宽阔的箱状背斜。

2) 琊川复向斜

琊川复向斜东部以凤冈县、进化镇至琊川一线为其东界；西部从永兴镇向南，至兴隆场一线为其西界，南北纵贯研究区延伸出研究区外，研究区内东西宽为 12～15km，长约为 5km，面积约为 40km^2。就褶皱而言，主要有走向南北或近乎南北平行展布的琊川倒转向斜、随阳山倒转背斜、永兴倒转向斜所组成的狭窄复向斜。次级琊川向斜，东翼向西倒转，倾角达 20°左右，部分地段表现出受强力挤压的扇形构造；随阳山背斜西翼向西倒转，构成轴面东倾的倒转背斜。永兴向斜东翼和琊川向斜东翼厚达千余米的地层，自东往西倒转过来形成倒转向斜，而且被倒转的地层仍为南北走向，展布甚远。与褶皱相伴生的断裂构造主要有大堰、艾坝、转角塘、水河坝、随阳山及永兴等压性断裂。褶皱和断裂呈南北方向平行展布。

(1) 琊川倒转向斜。南起琊川经进化镇北至凤冈县城，以南北向延伸出研究区外。研究区内长约为 25km，东西宽为 4～5km，面积约为 115km^2。向斜核部出露为中三叠统的狮子山组第二段(T_2sh_2)杂色黏土岩。向斜西翼以褶曲为主，两翼地层为二叠系—奥陶系及部分寒武系，地层倾角一般为30°左右，但接近向斜核部的三叠系倾角仍较陡，一般为50°左右，个别地段为25°～35°。由倒转倾角变化的情况分析，其强度自轴部向翼部、地层由新到老、从西向东有逐渐减弱之势。实为轴面东倾的倒转向斜。

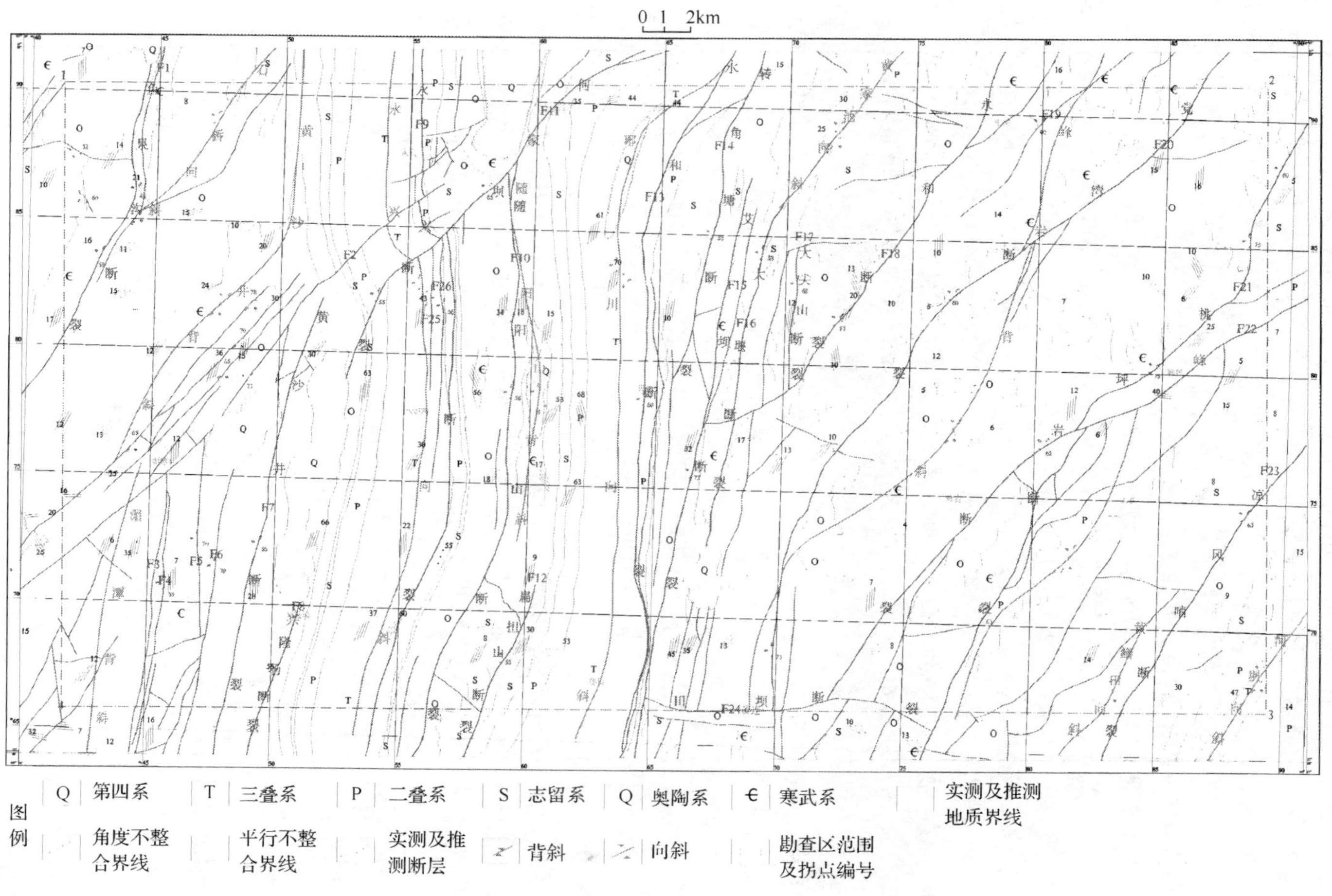

图2-17　贵州凤冈三区块地质构造图

(2) 随阳山倒转背斜。位于琊川倒转向斜西侧，南北向贯穿研究区，研究区内长约为 25km，东西宽为 4～5km，面积约为110km^2。总体走向呈南北向，北段轴部主要由寒武系、奥陶系组成。地层产状均较陡峻，一般为 55°～70°，可能是受断裂构造影响所致。东翼地层陡峻，一般为65°左右。西翼地层全部倒转东倾，倾角一般为 55°～70°，远离背斜轴的倾角一般为 20°左右或更小。

(3) 永兴倒转向斜。位于随阳山倒转背斜与湄潭复背斜之间。研究区内长约为 25km，东西宽为 4～5km，面积约为 115km^2。褶皱走向呈南北向。向斜轴部主要由三叠系组成，永兴镇附近出露的最新地层为中三叠统狮子山组。两翼均由二叠系组成。轴部地层倾角一般为30°左右，永兴一带可高达 60°～75°。向斜西翼以褶曲为主，岩层层序正常东倾，倾角一般为 60°～70°，个别地段较为陡立。向斜东翼轴线向东，岩层层序倒转东倾。轴部附近地层倒转，倾角一般为 15°～30°；翼部较陡，倾角一般为 40°～70°，个别地段近于直立。实为轴面东倾的倒转向斜。

3) 石桥向斜

石桥向斜位于鱼泉镇东北一带，北端延伸出研究区外，研究区内长约为 8km，宽为 4～6km，面积约为 50km^2。构造走向呈北北东向，近东西两侧被西部近北北东向的鱼泉沟断裂夹持。轴部为龙马溪组粉砂质页岩、砂质页岩及钙质粉砂岩。两翼为奥陶系灰岩、泥灰岩和白云质灰岩，岩层产状西翼为 10°左右，东翼为 20°左右。实为东陡西缓轴部开阔的向斜。

4) 黄家池向斜

黄家池向斜位于凤冈县城之东黄家池—船头一带，研究区内长约为 9km，宽约为 6km，面积约为 50km^2。北端以 35°的倾角内倾扬起，向北延伸处研究区外，向南轴面走向由北东 20°扭成近乎南北向。轴面总体走向呈北东 25°左右。轴部主要由二叠系组成，两翼为下古生代。轴部倾角为20°～30°，东翼倾角为 30°左右，西翼倾角为 40°～50°。实为东缓西陡轴面倾向西的歪斜向斜。

5) 峰岩背斜

峰岩背斜位于黄家池向斜东南党湾—峰岩一带，向东北、西南延伸出研究区外，研究区内长约为 35km，宽为 9～10km，面积约为 350km^2。北东端背斜行迹遭断裂破坏，南西端由于南北向构造的干扰，其轴迹难寻。轴面走向呈北东 25°～35°，可见轴迹长约为 20km。轴部地层为中上寒武统和下奥陶统，产状平缓或近于水平。两翼为奥陶系、志留系及二叠系，地层倾角为 10°～20°，为一缓倾开阔背斜。

6) 黄鳝田向斜

黄鳝田向斜呈北东 15°～30°展布于峰岩背斜南东方向的黄鳝田一带，向东北、西南方向延伸出研究区外，研究区内长约为 15km，宽约为 10km，面积约为 150km^2。西翼完整，东翼受凉风哨压扭性断裂破坏。轴部由二叠系组成，倾角为 0°～10°。

西翼倾角为20°左右，东翼略陡，倾角为30°～50°。为东陡西缓的开阔向斜。黄鳝田向斜西翼发育有次级的王寨背斜、桃坪向斜等，与该向斜平行展布。

2. 断裂特征

研究区内发育的断裂构造主要有以下几个。

1) 何家坝-白杨坝断裂带

何家坝-白杨坝断裂带西南起自白杨坝，北东经湄潭县城，过何家坝、凤冈县南东方向，斜穿研究区西北部，向西南、东北方向延伸出研究区外。主要由 2 条或 3 条平行展布的断裂组成，带宽为 1～2km，研究区内长约 28km。该断裂带切穿一系列南北向构造(湄潭复背斜、永兴倒转向斜和随阳山倒转背斜)，并使其主要压性结构面左行错移。断裂带中段上盘地层强烈倒转，再逆覆于较新的地层之上。断面走向呈北东 50°，倾向南东或北西，倾角为 60°～80°，断距一般为 200m 左右，最大达千米，最小为数十米。为压性兼扭性断裂。

2) 峰岩-黄连坝断裂带

峰岩-黄连坝断裂带展布于峰岩-黄连坝南东一带，斜穿研究区东南部，向西南、东北方向延伸出研究区外，研究区内长约为 20km。断面走向呈北东 50°左右，倾向南东或北西，倾角为 40°～85°，一般以 60°～75°较为普遍，斜贯全区，长近百千米。区外黄连坝一带断距最大，一般都为2500～3000m，向两端断距逐渐减小，但仍为200～500m。主要力学特征如下所述：结构面沿走向、倾向均呈舒缓波状，局部地段比较平直，但沿走向仍呈曲线状展布。少数见有平整的磨光断面，其上斜擦痕屡见不鲜，擦线倾向呈南西向或北东向，前者侧伏角一般较小，仅为 15°～35°，后者侧伏角均较大，一般为 55°～60°。北东段峰岩南边见有大量水平擦痕和动力薄膜，说明该断裂具多次或多期活动的特征。挤压破碎带一般宽10～30m。破碎带中或断面旁常发育有不规则的方解石团块或晶体，一般呈带状分布，远离断面逐渐减少，与围岩界限不清。沿断裂带，角砾岩、碎斑岩、碎粒岩及糜棱岩较为发育，压性劈理、片理及黑色断层泥亦常见不鲜。围岩蚀变主要有硅化、方解石化、重晶岩化及角砾化等。除峰岩北东地层倾角较缓外，其余均较陡峻，局部地层直立倒转。地貌上常形成断崖和沟谷，卫星照反映十分清晰。综上所述，该断裂为压扭性断裂。

3) 党湾断裂

党湾断裂近平行展布于峰岩-黄连坝断裂北部，斜切峰岩背斜轴部，向北东方向延伸出研究区外。其走向由东北段的北东向 25°，向南西段转为北东 50°，过磊沙沟后复转为北东 20°～30°，研究区内长约为40km。断面倾向南东或北西，倾角为 60°～85°。断线在平面上呈波状分布。研究区内断面主要为角砾岩破碎带，局部呈强挤压破碎带，带宽一般为 1.5～3m。沿破碎带有泉点分布，地貌上常形成断崖或比高较大的沟谷。属压性断裂。

4) 鱼泉沟断裂

鱼泉沟断裂展布于研究区西北角鱼泉镇一带，研究区内长约10km。是由两条平行展布的断面构成的宽 300～500m 的挤压破碎带。断面走向呈北东15°～30°，倾向南东东或北西西，倾角为 43°～77°。为压性断裂。

5) 随阳山断裂

随阳山断裂发育于随阳山倒转背斜轴部附近，左右迂回，斜切背斜轴部。研究区内长约为 25km。断面总体走向近乎南北向，平面上略呈波状弯曲，往南越过北东向何家坝-白杨坝断裂为正南北向，然后逐渐偏西，延伸出研究区外。断面倾向不定，多数东倾，少数西倾，断面倾角为 60°～70°。沿断线常见宽数米乃至数十米的角砾岩破碎带，其间发育有糜棱岩。

6) 桃坪断裂

桃坪断裂展布于峰岩背斜南东一线。北东伸入邻幅，平面上呈曲线状展布，研究区内长约为 30km。断面总体走向呈北东 20°左右，主要倾向南东，亦有倾向北西者，倾角为 50°～83°。北段杨家坳一带以强挤压破碎带为其特征，带内角砾岩成分有灰岩、粉砂岩及页岩等，断距 200m 左右。南段桃坪一带，断面走向呈舒缓波状，北西盘具大量近水平擦痕和反阶步。

7) 永和断裂

永和断裂发育在黄家池向斜东翼青滩—永和一线，断面走向呈北东 15°～30°，青滩公社以北断面走向由北北东逐渐偏北呈南北向延伸至邻幅；南西段于斗石梯附近转成北东 50°左右，研究区内长约为15km。断面倾向北西，倾角为 55°～70°，断距为数十米至 250m。断面沿走向、倾向均呈舒缓波状。

其他断裂，如背斜、向斜及其转换带相伴发育的一系列南北向、北东向及北北东向断裂，均以压扭性断裂为主。

2.5　FC-1 井地质概况

2.5.1　FC-1 井钻探概况

研究区下寒武统页岩裂缝发育特征和主控因素分析所涉及的试验分析样品、岩心描述和薄片及扫描电镜图像均来自研究区内 FC-1 井，以及湄潭梅子湾露头。

FC-1 井位于贵州省遵义市凤冈县党湾乡刘家寨村，方位角为 120°，距离刘家寨村 300m(图 2-18)，是一口页岩气参数井。构造位置位于扬子准地台黔北台地隆起遵义断凸凤冈北北东向构造变形区峰岩背斜北东翼。FC-1 井处于受党湾断裂和桃坪断裂对冲行迹破坏的峰岩背斜北东翼，西南、东北均为挤压形成的断鼻，井位处于两断鼻中间的斜坡部位。受到北西部党湾断裂，南东部峰岩断裂、桃坪

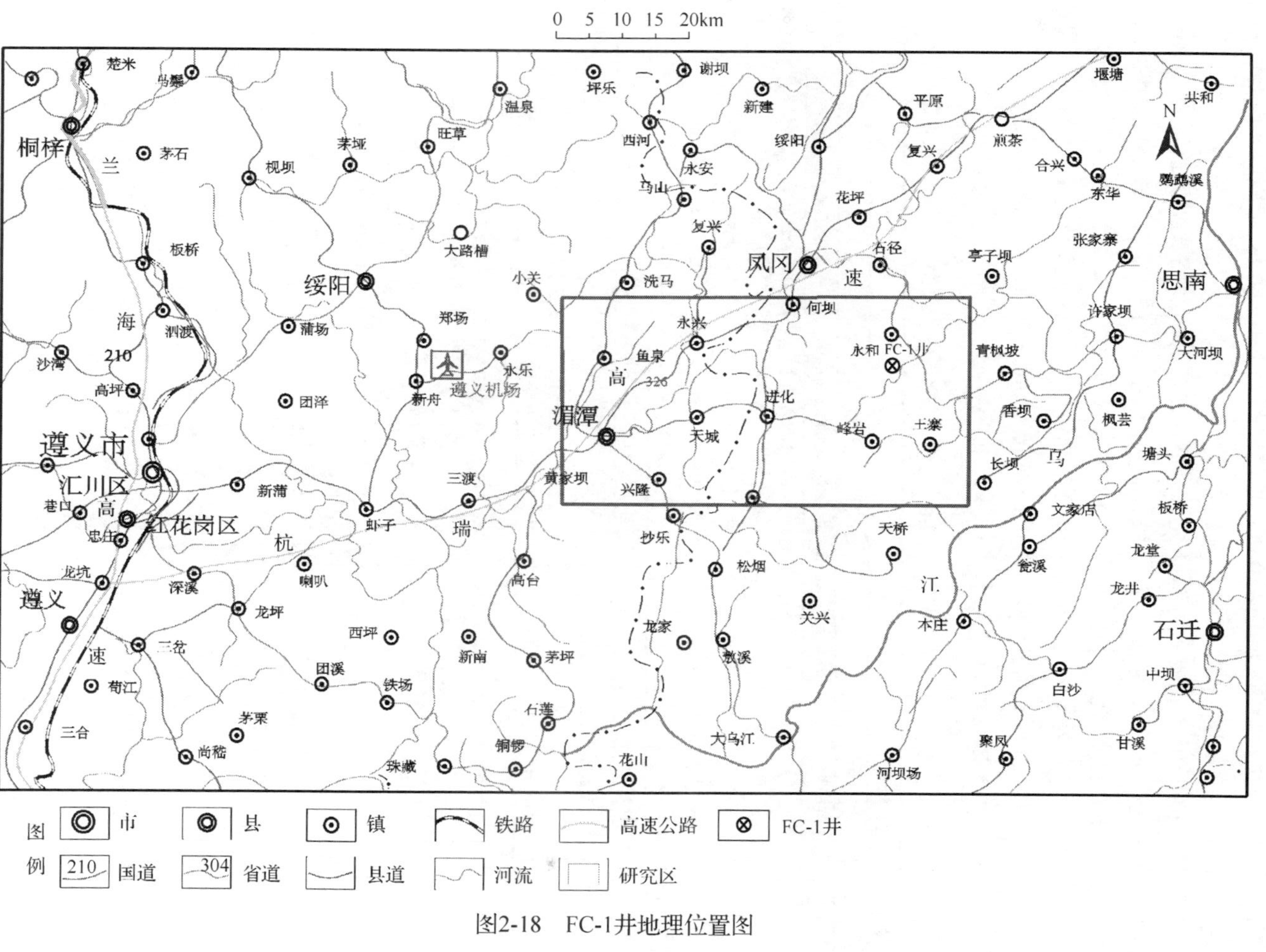

图2-18　FC-1井地理位置图

断裂等主要区域性断裂控制。该井地质设计为垂直取心井，设计井深 2515.00m，完钻井深 2585.00m（包含补心高 6.00m），钻探目的层为下寒武统牛蹄塘组（$Є_1n$），完钻层位为上震旦统灯影组（Z_2dn）。

FC-1 井为三开井身结构，裸眼完井。钻探过程中实施了标准测井、组合测井、目的层特殊测井、综合录井、岩屑录井、地化录井、泥页岩密度录井及分析测试等项目，整体钻探运行良好，各类资料录取齐全（表 2-3）。该井最大井斜为 10.24°，方位角为 254.91°，所在井深 2550.00m。结合井身轨迹数据图可以看出（图 2-19～图 2-22）：该井在 2550.00m（垂深 2546.77m）处，井斜角达到最大，为 10.24°，方位为 254.91°，井底水平位移为 83.88m。

表 2-3　FC-1 井钻探运行表

时间节点	运行阶段	简述
8-15	开钻	
8-19	一开阶段	井段 30～300m，井眼尺寸 ϕ444.5mm，套管直径 ϕ339.7mm，井斜≤0.27°
8-30	二开阶段	深度 300～1515m，井眼尺寸 ϕ311.1mm，套管直径 ϕ244.5mm，井斜≤2.26°，812～1068m 漏失严重，采用低密度水泥固井，固井质量良好
10-1	中完测井	标准测井、组合测井、固井质量测井，二开固井质量评价良好，井斜≤2.5°
10-3	三开阶段	深度 1543～2585m，井眼尺寸 ϕ215.9mm，井斜 4°～6.6°（2312～2405m）超设计标准
10-17	试取心	因见灰黑色泥岩，试取两筒岩心
10-18	对比电测	为了卡目的层位，实施 GR、SP、AC、深浅侧向
10-24	取心阶段	取心总进尺 170.9m，心长 170.9m，收获率 100%
10-30	完钻	
10-31	完井测井	标准测井、组合测井、阵列声波和微电阻扫描，最大井斜 10.5°（2550m）

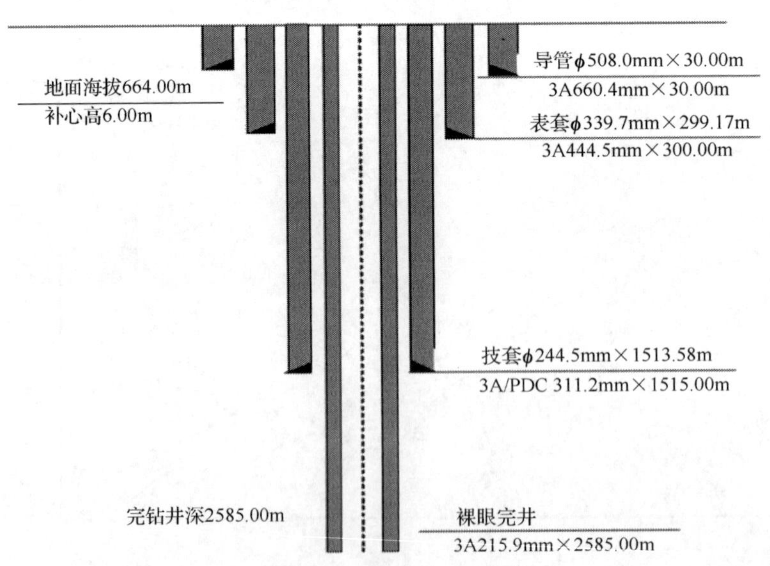

图 2-19　FC-1 井井身结构图

资料来源：贵州省非常规天然气勘探开发利用工程研究中心有限公司

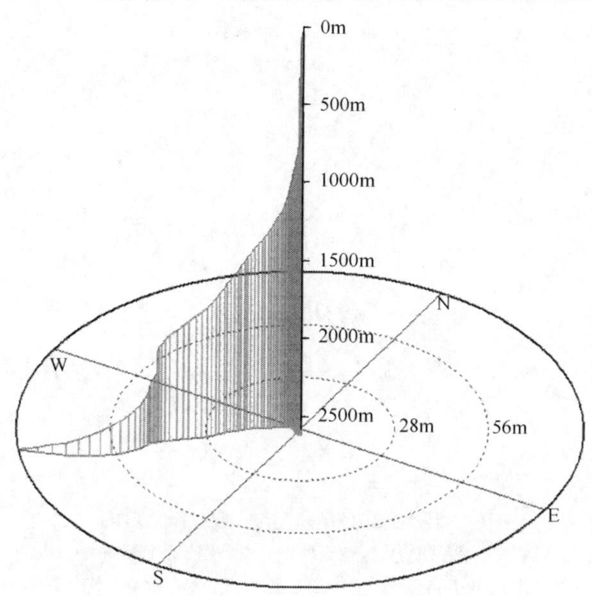

图 2-20　FC-1 井井身轨迹立体投影图

资料来源：贵州省非常规天然气勘探开发利用工程研究中心有限公司

视方位角 30°；视倾角 60°；最大狗腿度 1.64°(25m)；井深位置 2225.00m；最大水平位移 83.88m；井深位置 2585.00m

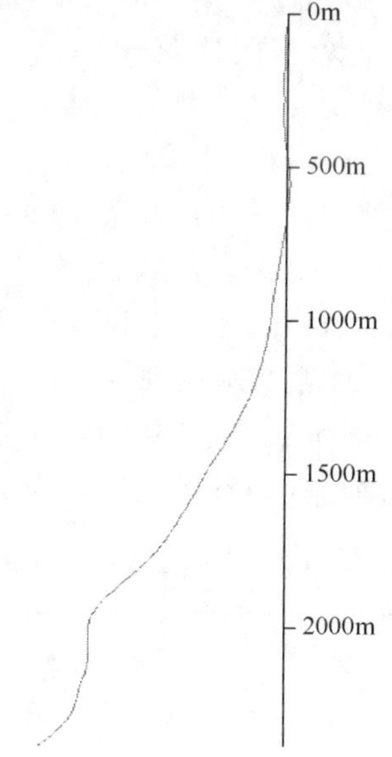

图 2-21　FC-1 井井身轨迹垂直投影图

资料来源：贵州省非常规天然气勘探开发利用工程研究中心有限公司

视方位角 20°；视倾角 90°；最大狗腿度 1.64°(25m)；井深位置 2225.00m；最大水平位移 83.88m；井深位置 2585.00m

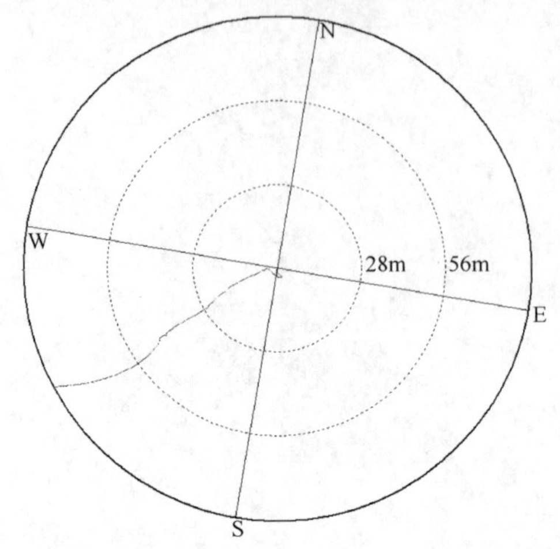

图 2-22 FC-1 井井身轨迹水平投影图

资料来源：贵州省非常规天然气勘探开发利用工程研究中心有限公司

视方位角 10°；视倾角 0°；最大狗腿度 1.64°(25m)；井深位置 2225.00m；最大水平位移 83.88m；井深位置 2585.00m

FC-1 井自上而下钻遇了新生界第四系；下奥陶统桐梓组—红花园组；上寒武统娄山关组，中寒武统高台组—石冷水组，下寒武统清虚洞组、金顶山组、明心寺组、牛蹄塘组；上震旦统灯影组。经实钻证实，该井第四系地层底界深度及地层厚度与设计基本相符。下奥陶统桐梓组—红花园组地层底界深度比设计浅 45.00m，地层厚度比设计薄 48.00m。上寒武统娄山关组地层底界深度比设计深 245.00m，地层厚度比设计厚 290.00m。中寒武统高台组—石冷水组地层底界深度比设计深 159.00m，地层厚度比设计薄 87.00m。下寒武统清虚洞组地层底界深度比设计深 101.00m，地层厚度比设计薄 57.00m；金顶山组地层底界深度比设计深 68.00m，地层厚度比设计薄 33.00m；明心寺组地层底界深度比设计深 107.00m，地层厚度比设计厚 39.00m；牛蹄塘组地层底界深度比设计深 124.00m，地层厚度比设计厚 17.00m。上震旦统灯影组钻遇地层厚度 40.00m(未钻穿)。各系、统、组地层的划分详见表 2-4，实钻地层与设计地层对比表见表 2-5。

表 2-4 FC-1 井实钻地层层序表

地层	实钻		岩性组合及分层依据
	井深/m	厚度/m	
第四系	14.00	8.00	未录井
桐梓组—红花园组	126.00	112.00	浅灰色灰岩、白云质灰岩夹棕黄色、绿灰色泥岩地层
娄山关组	1196.00	1070.00	以灰色、灰白色、浅灰色、深灰色白云岩、含泥白云岩、泥质白云岩、灰质白云岩为主，夹灰色白云质灰岩的岩性组合，局部含少量石膏

续表

地层	实钻		岩性组合及分层依据
	井深/m	厚度/m	
高台组—石冷水组	1354.00	158.00	以灰色、深灰色白云岩、泥质白云岩、膏质白云岩、含膏白云岩为主，夹灰白色白云质石膏岩的岩性组合，局部见少量灰色泥岩，底部为一套灰白色石膏岩
清虚洞组	1507.00	153.00	以灰色、浅灰色灰岩、白云质灰岩、膏质灰岩、含泥灰岩、含云灰岩、泥灰岩为主，夹灰白色石膏岩的岩性组合，底部见薄层的鲕粒灰岩
金顶山组	1704.00	197.00	砂泥岩互层夹灰色灰岩、泥灰岩岩性组合
明心寺组	2443.00	739.00	一段顶部为一套厚层灰岩，中、下部为灰色、深灰色薄-中厚砂泥岩互层夹深灰色白云岩地层；二段为灰色中-厚层砂屑灰岩、鲕粒灰岩夹深灰色灰质泥岩地层；三段为灰色、深灰色、灰黑色泥岩、粉砂质泥岩夹灰色灰质粉砂岩、泥质粉砂岩、粉砂岩和薄层的鲕粒灰岩地层
牛蹄塘组	2545.00	102.00	灰黑色含碳泥岩、黑色碳质泥岩、硅质岩
灯影组	2585.00	40.00	黑色硅质岩夹磷结核和砂质白云岩

表 2-5　FC-1 井实钻地层与设计地层对比表

地层	设计		实钻		底界误差/m	厚度误差/m
	底界深度/m	厚度/m	底界深度/m	厚度/m		
第四系	11.00	5.00	14.00	8.00	+3.00	+3.00
桐梓组—红花园组	171.00	160.00	126.00	112.00	–45.00	–48.00
娄山关组	951.00	780.00	1196.00	1070.00	+245.00	+290.00
高台组—石冷水组	1195.00	245.00	1354.00	158.00	+159.00	–87.00
清虚洞组	1406.00	210.00	1507.00	153.00	+101.00	–57.00
金顶山组	1636.00	230.00	1704.00	197.00	+68.00	–33.00
明心寺组	2336.00	700.00	2443.00	739.00	+107.00	+39.00
牛蹄塘组	2421.00	85.00	2545.00	102.00	+124.00	+17.00
灯影组	2521.00▼	100.00▼	2585.00▼	40.00▼	—	—

注：(1) 实钻较设计深或厚为“+”，实钻较设计浅或薄为“–”；(2) “▼”为未钻穿；(3) 底界误差值已减去补心高 6.00m。

2.5.2　地层划分及依据

FC-1 井自井深 33.00m 开始岩屑录井，现将岩屑录井井段地层的岩性组合、分层依据及岩性特征分述如下。

1. 下奥陶统桐梓组—红花园组

井段14.00～126.00m，钻遇地层厚度112.00m，岩屑录井井段33.00～126.00m，录井厚度 93.00m（图 2-23）。

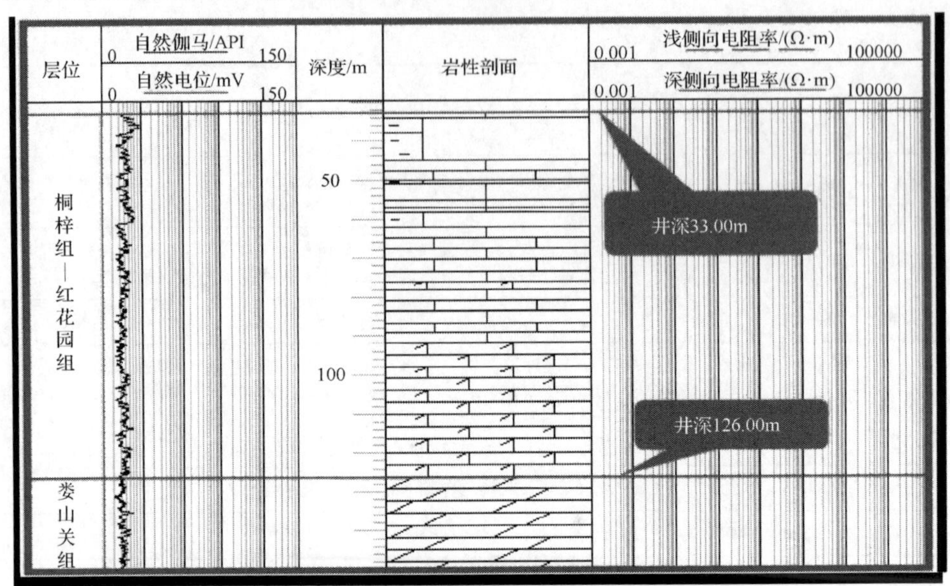

图 2-23　FC-1 井桐梓组—红花园组岩性柱状图

资料来源：贵州省非常规天然气勘探开发利用工程研究中心有限公司

1) 岩性组合

井段 33.00～126.00m 为一套浅灰色灰岩、白云质灰岩夹棕黄色、绿灰色泥岩地层。

2) 岩性特征

灰岩：浅灰色，成分为泥晶方解石，含少量泥质，致密，硬，加 HCl^{+++}①，反应后有微量泥垢，岩屑呈片状、块状。

白云质灰岩：浅灰色、灰色，成分为泥晶方解石，白云石次之，致密，硬，加冷 HCl^{++}，硬；加热 HCl^{+++}，岩屑呈片状、块状。

泥岩：棕黄色、绿灰色，质纯，较硬，加 HCl^{-}。

3) 分层依据

在电性特征上，电测曲线变化不明显。

4) 沉积相特征

本组岩性主要为一套灰色灰岩、白云质灰岩地层，后期地表的一些泥岩充填于灰岩裂缝之间。总体反映为大套灰岩、白云质灰岩，岩性较单一，为较大规模海侵形成的开阔台地沉积相滩间亚相沉积。

本组设计底界深度为 171.00m，地层厚度为 160.00m，实钻底界深度为 126.00m，地层厚度为 112.00m，实钻底界深度比设计底界深度变浅 45.00m，地层厚度变薄 48.00m。实钻井深 126.00m 之前岩性主要为灰色、浅灰色白云质灰岩；井深 126.00m

① “+”代表加 HCl 有反应，“+”越多，反应越激烈；“–”代表加 HCl 后无反应。

之后岩性为厚层的灰色、浅灰色白云岩。根据实钻、岩性、电性特征，结合邻井及区域资料综合分析对比，将梓桐组—红花园组与娄山关组的界线划分至井深126.00m。

2. 上寒武统娄山关组

井段126.00～1196.00m，钻遇地层厚度1070.00m(图2-24)。

1)岩性组合

本组岩性以灰色、灰白色、浅灰色、深灰色白云岩、含泥白云岩、泥质白云岩、灰质白云岩为主，夹灰色白云质灰岩，局部含少量石膏。

2)岩性特征

白云岩：灰色、浅灰色、深灰色、灰白色，成分主要为白云石，具粒屑结构，粒屑由砂屑组成，致密，硬，脆，加冷HCl^{-}，加热HCl^{+++}，岩屑呈片状、块状。见少量方解石晶体。

含泥白云岩：深灰色、灰色，成分主要为白云石，泥质含量为10%～25%，泥质分布均匀，细晶结构，少量泥晶结构，致密，硬，脆，加冷HCl^{-}，加热HCl^{+++}，反应后见少量泥垢，岩屑呈片状、块状。部分岩屑微细裂缝较发育，被方解石、泥质完全充填，偶见方解石晶体。

泥质白云岩：深灰色，灰色、浅灰色，成分主要为白云石，泥质含量为30%～40%，泥质分布均匀，细晶结构，少量泥晶结构，致密，硬，脆，加冷HCl^{-}，加热HCl^{+++}，反应后见少量泥垢，岩屑呈片状、块状。

灰质白云岩：灰白色，成分为白云石，方解石次之，软，吸水性好，加冷HCl^{++}，加热HCl^{+++}，岩屑呈粉末状、团块状。

白云质灰岩：灰色，成分为泥晶方解石，白云石含量为25%～35%，分布均匀，致密，硬，脆，加冷HCl^{-}，加热HCl^{+++}，岩屑呈片状、块状。部分岩性中见少量方解石晶体。

3)分层依据

电性特征上，自然伽马曲线整体呈锯齿状，低值明显，一般为8～16API；局部呈指状、尖峰状，中高值，电阻率值在30～95API。自然电位曲线较平直，一般为73～77mV，局部呈尖峰状中高值，80～100mV。深、浅侧向电阻率曲线可分为四段：井段126.00～460.00m，浅侧向电阻率值大多为500～700Ω·m，深侧向电阻率值大多在2000～3000Ω·m，局部呈指状或者尖峰状，异常高值为4000～13000Ω·m；井段460.00～875.00m，深、浅侧向电阻率曲线波动较大，呈异常高值，高值为1000～28000Ω·m；井段875.00～992.00m，深、浅侧向电阻率曲线较平直，电阻率值一般为150～300Ω·m，局部呈尖峰状，电阻率值为1300～1500Ω·m；井段992.00～1196.00m，深、浅侧向电阻率曲线波动较大，大部分呈异常高值，高值为1000～45000Ω·m。

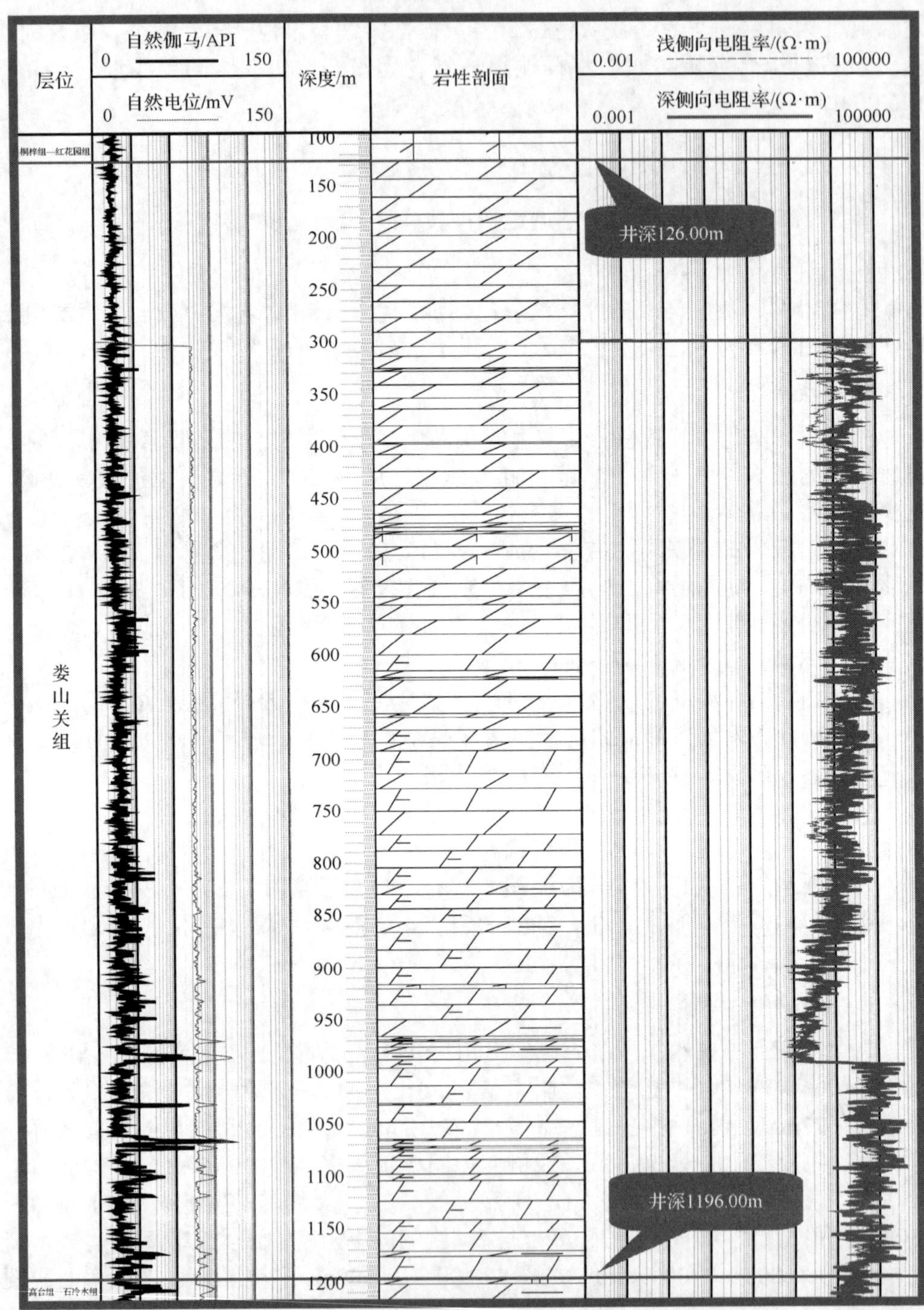

图 2-24 FC-1 井娄山关组岩性柱状图

资料来源：贵州省非常规天然气勘探开发利用工程研究中心有限公司

4) 沉积相特征

本组岩性以白云岩类为主，局部见少量石膏岩，泥质含量低，总体反映为开阔台地滩间亚相沉积，中期出现较短暂的蒸发作用，形成蒸发盐湖亚相沉积。

本组设计地界深度为 951.00m，地层厚度为 780.00m，实钻底界深度为 1196.00m，地层厚度为 1070.00m，实钻底界深度比设计底界深度加深 245.00m，地层厚度变厚 290.00m。实钻井深 1196.00m 后见灰色含膏质白云岩。根据实钻、岩性、电性特征，结合邻井及区域资料综合分析对比，将娄山关组与高台组—石冷水组界线划分至井深 1196.00m。

3. 中寒武统高台组—石冷水组

井段 1196.00～1354.00m，钻遇地层厚度 158.00m(图 2-25)。

1) 岩性组合

本组岩性整体上可以分为两段：井段 1196.00～1350.00m，岩性以灰色、深灰色白云岩、泥质白云岩、膏质白云岩、含膏白云岩为主，夹灰白色白云质石膏岩，局部见少量灰色泥岩；井段 1350.00～1354.00m，岩性为灰白色石膏岩。

2) 岩性特征

白云岩：灰色，成分主要为白云石，含少量泥质，微晶-细晶结构，含少量泥晶结构，致密，硬，脆，加冷 HCl^{-}，加热 HCl^{+++}，反应后见少量泥垢，岩屑呈片状、块状。

膏质白云岩：灰色，成分主要为白云石，膏质含量为 25%～35%，含少量泥质，膏质为灰白色，分布不均匀，软，吸水性好，块状-团块状，白云石泥晶结构，致密，硬，脆，加冷 HCl^{-}，加热 HCl^{++}，反应后见石膏质和少量泥垢，岩屑呈片状、块状。

泥质白云岩：灰色、深灰色，成分主要为白云石，泥质含量为 30%～40%，泥质分布均匀，白云石泥晶结构，致密，硬，脆，加冷 HCl^{-}，加热 HCl^{++}，反应后见泥垢，岩屑呈片状、块状。

含膏白云岩：灰色，成分主要为白云石，膏质含量为 15%～20%，膏质分布不均匀，块状-团块状，白云石泥晶结构，少量微晶-细晶体结构，致密，硬，脆，加冷 HCl^{-}，加热 HCl^{+++}，反应后见少量泥垢，岩屑呈片状、块状。

白云质石膏岩：灰白色，成分主要为石膏，白云石含量为 30%～40%，含少量泥质，白云质分布不均匀，片状-块状，白云石泥晶结构，致密，硬，脆，加冷 HCl^{-}，加热 HCl^{+}，反应后见大量石膏质和少量泥垢。石膏为灰白色，较软，易水化，吸水膨胀，加 HCl^{-}。

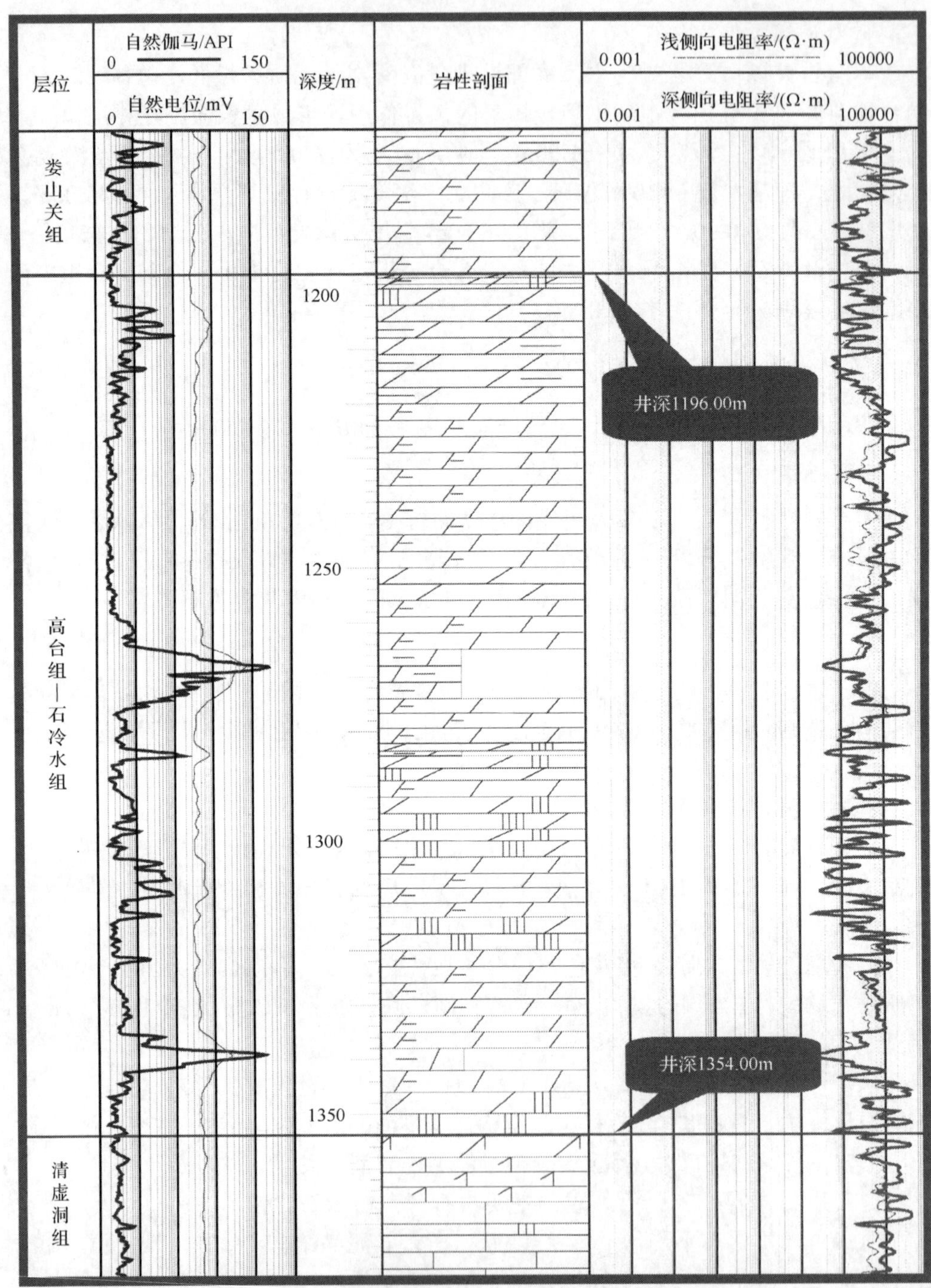

图 2-25　FC-1 井高台组—石冷水组岩性柱状图

资料来源：贵州省非常规天然气勘探开发利用工程研究中心有限公司

石膏岩：灰白色，主要成分为石膏，含少量方解石，较软，易水化，吸水膨胀，加 HCl^{-}。

3) 分层依据

在电性特征上，自然电位曲线平直。自然伽马曲线大部分为较低值，一般为 8～15API，局部中值为 25～55API；少量尖峰状高值为 130API。深、浅侧向电阻率异常高值多为 1000～42000Ω·m。

4) 沉积相特征

本段岩性以白云岩、泥质白云岩类为主，局部见少量石膏岩，泥质含量低，总体反映为开阔台地滩间亚相沉积，中期出现较短暂的强蒸发作用，形成蒸发盐湖亚相沉积。

本组设计底界深度为 1195.00m，地层厚度为 245.00m，实钻底界深度为 1354.00m，地层厚度为 158.00m，实钻底界深度比设计底界深度加深 159.00m，地层厚度变薄 87.00m。实钻井深 1354.00m 前为一套灰白色石膏，井深 1354.00m 后为灰色灰质白云岩、白云质灰岩和灰岩。根据实钻、岩性、电性特征，结合邻井及区域资料综合分析对比，将高台组—石冷水组与清虚洞组界线划分至井深 1354.00m。

4. 下寒武统清虚洞组

井段 1354.00～1507.00m，钻遇地层厚度 153.00m（图 2-26）。

1) 岩性组合

本组岩性以灰色、浅灰色灰岩、白云质灰岩、膏质灰岩、含泥灰岩、含云灰岩、泥灰岩为主，夹灰白色石膏岩，底部见薄层的鲕粒灰岩。

2) 岩性特征

灰岩：灰色，成分以方解石为主，含量为 85%～95%，白云质含量为 5%～15%，白云质分布较均匀，泥晶结构，较致密，加 HCl^{+++}，岩屑呈小片状。

含云灰岩：灰色，成分以方解石为主，含量为 85%左右，白云石含量为 15%左右，白云质分布均匀，泥晶结构，硬，脆，加 HCl^{+++}，岩屑呈小片状。

含泥灰岩：灰色，主要成分为泥晶方解石，泥质含量为 15%～20%，泥质分布较均匀，硬，脆，加 HCl^{+++}，反应后表面留有较多泥垢，岩屑呈片状。

白云质灰岩：灰色，成分以方解石为主，含量为 60%～70%，白云石含量为 25%～35%，泥质含量为 5%，白云质分布均匀，泥晶结构，硬，脆，加冷 HCl^{-}，加热 HCl^{+++}，岩屑呈片状-块状。

膏质灰岩：灰色，成分以方解石为主，含量约为 70%，石膏质含量约为 25%，泥质含量约为5%，泥质、石膏质分布均匀，泥晶结构，硬，脆，加冷 HCl^{-}，加热 HCl^{+++}，岩屑呈片状。

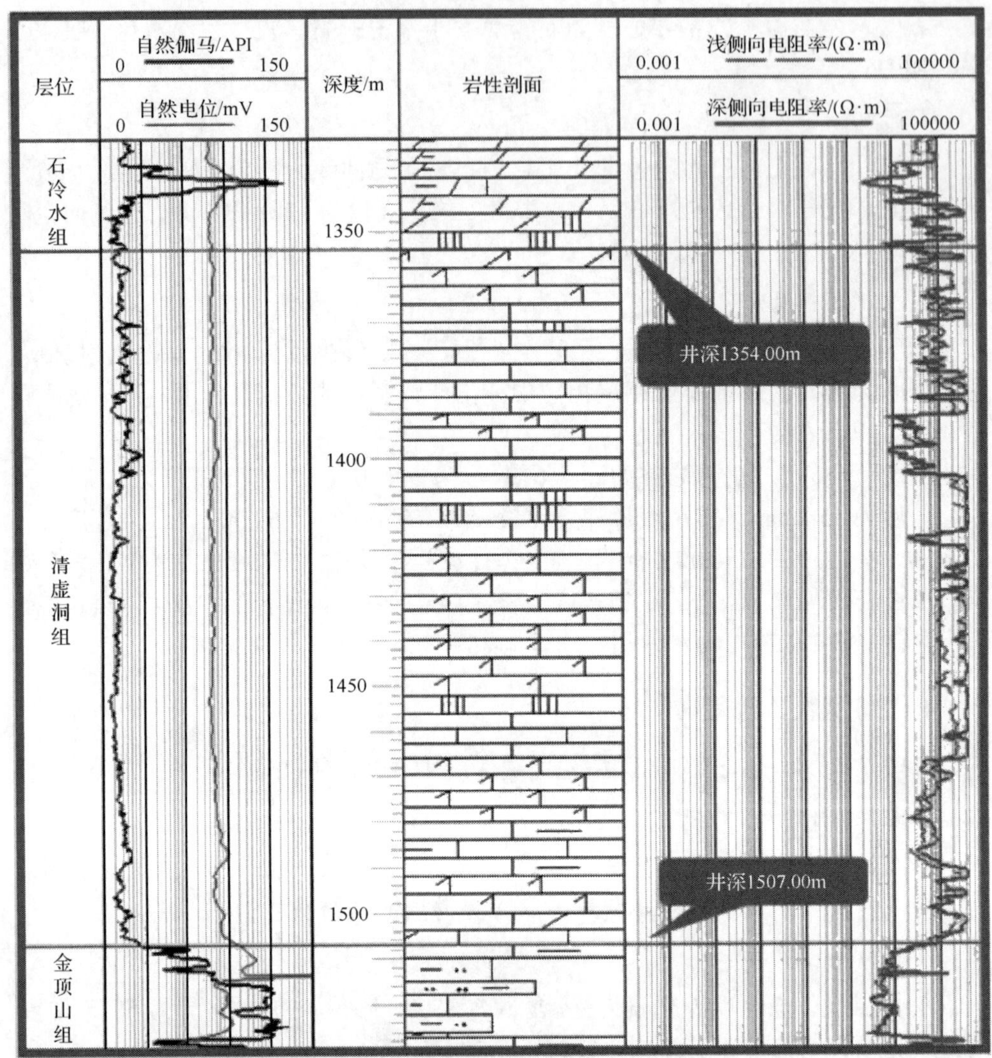

图 2-26　FC-1 井清虚洞组岩性柱状图

资料来源：贵州省非常规天然气勘探开发利用工程研究中心有限公司

泥灰岩：灰色，成分以方解石为主，含量约为 55%，泥质含量约为 45%，泥质分布较均匀，泥晶结构，较致密，加热 HCl^{++}，反应后留有大量泥垢，岩屑呈片状-块状。

鲕粒灰岩：成分主要为方解石，含少量泥质，具粒屑结构，硬，加稀 HCl^{+++}，岩屑呈块状、片状。

石膏岩：灰白色，成分主要为石膏，含少量方解石，较软，易水化，吸水膨胀，加冷 HCl^{-}。

3）分层依据

在电性特征上，自然电位曲线平直，一般为 80mV 左右；自然伽马曲线呈锯齿状，一般为 5～25API，局部尖峰状中值为 25～30API；深、浅侧向电阻率异常高值多为 1000～45000Ω·m。

4）沉积相特征

本段岩性以灰岩、泥灰岩、白云质灰岩类为主，局部见少量石膏岩，泥质含量低，总体反映为开阔台地滩间亚相沉积，中期出现较短暂的强蒸发作用，形成蒸发盐湖亚相沉积。

本组设计底界深度为 1406.00m，地层厚度为 210.00m，实钻底界深度为 1507.00m，地层厚度为 153.00m，实钻底界深度比设计底界深度加深 101.00m，地层厚度变薄 57.00m。实钻井深 1507.00m 前岩性主要为一套灰岩地层，井深 1507.00m 后为浅绿灰色粉砂质泥岩、灰绿色泥岩地层。根据实钻、岩性、电性特征，结合邻井及区域资料综合分析对比，将清虚洞组与金顶山组界线划分至井深 1507.00m。

5. 下寒武统金顶山组

井段 1507.00～1704.00m，钻遇地层厚度为 197.00m（图 2-27）。

1）岩性组合

本组岩性为砂泥岩互层夹灰色灰岩、泥灰岩岩性组合。

2）岩性特征

粉砂质泥岩：浅绿灰色，粉砂质分布均匀，较硬，脆，加 HCl^-，岩屑呈片状-块状。

灰质泥岩：灰质分布均匀，较硬，脆，加热 HCl^+，岩屑呈片状、块状。

泥岩：灰绿色，质不纯，含粉砂质，粉砂质分布均匀，较硬，脆，加冷 HCl^-。

泥质粉砂岩：泥质分布不均匀，致密，硬，加 HCl^-，岩屑呈片状、块状。

粉砂岩：泥质胶结，较致密，加稀 HCl^-，岩屑呈块状、散粒状。

细砂岩：成分以石英为主，长石次之，泥质胶结，胶结致密，分选性好，次棱角-次圆状，加冷 HCl^-，岩屑呈块状、散粒状。

泥灰岩：成分以方解石为主，含量约为 60%，泥质含量约为 40%，泥质分布较均匀，泥晶结构，较致密，加热 HCl^{++}，反应后留有大量泥垢，岩屑呈片状、块状。

灰岩：成分为泥晶方解石，含少量泥质，致密，硬，加热 HCl^{+++}，反应后有微量泥垢，岩屑呈片状、块状。夹少量灰色粉砂质泥岩条带。

3）分层依据

在电性特征上，自然电位曲线砂岩段大部分为负异常，泥岩段呈基值。自然伽马曲线波动较大，泥岩段呈异常高值，数值一般为110～170API；砂岩段数值一般在 80～120API。深、浅侧向电阻率异常高值多为 1000～42000Ω· m；灰岩段深、浅侧向电阻率值呈异常低值，电阻率呈异常高值。

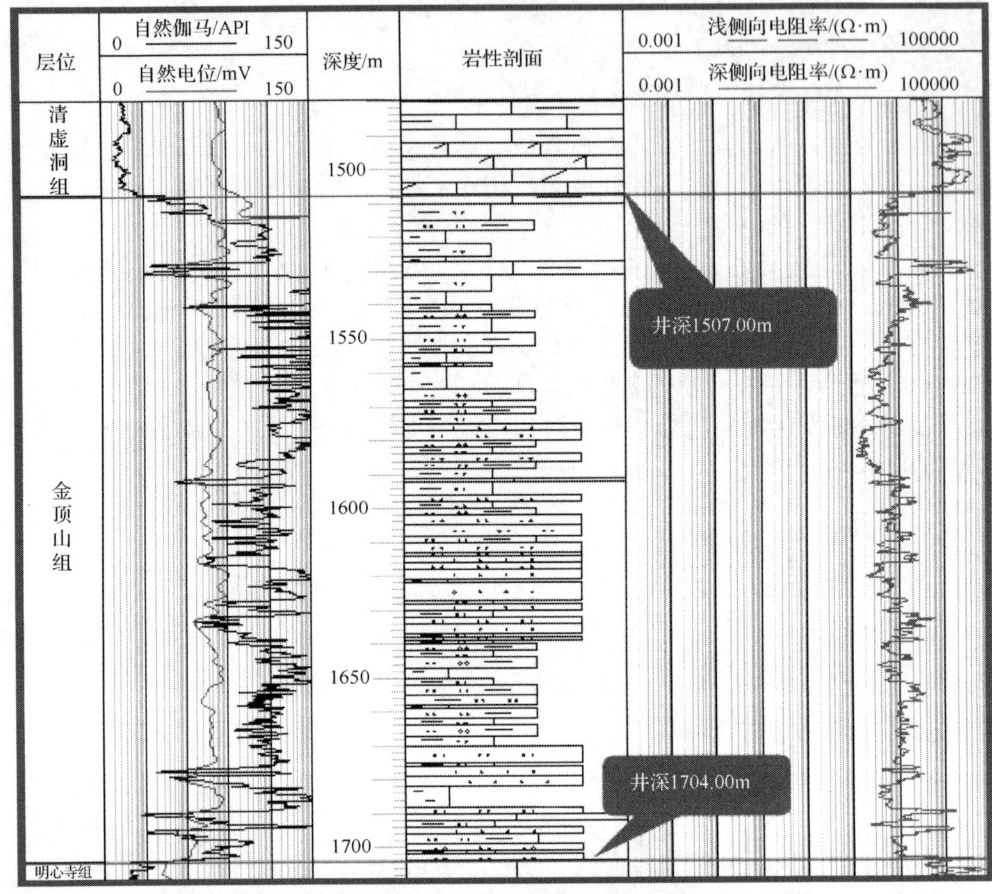

图 2-27　FC-1 井金顶山组岩性柱状图

资料来源：贵州省非常规天然气勘探开发利用工程研究中心有限公司

4) 沉积相特征

本组岩性以砂泥岩互层为主，夹灰岩，泥岩颜色为绿灰色，反映本段地层沉积时，水体较深，沉积相为局限台地潮坪亚相沉积。

本组设计底界深度为 1636.00m，地层厚度为 230.00m，实钻底界深度为 1704.00m，地层厚度为 197.00m，地层实钻底界地层比设计底界地层深 68.00m，地层实钻厚度比设计厚度薄 33.00m。实钻井深 1704.00m 之前为砂泥岩互层地层，井深 1704.00m 之后为一套厚层状的灰色灰岩地层。根据实钻、岩性、电性特征，结合邻井及区域资料综合分析对比，将金顶山组与明心寺组的界线划分至井深 1704.00m。

6. 下寒武统明心寺组

井段 1704.00～2443.00m，钻遇地层厚度为 739.00m(图 2-28～图 2-30)。

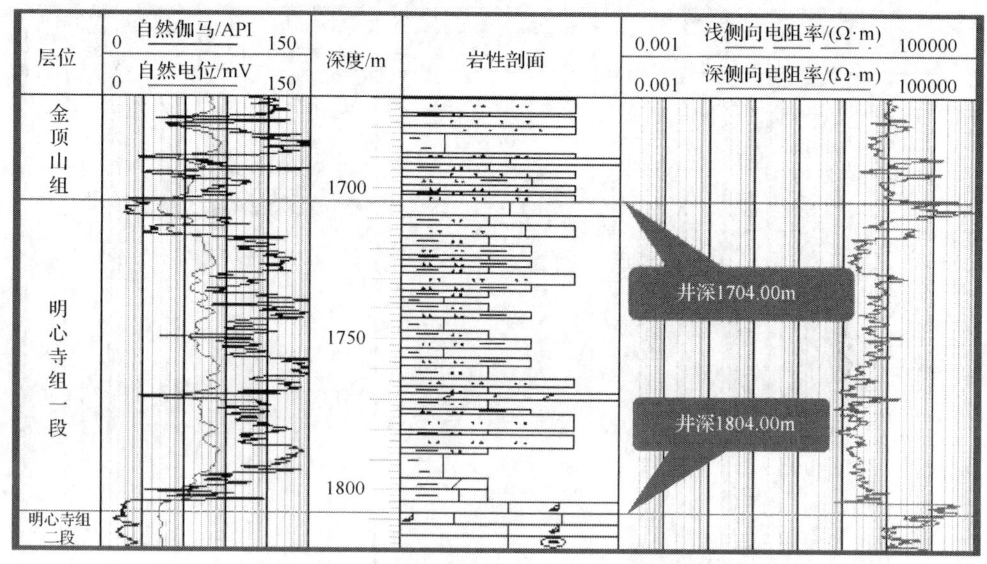

图 2-28　FC-1 井明心寺组一段岩性柱状图

资料来源：贵州省非常规天然气勘探开发利用工程研究中心有限公司

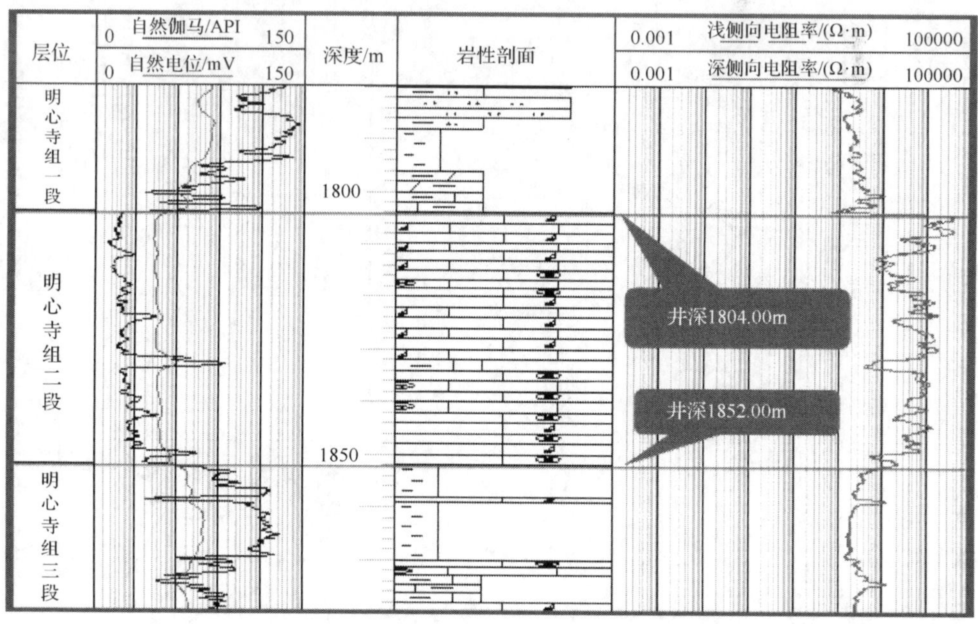

图 2-29　FC-1 井明心寺组二段岩性柱状图

资料来源：贵州省非常规天然气勘探开发利用工程研究中心有限公司

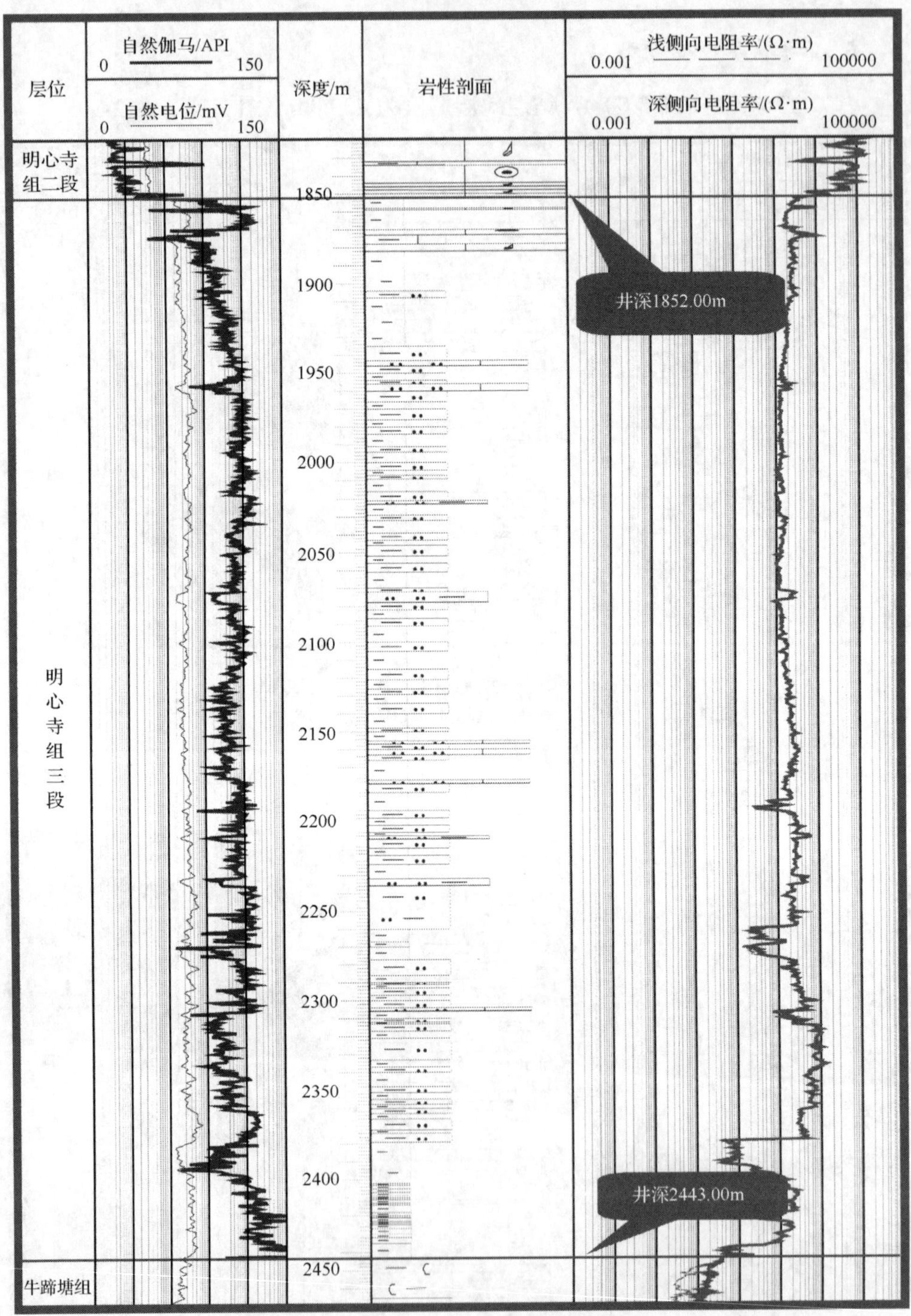

图 2-30　FC-1 井明心寺组三段岩性柱状图

资料来源：贵州省非常规天然气勘探开发利用工程研究中心有限公司

1) 岩性组合

本组岩性可以分为三段，井段 1704.00～1804.00m，顶部为一套厚层灰岩，中、下部为砂泥岩互层夹深灰色白云岩地层；井段 1804.00～1852.00m，岩性为灰色中-厚层砂屑灰岩、鲕粒灰岩夹深灰色灰质泥岩地层；井段 1852.00～2443.00m，岩性为灰色、深灰色、灰黑色泥岩、粉砂质泥岩夹灰色灰质粉砂岩、泥质粉砂岩、粉砂岩和薄层的鲕粒灰岩地层。

2) 岩性特征

砂屑灰岩：成分主要为方解石，具粒屑结构，粒屑由砂屑组成。硬，脆，加热 HCl^{+++}，反应后留有少量泥垢，岩屑呈片状、块状。

鲕粒灰岩：成分主要为方解石，含少量泥质，具粒屑结构，硬，加稀 HCl^{+++}，岩屑呈块状、片状。

粉砂岩：泥质胶结，较致密，加稀 HCl^{-}，岩屑呈散粒状、块状。

灰质粉砂岩：成分以石英为主，石英含量为 70%～75%，灰质含量为 25%～30%，灰质分布均匀，加热 HCl^{+}，岩屑呈片状、块状。

泥质粉砂岩：泥质分布较均匀，致密，硬，加冷 HCl^{-}，岩性呈块状、散粒状。

灰质泥岩：灰质分布均匀，较硬，脆，加热 HCl^{+}，岩屑呈片状、块状。

粉砂质泥岩：粉砂质分布均匀，较硬，脆，加冷 HCl^{-}，岩屑呈片状、块状。

泥岩：质不纯，含少量灰质，灰质分布不均匀，致密，较硬，脆，加 $HCl^{-\sim+}$，岩屑呈片状、块状。

3) 分层依据

在电性特征上，井段 1704.00～1804.00m，砂岩段自然电位曲线呈负异常，数值为–20mV，泥岩段为基值；自然伽马曲线砂岩段数值为 25～40API，泥岩段数值为 45API 左右，灰岩段自然伽马呈异常低值，深、浅侧向呈异常高值。井段 1804.00～1852.00m，自然电位曲线呈箱状负异常，自然伽马曲线呈异常低值，深、浅侧向呈异常高值。井段1852.00～2443.00m，自然电位曲线波动不大，泥岩段呈基值，砂岩段呈负异常，数值为–5mV；自然伽马曲线呈锯齿状，自然伽马泥岩段数值为110～120API，砂岩段数值为 90～100API；深、浅侧向电阻率曲线呈锯齿状，深灰色、灰色泥岩段电阻率值为 100～200Ω·m，灰黑色泥岩电阻率呈异常低值，电阻率值为 10～20Ω·m，砂岩段电阻率值为 300～500Ω·m。

4) 沉积相特征

本组岩性分为三段，一段岩性顶部为一套厚层灰岩，中、下部为砂泥岩互层夹深灰色白云岩地层；泥岩颜色为灰色，反映本段地层沉积时，水体较深，沉积相为局限台地潮坪亚相沉积。二段岩性为灰色中-厚层砂屑灰岩、鲕粒灰岩夹深灰色灰质泥岩地层，岩性以灰岩为主，夹薄层泥岩，中下部灰岩泥质含量增加，反映为陆棚斜坡相沉积环境。三段为灰色、深灰色、灰黑色泥岩、粉砂质泥岩夹灰色灰质粉砂岩、泥质粉砂岩、粉砂岩和薄层的鲕粒灰岩地层，地层泥岩颜色以深灰色为基调，反映沉积时水体较深，为较稳定的还原环境，反映为半深湖相沉积环境。

本组设计底界深度为2336.00m，地层厚度为700.00m，实钻底界深度为2443.00m，地层厚度为739.00m，实钻底界深度比设计底界深度深107.00m，实钻地层厚度比设计地层厚度厚39.00m。实钻井深2443.00m之前岩性为灰黑色、深灰色泥岩互层，井深2443.00m之后岩性为灰黑色、黑色碳质泥岩地层。根据实钻、岩性、电性特征，结合邻井及区域资料综合分析对比，将明心寺组与牛蹄塘组界线划分至井深2443.00m。

7. 下寒武统牛蹄塘组

井段2443.00～2545.00m，钻遇地层厚度为102.00m（图2-31）。

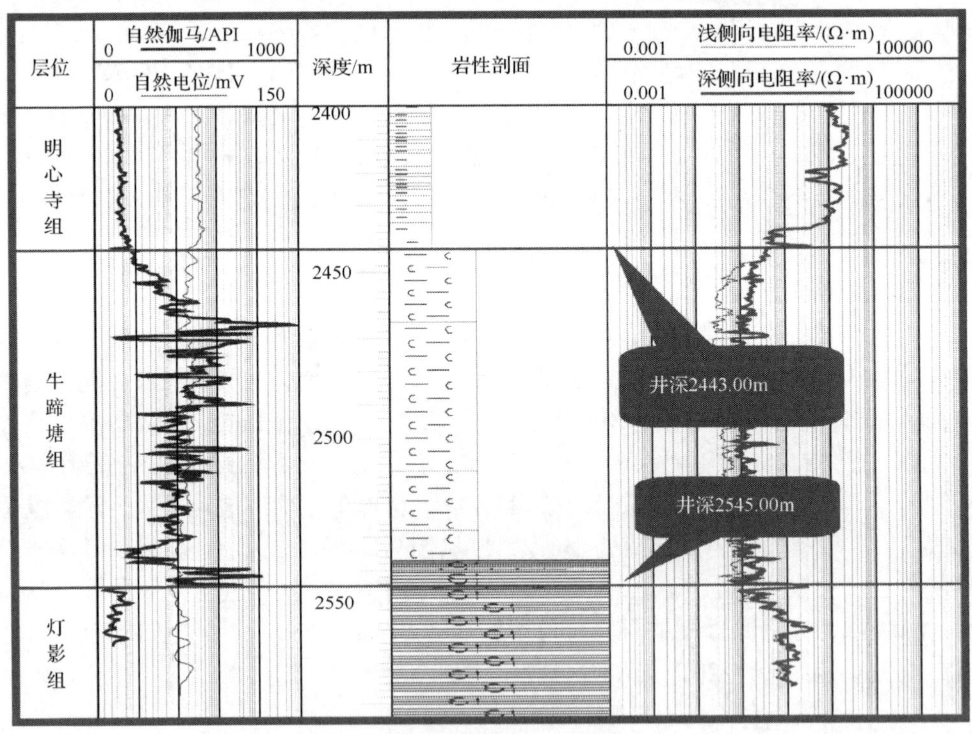

图2-31　FC-1井牛蹄塘组岩性柱状图

资料来源：贵州省非常规天然气勘探开发利用工程研究中心有限公司

1）岩性组合

本组岩性主要为灰黑色含碳泥岩、黑色碳质泥岩，底部为数米黑色薄层硅质岩夹磷结核、灰质细砂岩。

2）岩性特征

碳质泥岩：含少量黄铁矿和方解石晶体，碳质分布不均匀，性硬，致密，点火不燃，具煤烟味，加冷 HCl^-。

含碳泥岩：碳质分布不均匀，含少量粉砂质和黄铁矿，性硬，致密，吸水性差，点火不燃，具煤烟味，加冷 HCl^-。

硅质岩：含少量黄铁矿和方解石晶体，性硬，致密，加冷 HCl^-。夹黑色碳质泥岩、磷结核、灰质细砂岩。

3）分层依据

在电性特征上，自然电位曲线波动不大；自然伽马曲线呈异常高值，一般为200～800API；深、浅侧向电阻率曲线呈异常低值，一般为0.2～2Ω·m，少量为5～8Ω·m。根据实钻、岩性、电性特征，结合邻井及区域资料综合分析对比，将牛蹄塘组底界划分在岩性界面2545.00m。

4）沉积相特征

本组岩性整体为灰黑色、黑色碳质泥岩，属槽盆相沉积环境。

本组设计底界深度为2421.00m，地层厚度为85.00m，实钻底界深度为2545.00m，地层厚度为102.00m，实钻底界深度比设计底界深度深124.00m，实钻地层厚度比设计地层厚度厚17.00m。实钻井深2545.00m之前为灰黑色含碳泥岩、黑色碳质泥岩，底部数米为黑色薄层硅质岩夹磷结核、灰质细砂岩地层，2545.00m之后见灰色砂质白云岩地层。

8. 上震旦统灯影组

井段2545.00～2585.00m，钻遇地层厚度为40.00m（未钻穿）（图2-31）。

1）岩性组合

本段岩性为黑色硅质岩夹磷结核和砂质白云岩地层。

2）岩性特征

硅质岩：含少量黄铁矿和方解石晶体，性硬，致密，加冷 HCl^-。夹灰色砂质白云岩条带和磷结核。

2.6 地层对比

将FC-1井东北-西南向与DY-1井、MY-1井进行对比，西北向与ZY-1井进行对比（井位分布见图2-32）；本井开孔层位为第四系，岩屑录井自桐梓组—红花

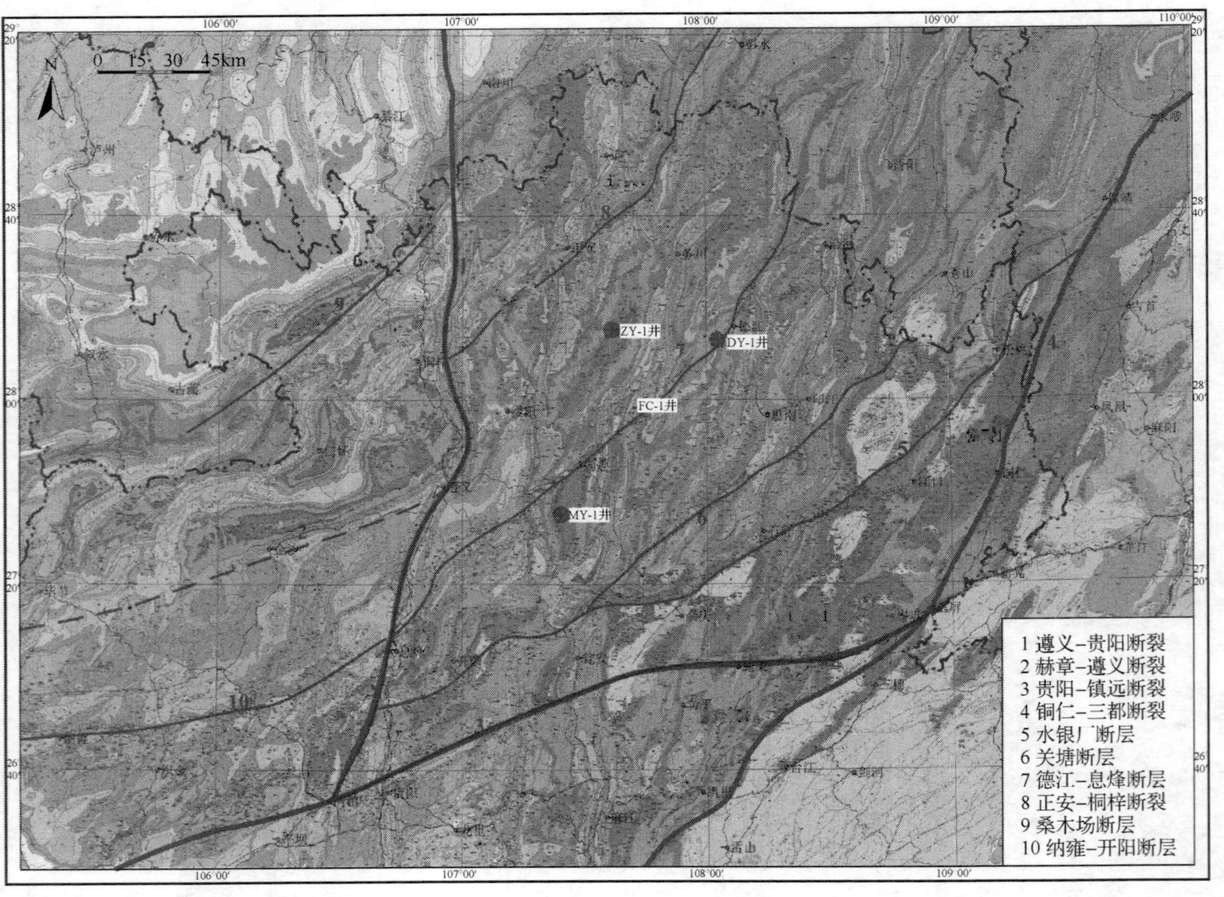

图2-32　DY-1井、FC-1井、MY-1井、ZY-1井井位示意图

资料来源：贵州省非常规天然气勘探开发利用工程研究中心有限公司

园组开始，邻井只有高台组—石冷水组及以下地层分层有数据，故只对清虚洞组及以下地层进行对比，各井分层数据详见表 2-6。

表 2-6　FC-1 井与邻井地层对比表

地层			FC-1 井			邻井					
						DY-1 井		MY-1 井		ZY-1 井	
系	统	组	底界深度/m	厚度/m	补心海拔/m	底界深度/m	厚度/m	底界深度/m	厚度/m	底界深度/m	厚度/m
寒武系	中上统	娄山关组	1196.00	1070.00	–526.00						
	中统	高台组—石冷水组	1354.00	158.00	–684.00	376.60	326.30			100.00	>100
	下统	清虚洞组	1507.00	153.00	–837.00	572.10	195.50	185.70	177.02	400.00	300.00
		金顶山组	1704.00	197.00	–1034.00	789.20	217.10	361.40	175.70	680.00	280.00
		明心寺组	2443.00	739.00	–1773.00	1647.10	875.90	846.46	485.06	1553.00	873.00
		牛蹄塘组	2545.00	102.00	–1875.00	1736.80	89.70	916.77	70.31	1667.00	114.00
震旦系	上统	灯影组	2585.00（未穿）	40.00（未穿）	–1915.00			933.14			

1) 清虚洞组

DY-1 井—FC-1 井—MY-1 井的东北-西南方向，FC-1 井底界深度最深，MY-1 井最浅，3 口井厚度 FC-1 井最薄，DY-1 井最厚，厚度有由东北、西南向中间变薄的趋势。

区域上岩性组合均为灰色白云质灰岩夹白云岩，底部见薄层的鲕粒灰岩。

本组各井岩性组合特征、电性特征具有较好的可比性。

2) 金顶山组

DY-1 井—FC-1 井—MY-1 井东北-西南方向，FC-1 井底界深度最深，MY-1 井最浅，3 口井厚度差别不大，整体有由东北向西南方向逐渐变薄的趋势。

区域上岩性组合均为一套砂泥岩互层夹少量灰岩的岩性组合。

本组各井岩性组合特征、电性特征具有较好的可比性。

3) 明心寺组

DY-1 井—FC-1 井—MY-1 井东北-西南方向，FC-1 井底界深度最深，MY-1 井最浅，3 口井厚度 FC-1 井最薄，DY-1 井最厚，厚度有由东北、西南向中间变薄的趋势。

区域上本组岩性组合均可分为三段，一段顶部为一套厚层灰岩，中、下部为砂泥岩互层夹深灰色白云岩地层；二段为灰色中-厚层砂屑灰岩、鲕粒灰岩夹深灰色灰质泥岩地层；三段为灰色、深灰色、灰黑色泥岩、粉砂质泥岩夹灰色灰质粉砂岩、泥质粉砂岩、粉砂岩和薄层的鲕粒灰岩地层。

电性特征：整体上明心寺组三段砂泥岩互层段表现为高电阻率，与下部地层牛蹄塘组碳质泥岩表现的低电阻率分层界线明显。本组各井岩性组合特征、电性特征具有较好的可比性。

4) 牛蹄塘组

DY-1井—FC-1井—MY-1井东北-西南方向，FC-1井底界深度最深，MY-1井最浅，3口井厚度FC-1井最厚，MY-1井最薄，厚度有由西南向东北变薄的趋势。

区域上本组岩性组合均为黑色碳质泥岩，底部为黑色硅质岩的岩性组合，碳质泥岩电性特征均表现为高伽马值，低电阻率值(图2-33～图2-35)。

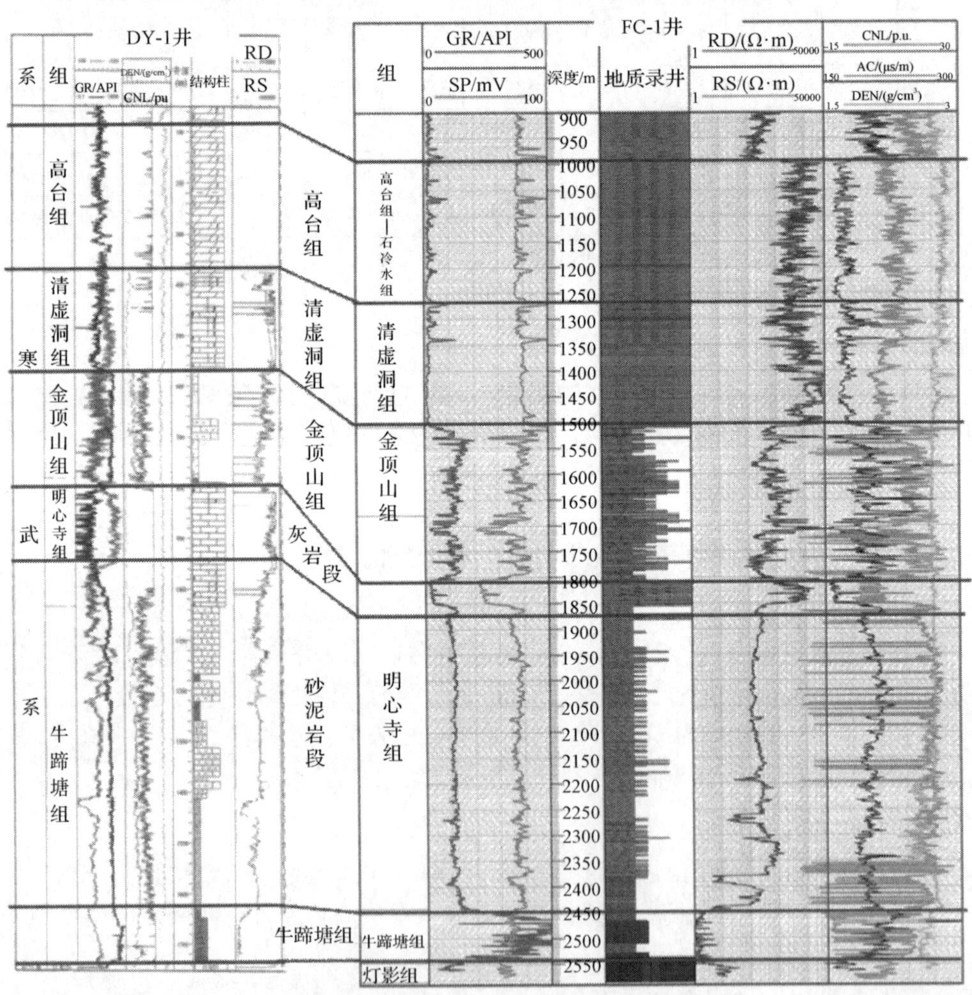

图2-33　DY-1井、FC-1井地层对比图

资料来源：贵州省非常规天然气勘探开发利用工程研究中心有限公司

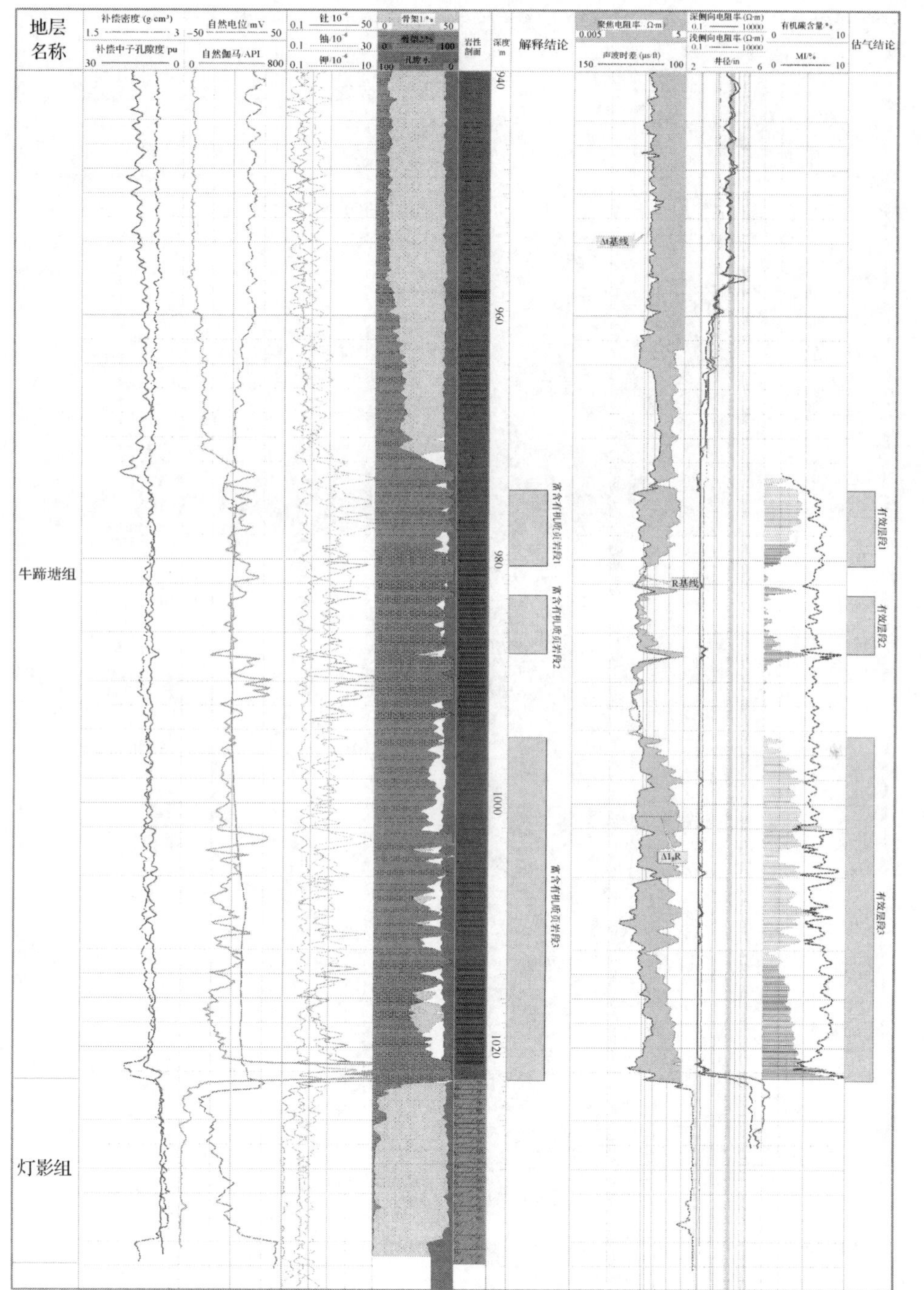

图 2-34　ZY-1 井牛蹄塘组剖面图

资料来源：贵州省非常规天然气勘探开发利用工程研究中心有限公司

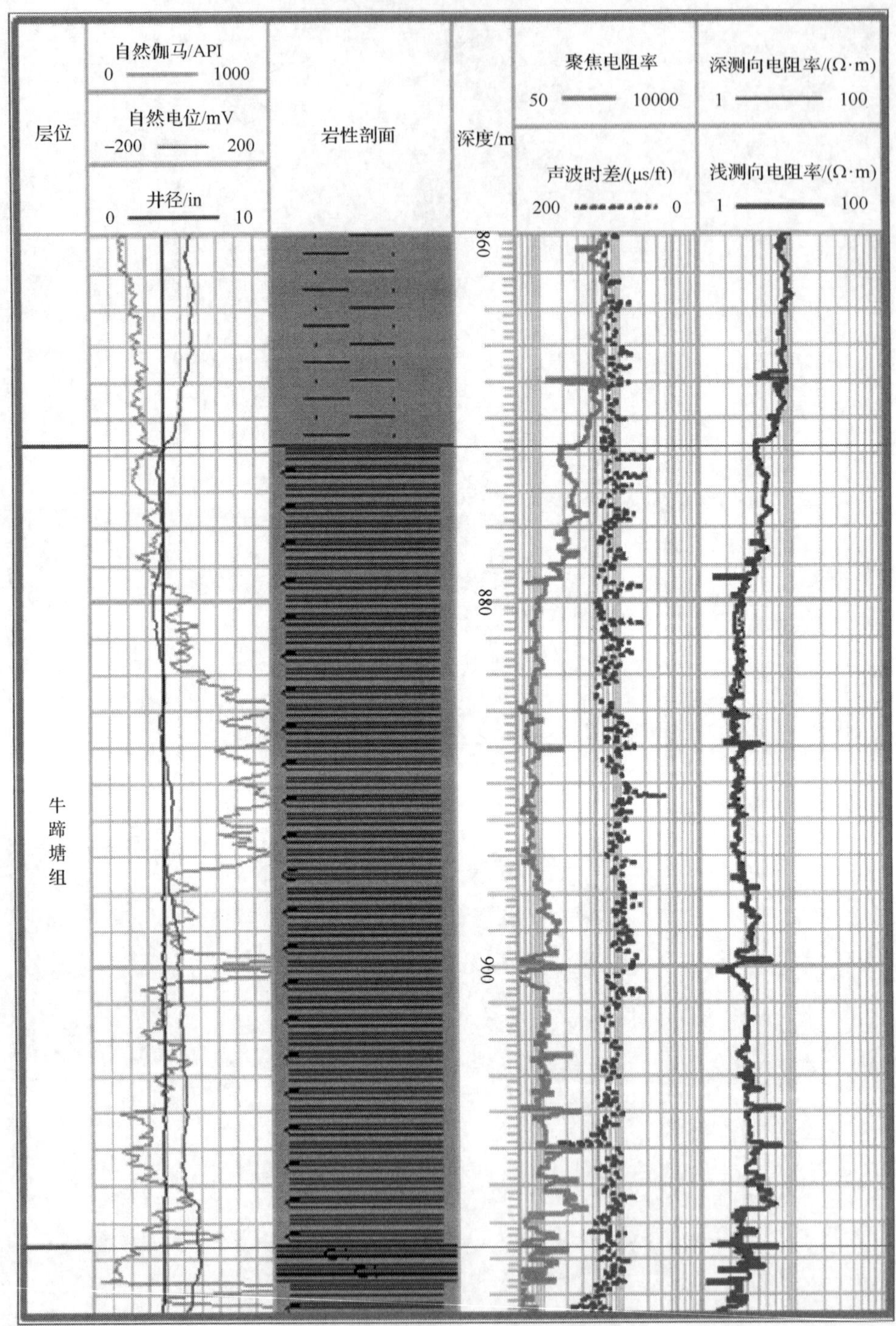

图 2-35　MY-1 井牛蹄塘组剖面图

资料来源：贵州省非常规天然气勘探开发利用工程研究中心有限公司

本组各井岩性组合特征、电性特征具有较好的可比性。

5）灯影组

FC-1 井未钻穿，仅仅在井段 2545.00～2545.50m 出现砂质白云岩。而邻井 DY-1 井本组岩性主要为黑色条带状硅质岩和深灰色半硅化白云岩互层，夹黑色条带状碳质泥岩，夹深灰色中厚层块状钙质粉砂岩。区域上本组大部分岩性为浅灰色粉晶白云岩，其中白云岩低伽马值、高电阻率的特征是灯影组与牛蹄塘组的分层标志。FC-1 井与邻井在本组对比性差。

综上所述：FC-1 井是区域上的第一口参数井，层位划分与邻井资料之间存在较大误差。实钻过程中清虚洞组以上地层与邻井对比性差，尤其是娄山关组底部本井没有钻遇白色石英砂岩、粉砂岩；高台组—石冷水组底部没有钻遇灰、灰绿色、黄绿、黄灰色泥质、白云质粉砂岩、细砂岩，夹粉砂质泥岩地层；金顶山组底部与明心寺组的界线划分也有所争议。所有娄山关组与高台组—石冷水组的界线划分均以实钻过程中出现的石膏岩来划分，金顶山组与明心寺组的界线以一套灰岩地层的出现划分。邻近目的层井段，FC-1 井与 DY-1 井对比性较好，其他两口井对比性较差。灯影组因为 FC-1 井未钻穿，仅仅在井段 2545.00～2545.50m 出现 0.5m 厚的砂质白云岩，和邻井对比性差。

第 3 章　研究区下寒武统牛蹄塘组页岩储层特征

3.1　页岩储层矿物岩石学特征

页岩矿物组成复杂多样，其中主要成分包括黏土矿物和脆性矿物。黏土矿物主要包括伊利石、高岭石和蒙脱石等；脆性矿物主要包括石英、方解石和碳酸盐岩矿物等。研究区下寒武统牛蹄塘组岩性主要为黑色碳质页岩，上部为黑色泥岩，含碳质，并常具磷结核；下部为黑色碳质泥岩、硅质泥岩和硅质薄层。矿物岩石学特征研究是页岩气勘探开发需要考虑的重要因素，页岩中脆性矿物含量越高，在构造应力作用下越易于产生裂缝，为天然气提供赋存空间和渗流通道。一般情况下，页岩中脆性矿物含量越高、黏土矿物含量越低，越容易在构造应力场作用下形成天然裂缝或者在水力压裂过程中形成诱导裂缝。因此，矿物组分对页岩储层中裂缝的形成有着非常重要的影响。本书对研究区下寒武统牛蹄塘组页岩进行 X 射线衍射全岩分析和黏土矿物分析。

本书选取研究区下寒武统牛蹄塘组的 20 块样品进行 X 射线衍射全岩分析和黏土矿物分析。X 射线衍射全岩分析方法参照石油天然气行业标准《沉积岩中粘土矿物和常见非粘土矿物 X 射线衍射分析方法》(SY/T 5163—2010)，仪器型号为 X′pert powder。分析结果表明：石英的含量在 36%～92%，平均含量为 78%

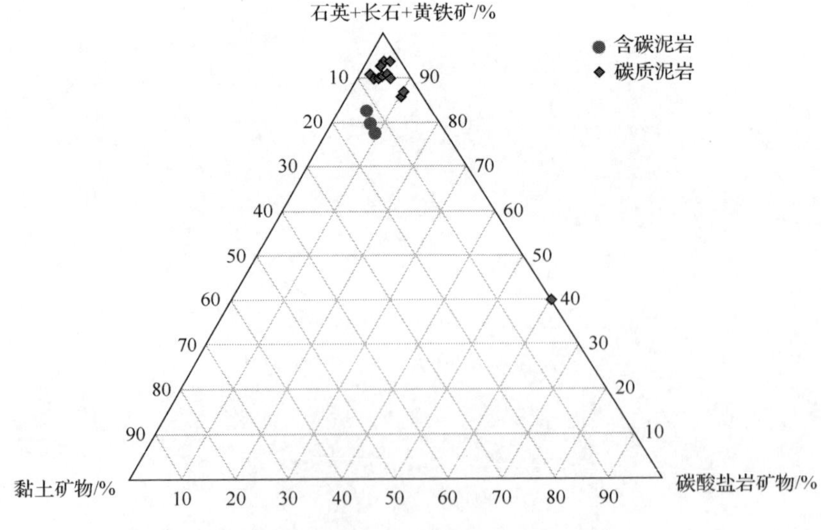

图 3-1　牛蹄塘组页岩储层岩矿三角图

(图 3-1)；黄铁矿含量在 2%～25%，平均含量为 7.4%；斜长石含量在 3%～23%，平均含量为 15%(图 3-2)；黏土矿物含量在 2%～30%，平均含量为 8%(图 3-2)，黏土矿物以伊利石为主(图 3-3)，平均含量为 87%。此外样品中还含有少量的方解石和白云石等碳酸盐岩矿物。由此可见，该区下寒武统牛蹄塘组黑色页岩以脆性矿物为主。

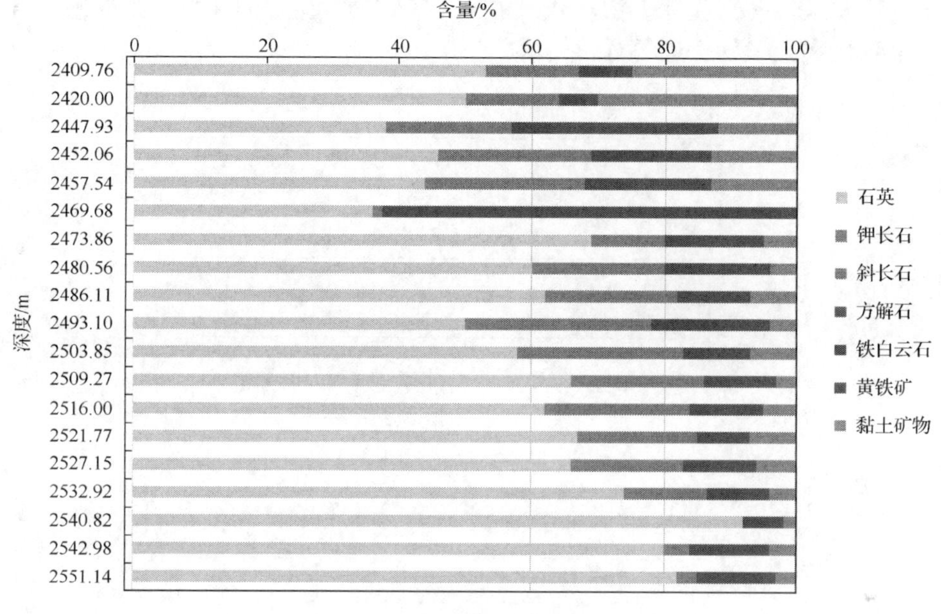

图 3-2　页岩矿物含量分布图

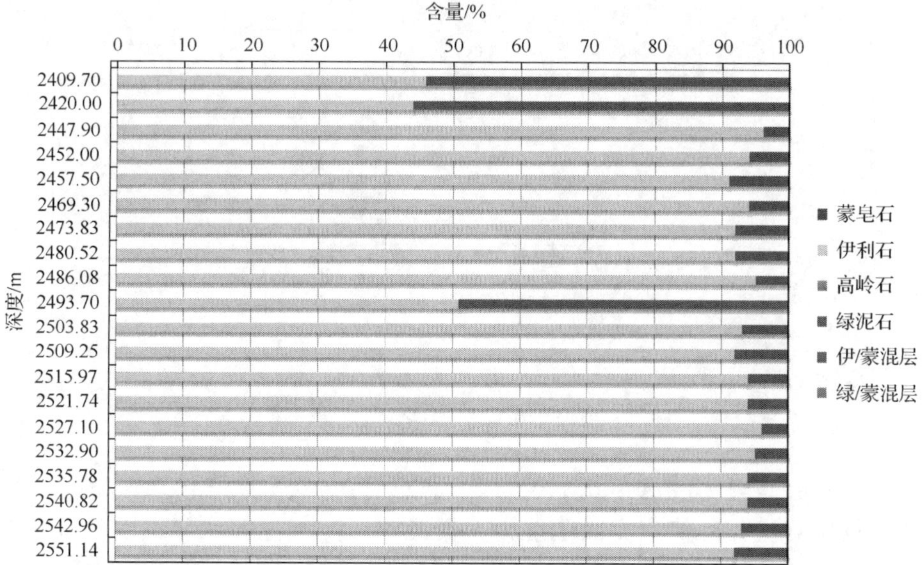

图 3-3　黏土矿物含量分布图

通过统计分析岩矿测试数据，建立黏土矿物含量、脆性矿物含量与有机碳含量之间的关系图，黏土矿物含量与有机碳含量明显呈负相关，有机碳含量越高，黏土矿物含量越低；脆性矿物含量与有机碳含量呈正相关(图 3-4)。黏土矿物大多来自母岩风化产物，经沉积、成岩作用直至地表风化再次改造，牛蹄塘组潜质页岩段富有机质，并富脆性矿物，分摊了黏土矿物的含量，因此表现出高碳质富集与相对低的黏土矿物含量的对应关系。

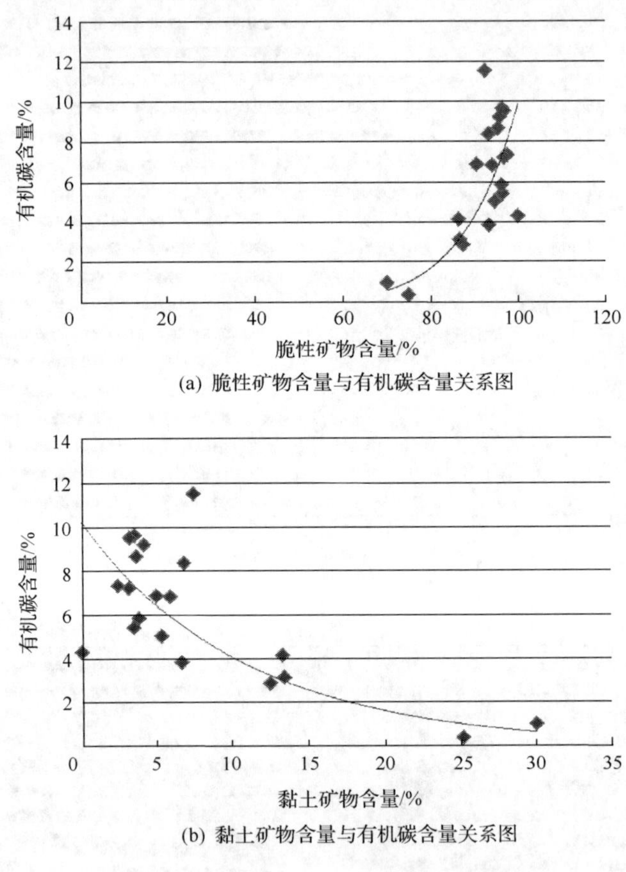

(a) 脆性矿物含量与有机碳含量关系图

(b) 黏土矿物含量与有机碳含量关系图

图 3-4 矿物含量与有机碳含量关系图

3.2 页岩储层储集物性特征

页岩储层储集物性包括孔隙类型、孔隙结构、孔隙度和渗透率等，它们的特性不仅影响气体的储集和吸附能力，而且也影响气体的运移，因此研究页岩的特低渗特性及纳米级微观孔隙结构特征对揭示页岩生烃机制和储存特征有着重要的理论和实践意义。

3.2.1　物性特征

通过对 FC-1 井牛蹄塘组页岩孔隙度和渗透率进行测试，孔隙度主要分布在 0.59%～1.36%，平均为 1.00%；渗透率主要分布在 0.0076～0.0107mD①，平均为 0.0100mD（图 3-5），根据储层评价标准可知，牛蹄塘组整体上孔隙度和渗透率低，属于超低孔超低渗储层。

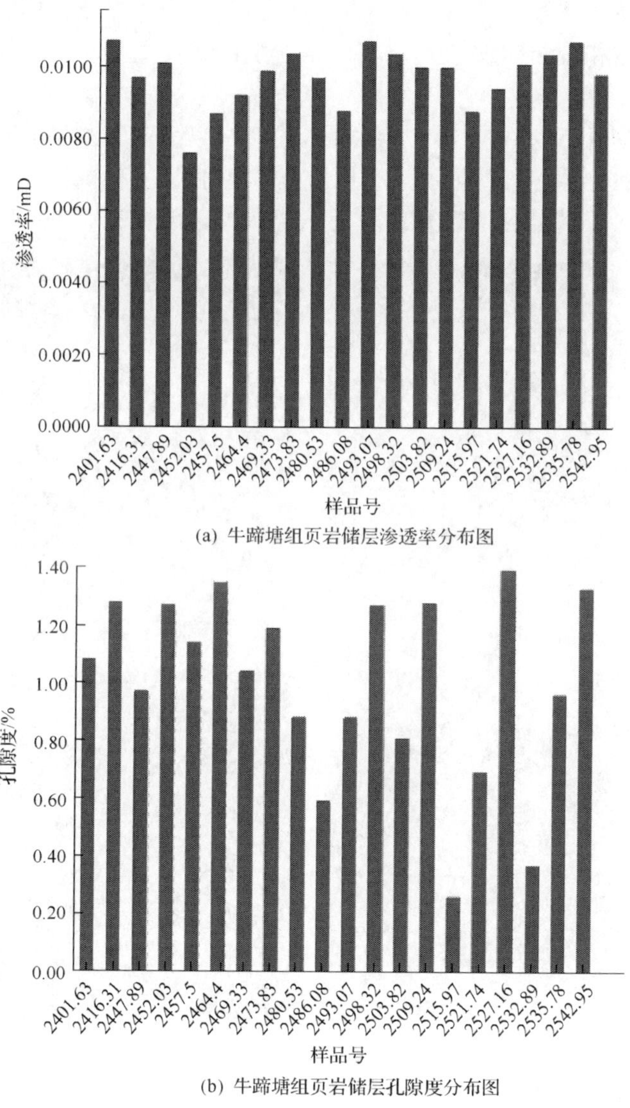

(a) 牛蹄塘组页岩储层渗透率分布图

(b) 牛蹄塘组页岩储层孔隙度分布图

图 3-5　FC-1 井牛蹄塘组页岩储层渗透率及孔隙度分布图

① $1D=0.986923\times10^{-12}m^2$。

3.2.2　孔隙结构特征

1. 孔隙类型

页岩是低孔隙度、低渗透率的非常规天然气储层。页岩孔隙为天然气尤其是游离态天然气的赋存提供了空间。

本书采用薄片观察、常规扫描电镜观察和氩离子抛光扫描电镜实验进行页岩孔隙类型的观察和分析。实验地点在贵州省煤田地质局实验室，使用仪器型号为SIGMA。

通过对研究区下寒武统牛蹄塘组页岩的扫描电镜实验测试分析可知：牛蹄塘组页岩中发育的孔隙包括粒间孔、有机质孔、溶蚀孔、特殊孔隙(草莓状黄铁矿粒间孔)等(图 3-6)，孔隙连通性普遍较差，导致渗透率很低。

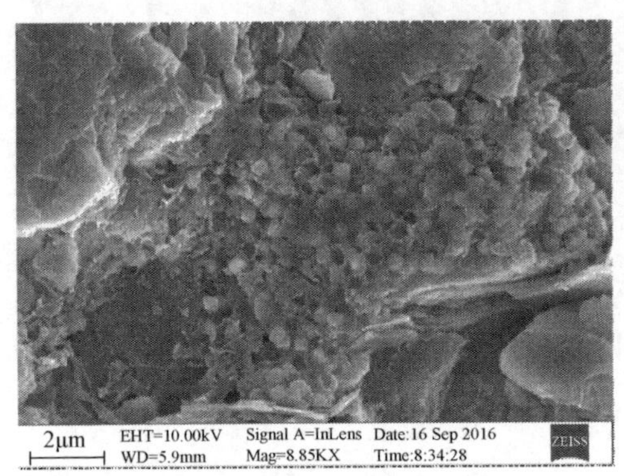

(a) 草莓状黄铁矿粒间孔

(b) 粒内孔、粒间孔隙发育

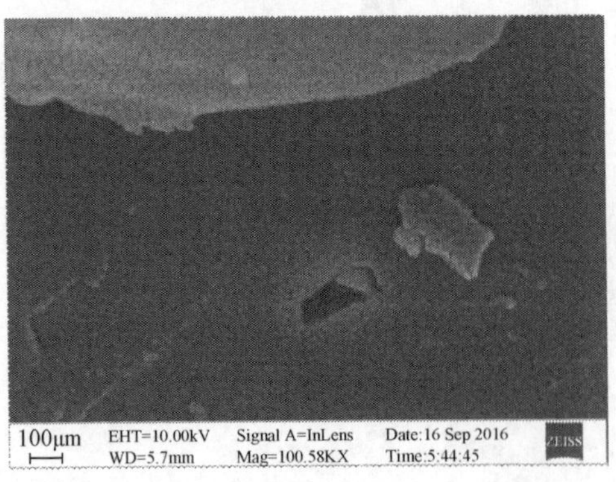

(c) 粒间孔

(d) 有机质孔

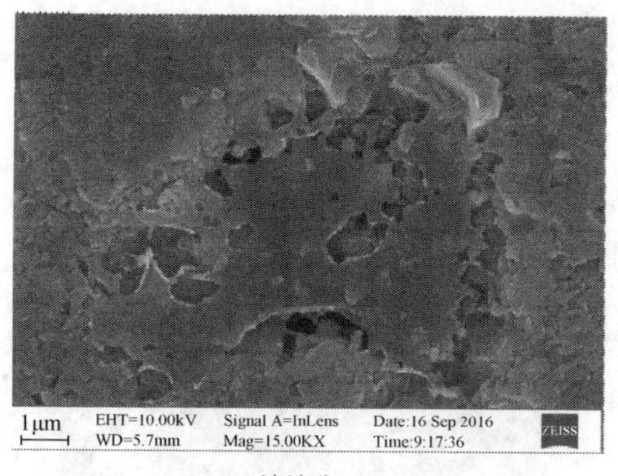

(e) 溶蚀孔

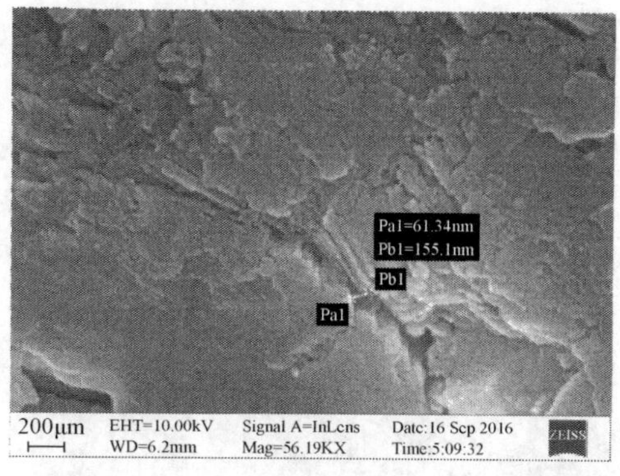

(f) 微裂缝

图 3-6　牛蹄塘组页岩孔隙特征

2. 孔隙结构

页岩储层中发育大量纳米级孔隙，储层具有低孔隙度和低渗透率的特征，这种低孔隙度、低渗透率的特征对页岩气的富集状态和储集性能具有重要影响。研究页岩孔隙结构的方法主要有场发射扫描电镜(field emission scanning electron microscopy, FE-SEM)、透射电镜(transmission electron microscope, TEM)、原子力显微镜(atomic force microscope, AFM)、小角中子散射(small angle neutron scattering, SANS)等(Javadpour, 2009; Sondergeld et al., 2010)，用这些方法对页岩的微观形貌进行观察；运用压汞试验、气体吸附法(包括 N_2 吸附和 CO_2 吸附)和核磁共振(nuclear magnetic resonance, NMR)等进行孔径大小、孔隙结构和比表面积的定量测试。按照国际理论和应用化学协会(International Union of Pure and Applied Chemistry, IUPAC)的孔隙分类标准(Rouquerol et al.,1994)，将孔隙直径小于 2nm 的称为微孔隙，2～50nm 的为中孔隙，大于 50nm 的为宏孔隙。本书采用核磁共振技术表征页岩孔隙结构。

本书核磁共振试验选取 5 个页岩样品进行测试，试验地点为贵州省煤田地质局，试验仪器采用纽迈电子科技有限公司生产的核磁共振 MesoMR12-060H-I 设备(图 3-7)，共振频率为11.897MHz，磁体温度控制在 31.99～32.01℃，探头线圈直径为 25mm，常压饱水12h(图 3-8)。核磁共振设备 CPMG 序列参数设置为：重复采样等待时间 TR=3000ms，模拟增益参数 RG1=15，数字增益参数 DRG1=3，采样带宽 SW=100kHz，回波个数 Echonut=500，回波间隔 TE=0.1ms，样品累加次数 NS=16。试验中通过测试饱和水的核磁共振信号，采用标准刻度样品进行刻度，将信号强度转换成孔隙度，转换公式为

$$\varphi=\phi\times\frac{s}{S}\times\frac{\mathrm{NS}}{\mathrm{ns}}\times10^{\frac{1}{20}(\mathrm{RG1}-\mathrm{rg1})}\times2^{(\mathrm{RG2}-\mathrm{rg2})} \tag{3-1}$$

式中，ϕ 为标定样品的孔隙度；φ 为待测样品的孔隙度；NS 为标定样品累加次数；ns 为待测样品累加次数；S 和 s 分别为标定样品和待测样品的核磁信号量；RG1 和 rg1 分别是标定样品和待测样品的模拟增益参数；RG2 和 rg2 分别是标定样品和待测样品的数字增益参数。试验中保持采样参数不变，则待测样品与标定样品的信号量之比即为孔隙度之比，从而可求得样品的孔隙度。

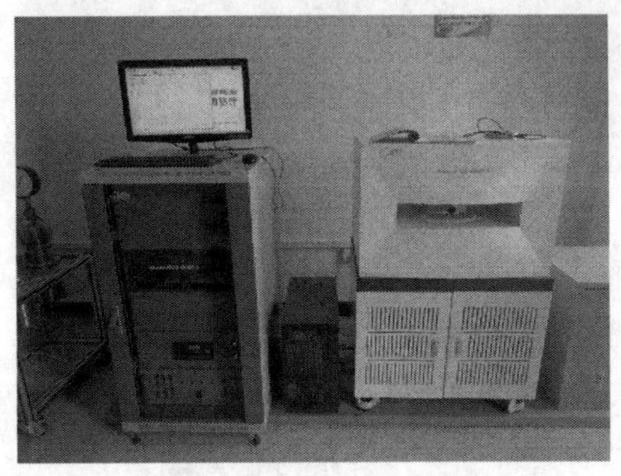

图 3-7 核磁共振 MesoMR12-060H-I 设备

图 3-8 核磁共振样品常压饱水

采用分析测量软件对配制的 5 个孔隙度样品进行横向弛豫时间(T2)测试，反演后，可得到单位样品孔隙度与信号幅度之间的关系，如图 3-9 所示，图中横坐标为孔隙度，纵坐标为信号幅度，相关性系数 R^2=1。

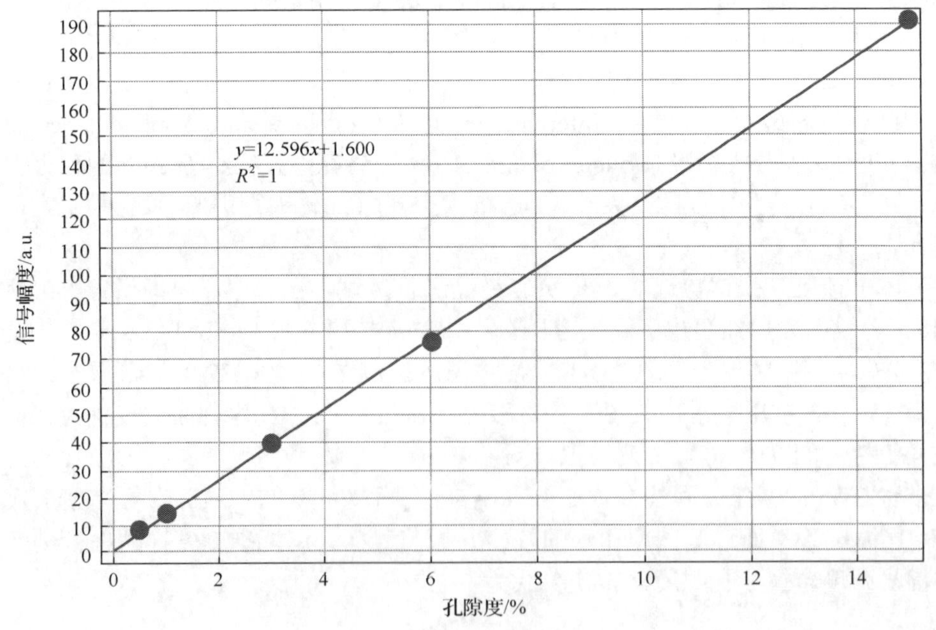

图 3-9 样品孔隙度与信号幅度关系组

采集样品的信号量并反演，将反演后的体积代入已知标线，计算出样品的孔隙度，见表 3-1。

表 3-1　岩心孔隙度核磁法测试结果

样品状态	样品名称	体积/cm^3	孔隙度/%
饱水	2015-yy160-1	25.233	2.863
	2015-yy160-2	25.576	2.845
	2015-yy162-1	24.710	2.572
	2015-yy162-2	24.675	2.606
	2015-yy162-3	25.475	2.498
离心	2015-yy160-1	25.233	2.855
	2015-yy160-2	25.576	2.817
	2015-yy162-1	24.710	2.515
	2015-yy162-2	24.675	2.424
	2015-yy162-3	25.475	2.327

核磁共振技术用于表征页岩孔隙结构主要基于弛豫。根据核磁共振原理(于炳松，2013)，对于岩石孔隙流体，有 3 种不同的弛豫机制：自由弛豫、表面弛豫和扩散弛豫。孔隙流体的横向弛豫时间 T_2 可以表示为

$$\frac{1}{T_2}=\frac{1}{T_{2f}}+\frac{1}{T_{2s}}+\frac{1}{T_{2d}} \tag{3-2}$$

式中，T_{2f} 为自由弛豫引起的孔隙流体横向弛豫时间；T_{2s} 为表面弛豫引起的孔隙流体横向弛豫时间；T_{2d} 为扩散弛豫引起的孔隙流体横向弛豫时间。

当孔径很小且只含饱和流体时，表明弛豫起主要作用，自由弛豫和扩散弛豫可以忽略不计，此时 T_2 与孔隙尺寸成正比：

$$\frac{1}{T_2}\approx\frac{1}{T_{2s}}=\rho(\frac{S}{V})\text{pore} \tag{3-3}$$

式中，ρ 为 T_{2s} 的表面弛豫率；$(\frac{S}{V})\text{pore}$ 为孔隙的比表面积。

T_2 反映了样品内部氢质子所处的化学环境，与氢质子所受的束缚力及其自由度有关，而氢质子的束缚程度又与样品的内部结构有密不可分的关系。除去孔隙流体弛豫和扩散影响，T_2 分布与孔隙尺寸相关。T_2 分布图反映样品内孔隙数量信息和孔径信息，孔隙度分量指相应孔径的孔隙体积之和占样品体积的百分比。在多孔介质中，孔径越大，T_2 就越长；孔径越小，T_2 就越短，即波峰的位置与孔径大小有关，波峰的面积大小与对应孔径的多少有关(图 3-10)。

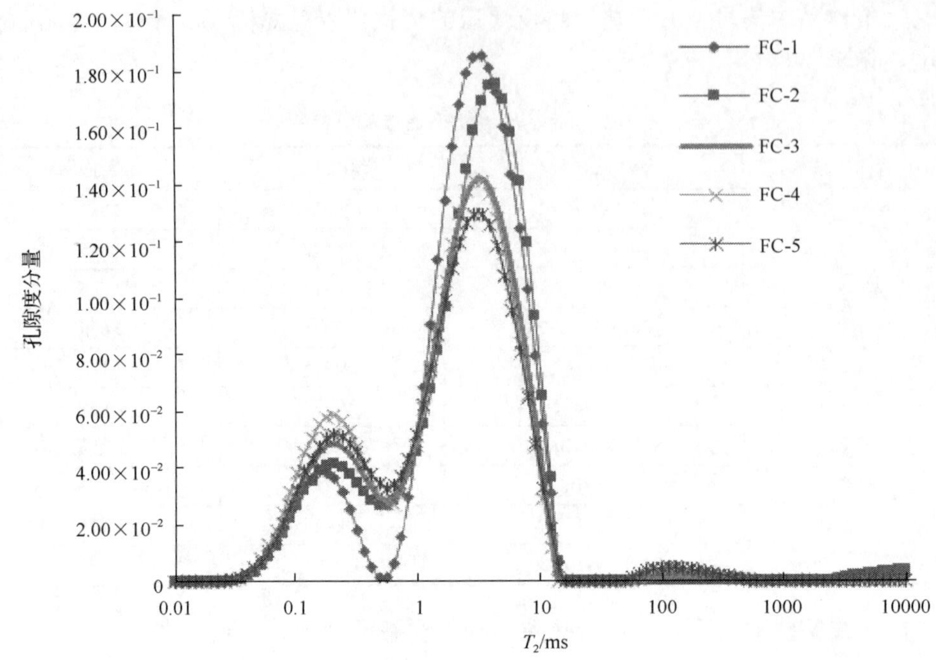

图 3-10 各样品 T_2 分布图

从图 3-10 中可以看出，各样品 T_2 分布趋势基本一致，都出现了 3 个波峰。第 1 个波峰在 0.2ms 附近，第 2 个波峰在 3.5ms 附近，第 3 个波峰在 152.0ms 附近。其中第 2 个波峰对应的孔隙度分量最大，第 1 个波峰次之，第 3 个波峰最小。表明页岩内部孔隙分布不均，主要分布在 0.1～10ms，各样品内部本身孔隙结构组成不同，存在差异性。其中 FC-1 样品第 2 个波峰对应的孔隙度分量最大，FC-5 样品最小，表明页岩孔隙度越大，对应的孔隙度分量也越大，孔隙数量就越多。

从图 3-10 中还可以得知，FC-1 样品第 1 个和第 2 个波峰出现不连续的情况，说明两种孔隙间的连通性不好。各样品的第 2 个和第 3 个波峰之间出现一段明显的“断开”状态，表现出极差的连通性，这有可能是由于页岩本身具有低孔隙度、低渗透率的特性，在饱水过程中渗入的水不足以产生大量的孔隙。

通过核磁共振可测得页岩的孔喉分布图(图 3-11)，可以得出页岩的孔喉主要分布在 0～0.1μm，属于纳米级孔隙，也有少量的微米级孔隙。

从页岩的孔径分布曲线可以看出(图 3-12)，孔径分布图与 T_2 分布图形状相似，都呈现 3 个波峰，页岩的孔径分布主要集在 0.001～0.01μm 和 0.01～0.4μm，说明研究区页岩孔隙以纳米级孔隙为主。

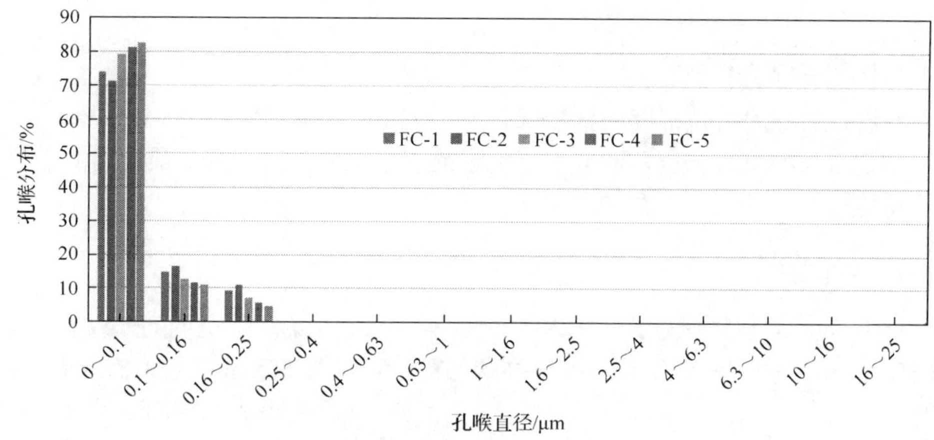

图 3-11　页岩的孔喉分布图

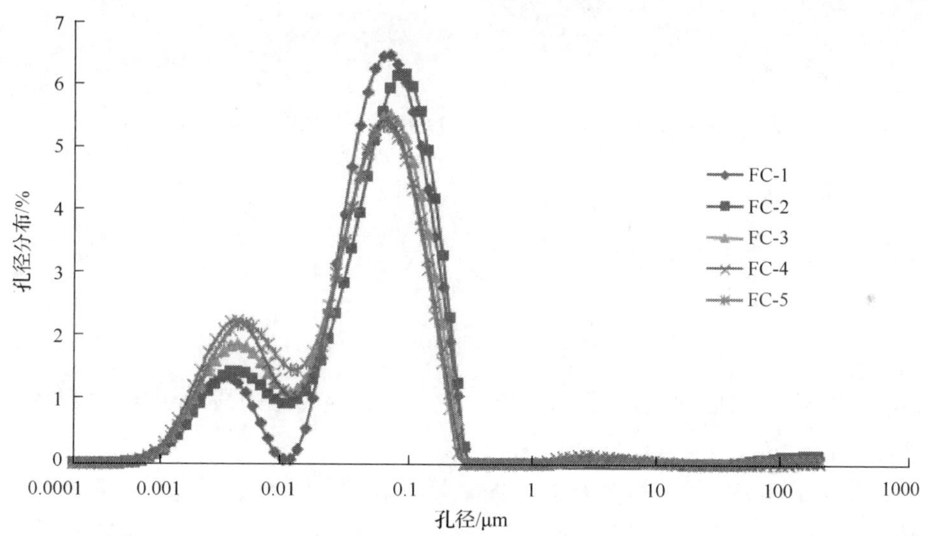

图 3-12　页岩的孔径分布图

3.3　页岩储层岩石力学特征

页岩储层岩石力学性质是页岩勘探开发阶段评价储层的一个重要指标，对页岩开发过程中的井网部署、水平井设计和压裂改造具有重要作用。本书对下寒武统牛蹄塘组页岩进行了物理试验(页岩巴西劈裂试验、单轴抗压试验和三轴全岩应力-应变-渗透性试验)和数值试验。

3.3.1 页岩巴西劈裂试验

在测定岩石的抗拉强度的直接试验中，对试样直接进行夹持比较困难。因此，为了测定岩石的抗拉强度，研究出了大量的间接试验方法，其中最常用的是巴西劈裂试验。

1. 试样制备

按照《煤和岩石物理力学性质测定方法 第10部分：煤和岩石抗拉强度测定方法》(GB/T 23561.10—2010)制作标准试样的圆盘，直径为50mm、高度25mm，高度为直径的0.5～1倍，试样尺寸的允许变化范围不超过5%。试样制备精度方面，厚度和直径误差不超过0.1mm，两端不平行度不宜超过0.1mm。端面应垂直于试样轴线，最大偏差不应超过0.25°。

2. 试验设备

采用配有压力传感器的液压式万能试验机进行加载。

3. 计算方法

岩石劈裂试验计算公式：

$$\sigma_t = \frac{2P}{\pi D h} \tag{3-4}$$

式中，σ_t为试样的单轴抗拉强度，MPa；P为试样破坏时的最大荷载，N；D为试样直径，mm；h为岩石试样厚度，mm。

本书对干燥、自然及饱和状态下的页岩试样进行了劈裂试验，结果见表3-2。从表3-2中可以看出，页岩在干燥状态下的单轴抗拉强度最大达到12.47MPa，饱和状态下的单轴抗拉强度最小为4.85MPa，自然状态下的单轴抗拉强度在两者之间。

表3-2　页岩劈裂试验结果表

试样编号	直径	高度	单轴抗拉强度/MPa		
			干燥	自然	饱和
2015-yy154-1	50.02	25.00	12.47		
2015-yy154-2	50.08	25.03		9.65	
2015-yy154-3	50.05	25.01			4.85

3.3.2　单轴抗压试验

1. 试样制备

试样采用 FC-1 井中采取的岩心，在室内按《工程岩体试验方法标准》(GB/T 50266—2013)和《煤和岩石物理力学性质测定方法 第 7 部分：单轴抗压强度测定及软化系数计算方法》(GB/T 23561.7—2009)制作标准试样的圆柱体，直径为 25mm，高径比为 2∶1～2.5∶1，试样数量为 8 个(图 3-13)。试样精度方面，在试样整个高度上，直径误差不应大于 0.3mm，两端面的不平行度最大不超过 0.05mm。端面应垂直于试样轴线，最大偏差不超过 0.25°。

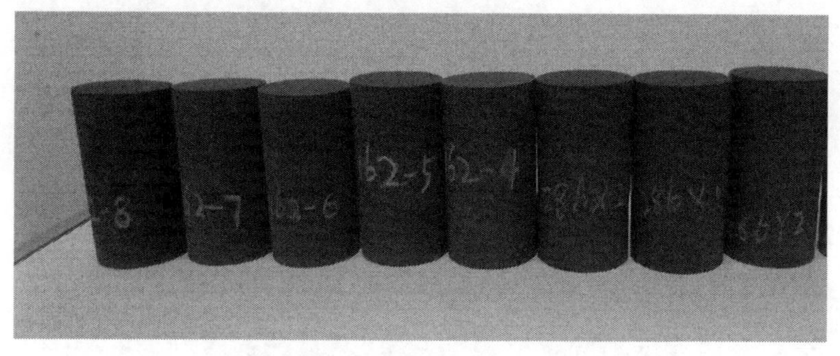

图 3-13　单轴抗压试验试样

2. 试验设备

单轴抗压试验采用 INSTRON 1346 电液伺服控制材料试验机(200T)，轴向加载时，采用位移控制，加载速率为 0.01mm/min。

3. 计算方法

单轴抗压强度计算公式如下：

$$\sigma_c = \frac{P}{A} \tag{3-5}$$

式中，σ_c 为试样的单轴抗压强度，MPa；P 为试样破坏时的最大荷载，N；A 为垂直于加载方向的横截面面积，mm^2。

弹性模量 E 和泊松比 μ 的计算公式为

$$E = \sigma_{c(50)} / \varepsilon_{c(50)} \tag{3-6}$$

$$\mu = \varepsilon_{t(50)} / \varepsilon_{c(50)} \tag{3-7}$$

式中，E 为试样的弹性模量，GPa；$\sigma_{c(50)}$ 为试样的单轴抗压强度的 50%，MPa；μ 为泊松比；$\varepsilon_{t(50)}$、$\varepsilon_{c(50)}$ 分别为 $\sigma_{c(50)}$ 处对应的横向应变和轴向应变。

4. 试验结果

根据上述公式得到试样的单轴抗压强度、弹性模量及泊松比，详见表 3-3。

表 3-3　单轴抗压强度及弹性参数测试结果表

试样编号	直径/mm	高度/mm	峰值荷载/kN	单轴抗压强度/MPa	弹性模量/GPa	泊松比
1	25.16	50.78	115.377	232.064	59.672	0.23
2	25.20	51.06	106.224	212.976	56.499	0.23
3	25.18	50.02	101.779	204.389	50.247	0.25
4	25.20	50.36	40.971	82.146	38.167	0.22
5	25.22	50.88	29.641	59.336	30.15	0.27
6	25.20	50.84	72.634	145.63	49.614	0.26
7	25.22	50.72	83.22	166.59	54.749	0.28
8	25.24	50.60	40.551	81.047	43.585	0.24

3.3.3　三轴全岩应力-应变-渗透性试验

为了了解页岩气压裂开采过程中的变形破坏与渗透规律，本书采用美国 MTS815 型全数字型页岩伺服刚性材料试验机对牛蹄塘组页岩进行全应力-应变-渗透性试验研究。该系统由围压、轴压和孔隙压力独立控制，最大围压为 140MPa，最大轴向压力为 4600kN。

1. 试样制备

试样采用 FC-1 井中采取的岩心，在室内按《工程岩体试验方法标准》(GB/T 50266—2013)和《煤和岩石物理力学性质测定方法 第 9 部分：煤和岩石三轴强度及变形参数测定方法》(GB/T 23561.9—2009)制作标准试样的圆柱体，直径为 50mm，高径比为 2∶1～2.5∶1，试样数量为 5 个。试样精度方面，在试样整个高度上，直径误差不应大于0.3mm，两端面的不平行度最大不超过 0.05mm。端面应垂直于试样轴线，最大偏差不超过 0.25°。

2. 试验方案

试样为FC-1 井牛蹄塘组黑色页岩，为了取得页岩在不同应力条件下的渗透率，将设置不同的渗透压和不同的围压，取得定围压、不同渗透压条件下的页岩渗透率。研究表明，低渗透率介质的渗透率与不同的应力条件具有密切的关系。

试验前，清理试样表面并将其放入水中浸泡 8h 以上，将试样进行热塑密封

(图 3-14)，渗透液为蒸馏水，试样与压头之间放置刚性垫片，使得渗透过程渗流液可以均匀地通过试样。

图 3-14　热塑密封的三轴试验试样

试样安装后，对试样施加一定轴压σ_1、围压 σ_3(中间主应力 σ_2=σ_3)、孔隙水压 P_1(P_1＜σ_3)，轴压、围压稳定后开启试样上、下端进出流体阀门，降低试样另一端的孔隙压力 P_2(图 3-15)，试样两端形成渗透压差 $\Delta P = P_1 - P_2$，渗透试验采取瞬态法，对试样上、下端同时施加一定的渗透压，围压保持不变，待轴压稳定后，测得试样在定围压、不同渗透压条件下渗透率的值，试样被破坏后，试验停止。

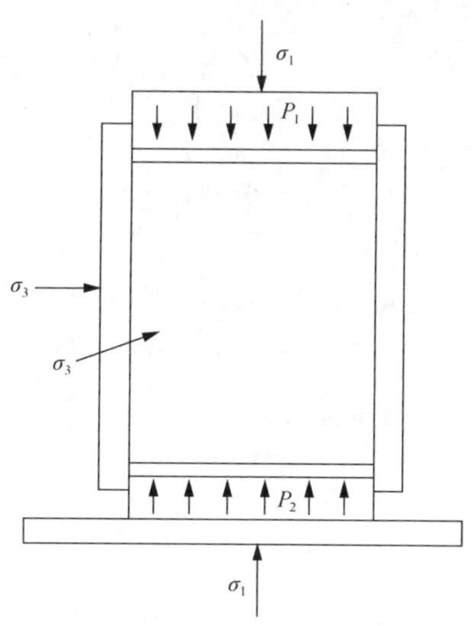

图 3-15　试验原理示意图

牛蹄塘组页岩渗透性试验的围压分别设置为 20MPa、30MPa、40MPa 和

50MPa。渗透压分别设置为 8MPa、12MPa 和 16MPa(表 3-4)。做定围压下不同渗透压的试验。对试样先展开低围压下的试验，分别在不同渗透压下进行试验，记录试样在加载条件下的变形，试验结束后卸载围压，并进行下一步较高围条件下的加载实验，记录试样在加载条件下的变形。

表 3-4　不同围压下的试验方案

试样编号	围压/MPa	渗透压/MPa
1	20	8、12、16
2	30	8、12、16
3	40	8、12、16
4	50	8、12、16

3. 计算方法

试验过程中采用的渗透液体是不可压缩流体，试验开始时先施加一定的轴压 σ_1 与围压 $\sigma_3(\sigma_2=\sigma_3)$，试样内部孔裂隙分布均匀，视为孔隙介质。试验过程视为恒压稳定连续渗流过程，整个过程由计算机控制。在施加轴压过程中，系统会测试每级施加压力下试样的轴向应变和渗透压的变化，计算机会自动获取轴向压力下的轴向应变及与渗透性相关的数据。利用这些数据可以得到全应力-应变-渗透率曲线。目前在 MTS 伺服试验系统上进行渗透性试验有两种方法，一种是瞬态法，另一种是稳态法。对于页岩这种低渗透性岩石，本书采用瞬态法测定渗透性，试验所采用的渗透率计算公式如下：

$$K = u_{\mathrm{n}} \beta V \left(\frac{\ln\left(\frac{\Delta p_{\mathrm{i}}}{\Delta p_{\mathrm{f}}}\right)}{2\Delta t \left(\frac{A_{\mathrm{s}}}{L_{\mathrm{s}}}\right)} \right) \tag{3-8}$$

式中，K 为渗透率，cm^2，将其渗透率 K 的单位换算成D；u_{n} 为流体黏度，$\mathrm{Pa \cdot s}$，$u_{\mathrm{n}} = 10^{-3}\mathrm{Pa \cdot s}$；$\beta$ 为流体压缩系数，Pa^{-1}，$\beta = 4.53 \times 10^{-10}\mathrm{Pa}^{-1}$；$\Delta p_{\mathrm{i}} / \Delta p_{\mathrm{f}}$ 为初始压差与最终压差之比；Δt 为试验持续时间，s；A_{s} 为试样的截面积，cm^2；L_{s} 为试样的长度，cm。

4. 试验结果

图3-16 为页岩 2 号、3 号试样分别在定围压、不同渗透压条件下轴向应力-应变-渗透率关系曲线图，从图中可以看出，页岩的应力、应变关系具有典型的脆性岩石特征，这也与页岩的物理特性与矿物成分有关。

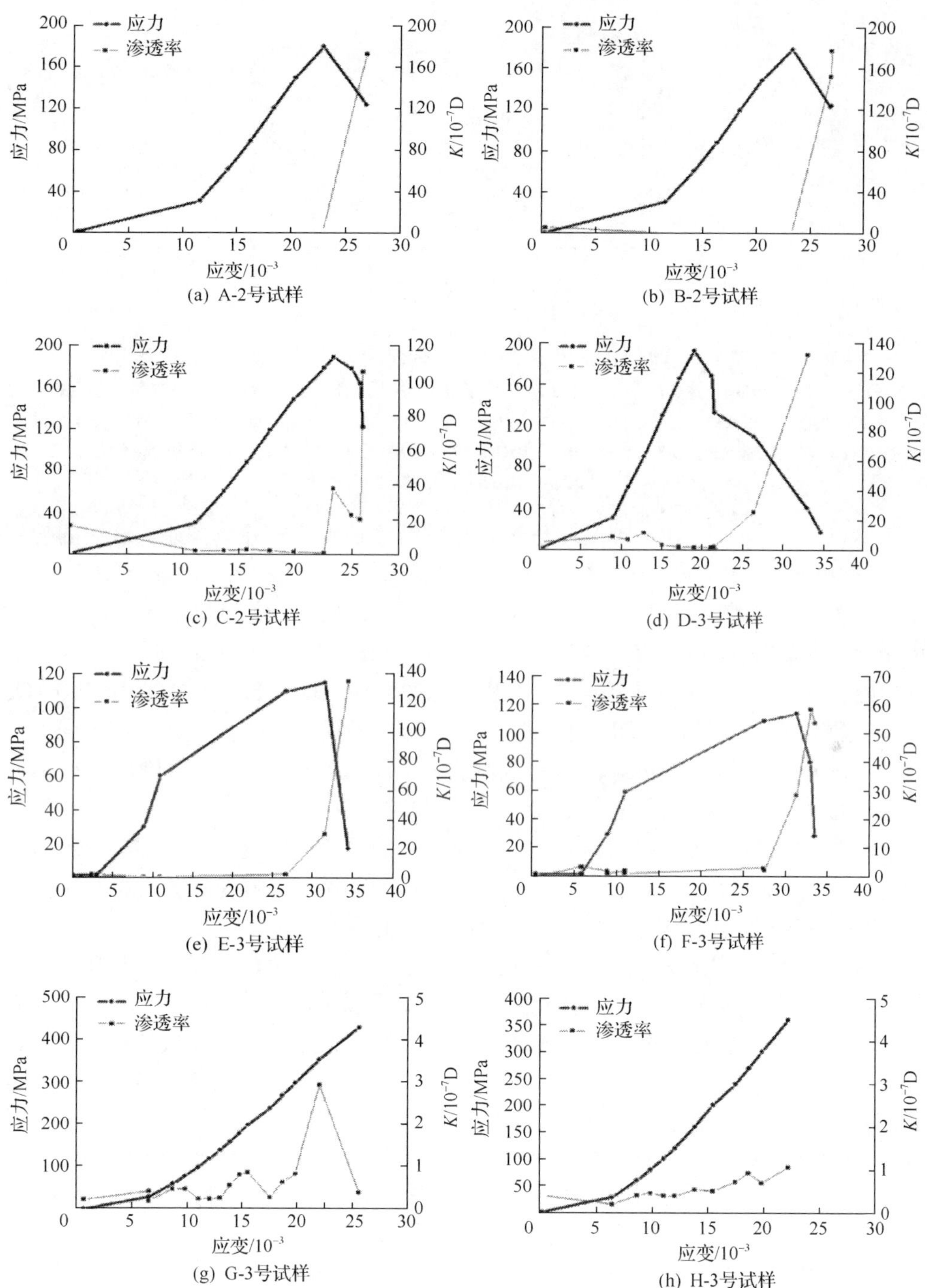

(a) A-2号试样

(b) B-2号试样

(c) C-2号试样

(d) D-3号试样

(e) E-3号试样

(f) F-3号试样

(g) G-3号试样

(h) H-3号试样

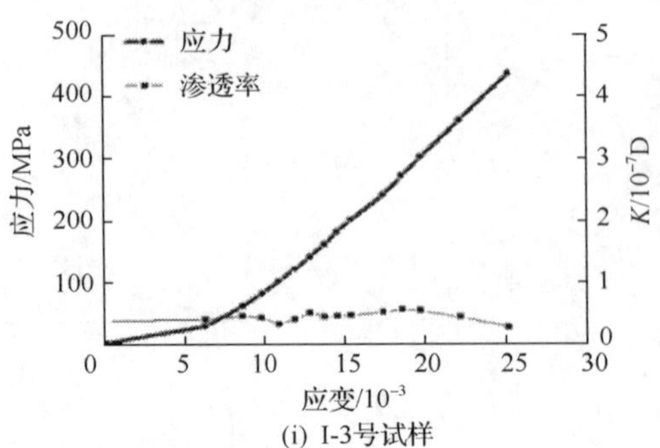

(i) I-3号试样

图 3-16　页岩试样在不同围压和渗透压下轴向应力-应变-渗透率关系曲线图

A-2 号试样，围压 30MPa，渗透压 8MPa；B-2 号试样，围压 30MPa，渗透压 12MPa；C-2 号试样，围压 30MPa，渗透压 16MPa；D-3 号试样，围压 40MPa，渗透压 8MPa；E-3 号试样，围压 40MPa，渗透压 12MPa；F-3 号试样，围压 40MPa，渗透压 16MPa；G-3 号试样，围压 50MPa，渗透压 8MPa；H-3 号试样，围压 50MPa，渗透压 12MPa；I-3 号试样，围压 50MPa，渗透压 16MPa

从图 3-16 可以看出，围压和渗透压与试样渗透率有一定的关系，试样的初始渗透率和峰值强度随渗透压与围压的变化而变化。不同围压和相同渗透压条件下，试样初始渗透率随着围压的增大不同程度地减小，试样峰值强度随着围压的增大而增大。当轴向应变小于10^{-2}MPa，渗透压为 16MPa，围压分别为 30MPa、40MPa、50MPa 时，初始加载阶段试样渗透率分别是 2.22×10^{-7}D、1.31×10^{-7}D、0.31×10^{-7} D。因此，围压是影响试样在初始压实过程中的渗透性的主要因素。试样峰值强度分别为 178.66MPa、192.09MPa、431.53 MPa，试样的峰值强度随着围压的增加而增加。

通过分析图 3-16 中的渗透率变化趋势可知，试样的渗透率与其不同变形阶段的特征具有紧密联系。以 C-2 号试样[图 3-16(c)]为例，试样在试验过程中主要经历了线弹性变形、弹塑性变形和应变软化 3 个变形特征阶段。

在线弹性变形阶段，应力-应变曲线呈线性关系，随着轴向压力的增加，页岩原生孔裂隙进一步闭合，被压密，从图 3-17 中可以看出，试样渗透率有下降的趋势，渗透率变化相对平稳。从宏观角度分析，试样的原生竖向孔裂隙经过围压作用逐渐被压密，而横向原生孔裂隙逐渐张开，轴压对横向孔裂隙是压密作用，根据总体上试样渗透率降低的特征，可以推断出线弹性变形阶段，试样渗透率主要受轴向压力的影响。从微观角度分析，页岩细观力学性质的改变，其中试样骨架颗粒受到了进一步挤压，颗粒间原本留给水渗透的空隙压密，张开度进一步减小，造成了水在试样内部的流动更加困难，渗透率会进一步下降。

在弹塑性变形阶段，试样的渗透率有一定程度的增加，但是增加的幅度不明显。这是因为试样进入塑性变形后，还没有到达屈服点之前的阶段，试样内部微裂隙被压缩，围压恒定不利于微裂隙的扩展与贯通，随着轴压的不断增加，最终出现了局部压缩带，对试样渗透率具有阻碍作用。试样在弹塑性变形阶段之前的变形特征主要是以压缩为主，只有到达了屈服点以后，渗透率才开始增加，这是因为试样从屈服点后微裂隙开始扩展、贯通，出现新的裂隙，这与朱珍德等(2002)对脆性岩石的研究结果一致。

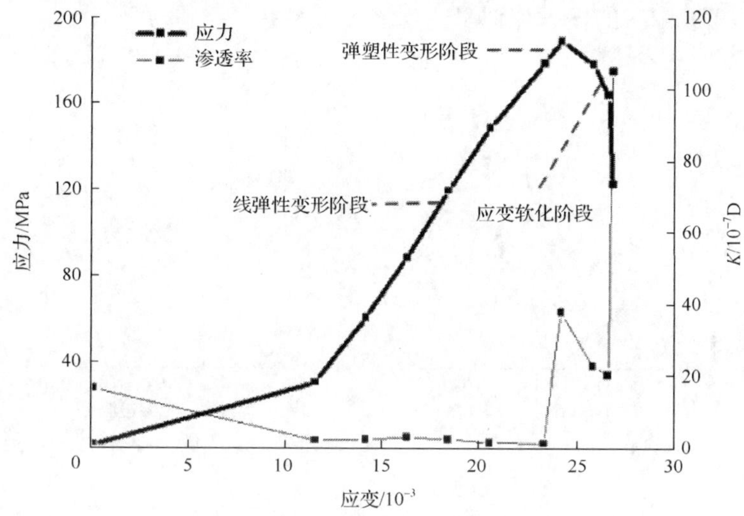

图 3-17　C-2 号试样不同变形阶段的渗透率变化曲线和应力变化曲线图

在应变软化阶段，试样内部的微裂隙进一步扩展、贯通，形成了宏观裂纹，内部结构遭到破坏，试样被破坏，渗透率急剧增加达到峰值。试样被破坏后的变形幅度也减小，所以渗透率的变化也随之减小，渗透率表现为一定程度的下降，但是仍然保持很好的贯通性。

通过试验得到试样在定围压、不同渗透压下的渗透率，将计算结果制成渗透率在不同围压下的关系曲线图，如图 3-18 所示，是渗透压为 16MPa 时试样在不

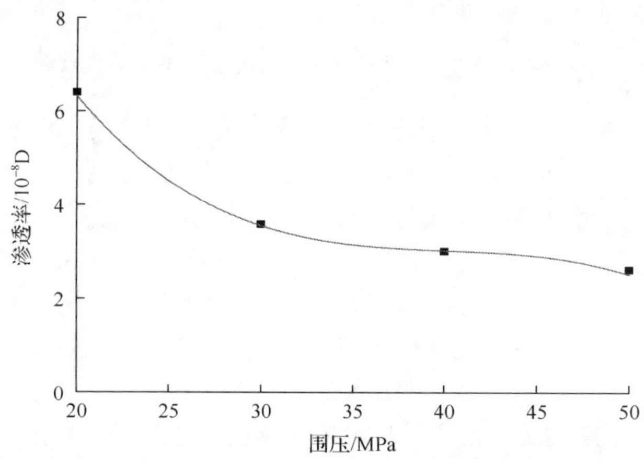

图 3-18　渗透压为 16MPa 时试样在不同围压下的渗透率变化曲线

同围压下的渗透率变化曲线。图 3-19 为试样在不同渗透压下的渗透率关系曲线。从试验结果可知，页岩的渗透率与围压呈非线性相关关系，如图 3-18 所示。通过数值拟合，发现三次函数拟合程度最高，拟合系数达到了 0.99145，在较低围压下页岩渗透率随着围压的增大近似呈三次函数关系。

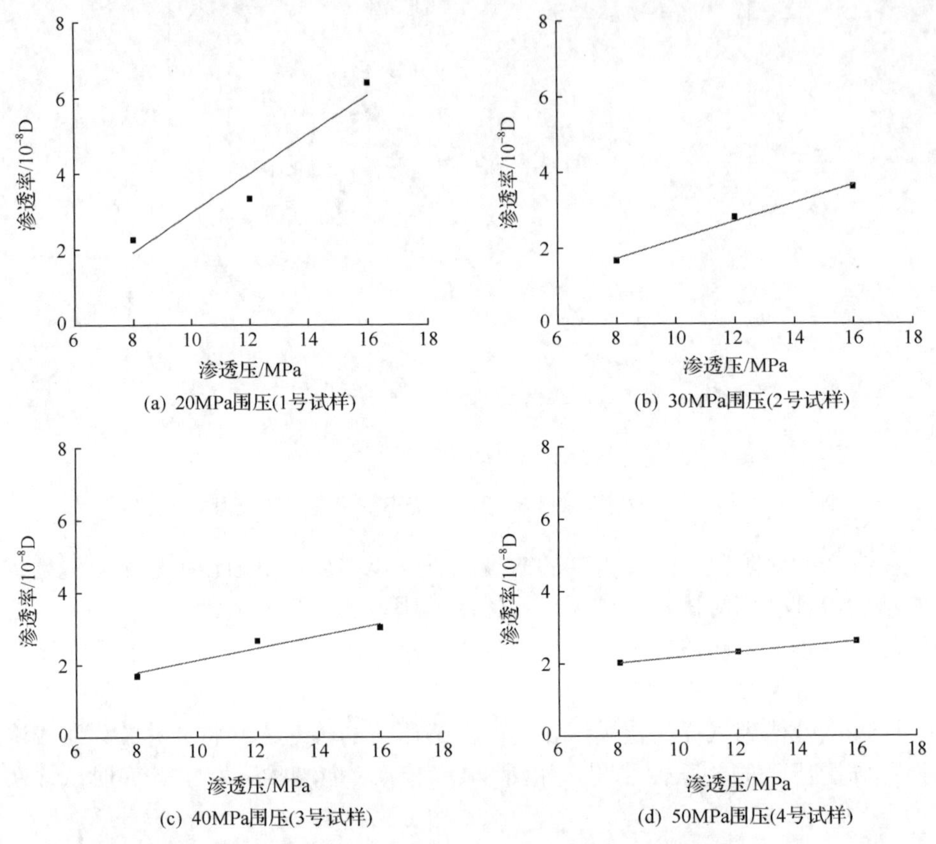

图 3-19　试样在不同渗透压下的渗透率关系曲线

由图 3-19 可知，当 1 号试样和 2 号试样的围压分别为 20MPa 和 30MPa、渗透压为 16MPa 时，页岩的渗透率随着围压的增大减小得很快。当 3 号试样处于 40MPa 的围压时，渗透率减小的幅度较小，并且趋于平稳，4 号试样的渗透率处于 50MPa 条件下时，渗透率变化相对 3 号试样不明显。

从图 3-19 可以看出，随着围压的增大，页岩渗透率减小，页岩渗透率与渗透压近似呈线性正相关关系。在较低围压下，渗透率随着渗透压的增大而大幅度增加；在较高围压下，渗透率增加幅度减小。

随着围压的不断增大，渗透率与对渗透压的敏感性减小。在较高围压作用下，页岩试样内部的颗粒之间及孔隙和微裂隙被压缩，页岩内部孔裂隙几乎被压闭合，但没有完全闭合，渗透压的增大会导致渗透率有限地增大。

3.3.4 数值试验

页岩中的矿物组成是决定页岩脆性的重要指标，对页岩的破裂模式有重要影响。方解石作为一种常见矿物常常充填在页岩中(图 3-20)，其对页岩的破坏模式和脆性评价有着重要的影响(Wu et al., 2016)。

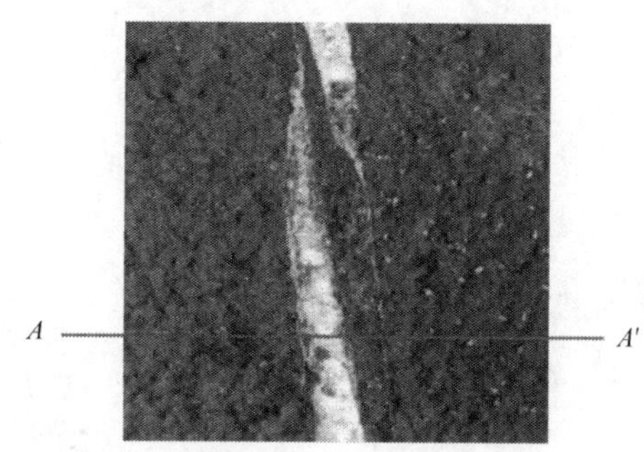

图 3-20　充填方解石脉的页岩表面图像

本书通过对研究区 FC-1 井牛蹄塘组页岩岩心进行数码相机拍照，把数字图像处理技术与原有的 $RFPA^{2D}$ 数值模拟系统(于庆磊等，2007, 2008)相结合。页岩中常被方解石脉充填，采用数字图像处理技术表征页岩中方解石脉和页岩的空间分布，在细观尺度上利用数字图像处理技术表征页岩中方解石脉的形状、大小及分布对页岩造成的非均匀性，并映射到有限元网格中，结合基于细观结构的 $RFPA^{2D}$-DIP 数值模拟系统建立能准确反映页岩细观结构的数值模型。利用该模型进行页岩单轴压缩数值试验，研究在不同方向加载下页岩细观结构对其破坏模式和抗压强度的影响。

1. 页岩细观结构数字图像表征

在利用数字图像处理技术构建数值模型的过程中，关键是要在图像中表征页岩、方解石的空间分布，把页岩和方解石脉进行区分，并建立其与有限元模型网格之间的关系。在数字图像处理中，采用阈值分割的方法对不同特征的图像区域进行划分。根据不同的图像特征，选择合适的颜色空间分割图像。页岩图像大多是灰度图像，因此选择 HSI 颜色空间进行图像分割(于庆磊等，2008)。HSI 颜色空间反映了人类感受彩色的方式，以色调 H(hue)、饱和度 S(saturation)和亮度 I(intensity)3 种基本特征量来感知颜色。

图 3-20 为充填方解石脉的页岩表面图像，图像大小为 200×200 像素，模型尺寸为 50mm×50mm，颜色暗的地方是页岩，颜色亮的地方是方解石脉。页岩表面 AA'扫描线上亮度(I 值)的变化情况如图 3-21 所示。通过对比图 3-20 中 AA'扫

描线的位置和图3-21中 I 值变化情况可以看出，页岩的 I 值在145 以下，方解石的 I 值在 145 以上变化，因此选择 I=145 作为阈值来分割图像。图 3-22 为分割后的结果，浅灰色表示方解石，深灰色表示页岩。由图 3-22 可以看出，经过数字图像处理后，方解石脉的形状和空间分布能得到准确的表征。

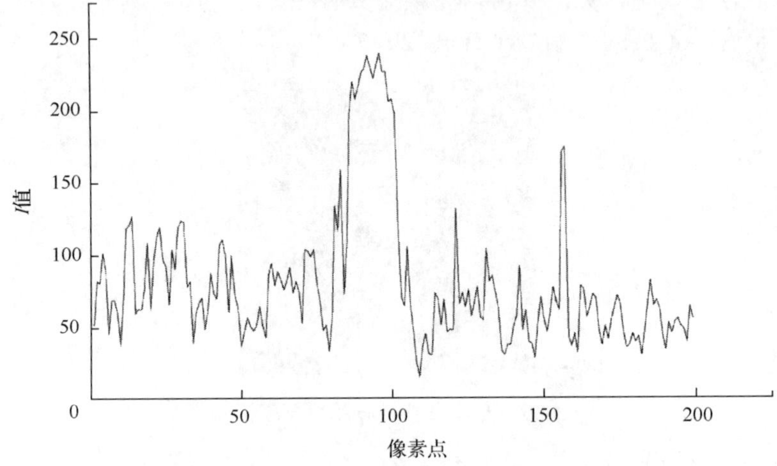

图 3-21　AA'扫描线上 I 值变化曲线

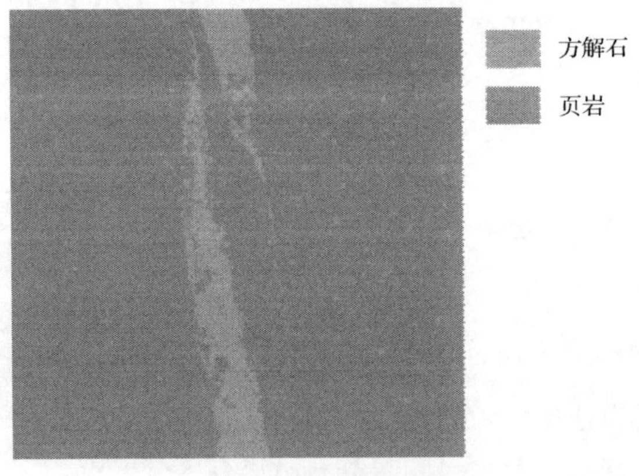

图 3-22　阈值分割后的图像

2. 单元损伤本构关系

通过应变等价原理，外力作用下材料损伤后的本构关系表示为（Liu et al., 2002; Zhu et al., 2005; Wang et al., 2012a, 2012b; Zuo et al., 2015）

$$E=(1-\omega)E_0 \tag{3-9}$$

式中，E_0 为材料的初始弹性模量；E 为材料损伤后的弹性模量；ω 为损伤变量。

页岩的抗压强度比抗拉强度大得多，因此在传统莫尔-库仑强度准则中引入拉伸准则作为单元破坏的强度判据(Brady and Brown, 2006)。当模型中的单元所受最大拉应力大于材料的抗拉强度时，单元开始发生拉伸损伤；当模型中的单元应力状态达到莫尔-库仑强度准则中的临界应力时，单元开始发生剪切损伤，并且拉伸准则具有优先权。只有通过拉伸准则判断没有损伤的单元，才能用莫尔-库仑强度准则进行判断(于庆磊等，2008)。单元单轴状态下的弹脆性损伤本构关系如图 3-23 所示。

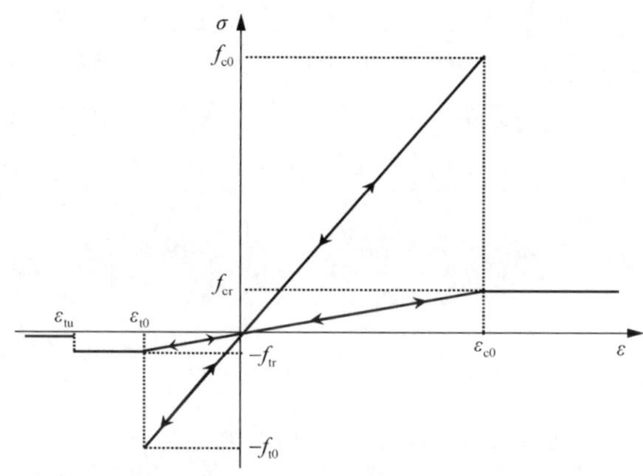

图 3-23　单元单轴状态下的弹脆性损伤本构关系

σ-应力；f_{c0}-单轴抗压强度；f_{cr}-单元残余抗压强度；ε-应变

根据图 3-23 可知，细观单元在单轴拉伸应力状态下的损伤本构关系为(Zhu et al., 2005; Wang et al., 2012a, 2012b)

$$\omega=\begin{cases}0, & \varepsilon_{t0}\leqslant\varepsilon<0\\ 1-\dfrac{\lambda\varepsilon_{t0}}{\varepsilon}, & \varepsilon_{tu}\leqslant\varepsilon<\varepsilon_{t0}\\ 1, & \varepsilon\leqslant\varepsilon_{tu}\end{cases}\tag{3-10}$$

式中，λ 为单元的残余强度系数，其满足关系式 $f_{tr}=\lambda f_{t0}$（f_{tr} 为单元的残余强度，f_{t0} 为单轴抗拉强度）；ε_{tu} 为单元的极限拉伸应变；ε_{t0} 为弹性极限所对应的拉伸应变，其关系式如下：

$$\varepsilon_{t0}=-f_{t0}/E_0\tag{3-11}$$

单轴压缩状态下，根据莫尔-库仑强度准则，单元损伤本构关系为

$$\omega=\begin{cases}0, & \varepsilon<\varepsilon_{c0}\\ 1-\dfrac{\lambda\varepsilon_{c0}}{\varepsilon}, & \varepsilon\geqslant\varepsilon_{c0}\end{cases}\tag{3-12}$$

式中，λ 为单元的残余强度系数，该系数满足关系式 $f_{cr}/f_{c0}=f_{tr}/f_{t0}=\lambda$；$\varepsilon_{c0}$ 为单元的最大压缩主应变，其关系式为

$$\varepsilon_{c0}=f_{c0}/E_0 \tag{3-13}$$

3. 数值模型建立

在数字图像处理技术结合有限元计算中，通常把图像中的每个像素点划分成一个四边形单元，把整个图像划分成若干个有限元网格，然后根据颜色对每个单元材料参数进行赋值，同时在数值模型中引入非均匀性系数。

在数值计算中，我们假设页岩和方解石的细观单元的力学参数(弹性模量和泊松比)服从韦伯(Weibull)分布(Zuo et al., 2011)：

$$f(a)=\frac{m}{a_0}\left(\frac{a}{a_0}\right)^{m-1}\exp\left[-\left(\frac{a}{a_0}\right)^m\right] \tag{3-14}$$

式中，a 为细观单元的力学参数；a_0 为细观单元的力学参数的平均值；m 为材料的均匀性系数，其中 m 越大，表明材料单元的力学性质越均匀，m 越小，表明材料单元的力学性质越不均匀；$f(a)$ 为 a 的统计分布密度。采用蒙特-卡罗(Monte-Carlo)方法为细观单元力学参数赋值(Rossi et al.,1998; Rubinstein and Kroese, 2011)，分别考虑了页岩和方解石的非均匀性。

图 3-24 为通过数字图像处理技术转化后的数值模型与网格，图中颜色越亮，表示弹性模量越大；颜色越暗，表示弹性模量越小。页岩和方解石的细观材料参数见表 3-5(刁海燕，2013)。

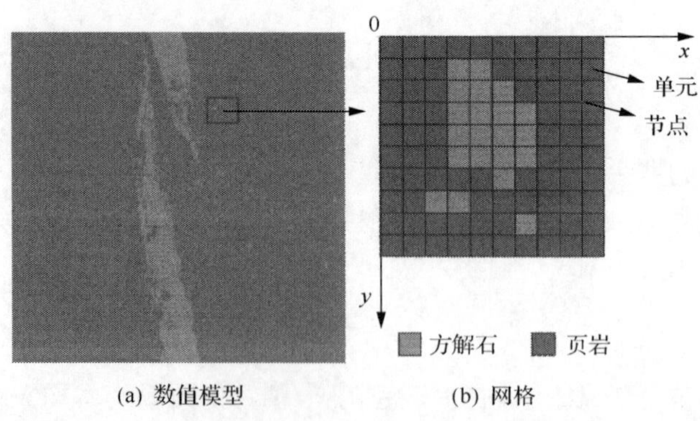

图 3-24　通过数字图像处理技术转化后的数值模型与网格

表 3-5　页岩和方解石的细观材料参数

材料	弹性模量/GPa	抗压强度/MPa	泊松比	压拉比	内摩擦角/(°)
页岩	51.6	145	0.22	14	35
方解石	80.5	101	0.30	11	30

单轴压缩数值试验加载采用位移加载，将其考虑为平面应力问题，模型加载示意图如图 3-25 所示。位移初始值设为 0.001mm，加载量为 0.0002mm/步，加载直到试样被破坏。数值试验在 $RFPA^{2D}$-DIP 数值模拟系统平台上进行(于庆磊等，2011)。

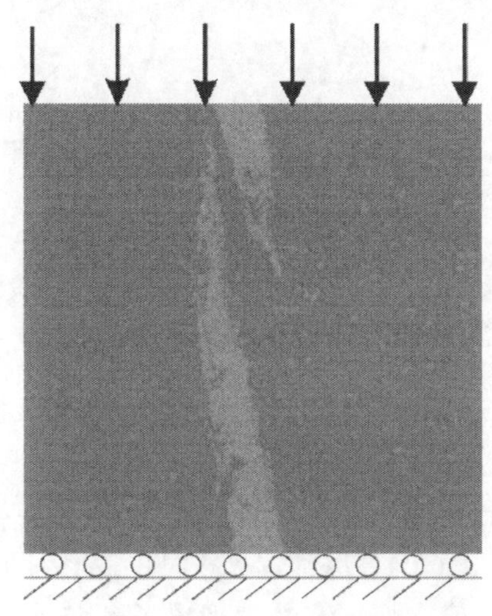

图 3-25　模型加载示意图

为了研究页岩中细观结构产生的影响，在保证图像基本介质不变的情况下，采用 50mm×50mm 的正方形去切割数字图像，按逆时针方向每隔 15°获取一幅，一共获取 7 幅图像，分别为方位角 α =0°、15°、30°、45°、60°、75°、90°时的数字图像，如图 3-26 所示，方位角 α 为方解石脉与水平方向的夹角。试验中，保证页岩试样的细观结构基本相同来研究不同方位角下页岩的强度变形特征。

(a) α=0°

(b) α=15°

(c) α=30°

(d) α=45°

(e) α=60°

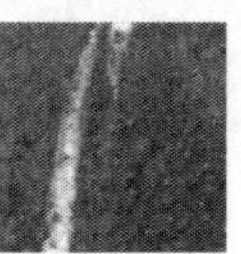

(f) α=75°

(g) α=90°

图 3-26　不同方位角下页岩的数字图像

4. 试验结果

图 3-27 为页岩在不同方位角下的抗压强度及弹性模量变化趋势图。

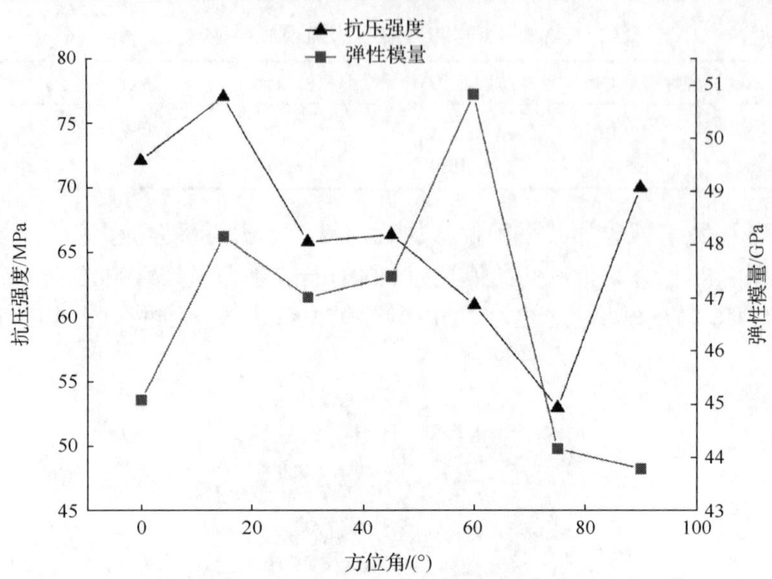

图 3-27　页岩在不同方位角下的抗压强度及弹性模量变化趋势图

当α=15°时，页岩的抗压强度最大，为 77.06MPa；当α=75°时，页岩的抗压强度最小，为 53.02MPa，最大值和最小值之间相差 24.04MPa。当α=60°时，弹性模量最大，为 50.83GPa；当α=90°时，弹性模量最小，为 43.8GPa，弹性模量最大值和最小值之间相差 7.03GPa。尽管本书模型中的各细观材料介质被认为是各向同性的，但试样的宏观强度和变形特性表现出了各向异性的特征。由于试样中内部细观结构的非均匀性，不同的加载方向导致应力集中程度不同，从而诱发损伤逐渐到破坏，不同加载方向计算出的弹性模量和泊松比等力学参数存在差异。

图 3-28 为所有不同方位角下页岩单轴荷载作用下的损伤演化过程和最终的破坏声发射图。由图 3-28 可以看到，当α=0°时，裂缝从左侧开始起裂，与方解石脉大约呈 45°夹角，裂缝逐渐扩展直至失稳形成倒 V 形破坏；当α=15°时，裂缝从方解石脉两端开始萌生，其中一条裂缝与方解石脉近于垂直，然后逐渐扩展形成倒 Z 形破坏；当α=30°时，裂缝从方解石脉一端开始起裂，与方解石脉大约呈 30°夹角，裂缝逐渐扩展形成倒 V 形破坏；当α=45°时，裂缝沿着方解石脉起裂、扩展直至失稳破坏，形成倒 V 形破坏；当α=60°时，裂缝沿着方解石脉一端开始起裂，然后逐渐形成两条主裂缝，一条沿着方解石脉扩展，另一条与方解石脉大约呈 30°夹角，最终形成 V 形破坏；当α=75°时，裂缝沿着方解石脉一端开始起裂，然后沿着方解石脉扩展直至失稳破坏，属于直线形破坏；当α=90°时，裂缝沿着方解石脉底部开始起裂，然后沿着方解石脉扩展，最后形成 V 形破坏。综上所述，由于页岩中方解石脉的影响，可将页岩单轴破坏后的最终破坏模式归纳为 4 种：倒 V 形

（α=0°、30°、45°）、倒 Z 形（α=15°）、直线形（α=75°）、V 形（α=60°、90°）。

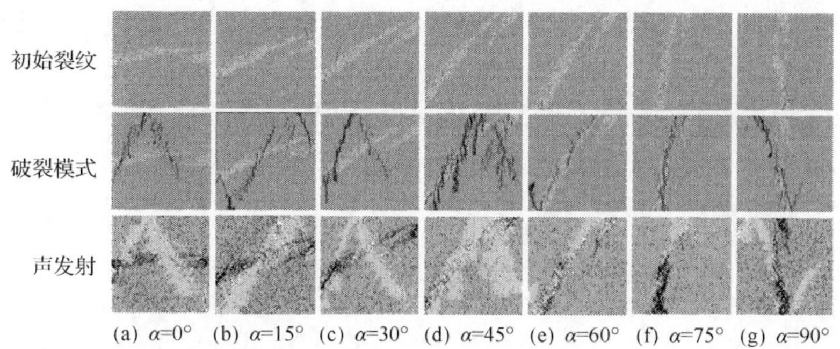

图 3-28　不同方位角下页岩单轴载荷作用下的损伤演化过程和最终的破坏声发射图

纵观声发射图，单元多以拉伸损伤破坏为主，也就是说试样破坏形成的宏观剪切带大多是由拉伸损伤破坏的单元连接而成的。这是因为承受压缩荷载作用的岩石中，出现了拉应力集中区，由于方解石脉在页岩中属于弱结构面，加载时其率先发生损伤破坏。由于岩石材料抗压不抗拉的特点，随着加载的进行，拉应力会率先达到岩石的抗拉强度而发生损伤破坏。从声发射空间定位情况可以看出，试样内部微破裂累计发展趋势很好地对应了宏观上的破坏模式。

5. 页岩细观破坏过程分形特性

分形理论作为非线性科学的一个活跃分支，可以描述很多自然界存在的不规律而有自相似特征的几何形态，在地质学、天文学、物理学等许多领域得到广泛应用(Sanei et al., 2013; Li and Huang, 2015; Yang et al., 2016)。

众所周知，岩石破坏过程具有分形特征。谢和平(1996)认为岩石的破裂和损伤过程都具有分形特性，而声发射表征了岩石的破裂过程，因而声发射具有分形特征(李守巨等，2014)。

分形维数是描述分形理论最核心的参量，分形维数中盒维数能更加精确地表示物体的自相似性，因此更为常用，其计算公式如下(Bouboulis et al., 2006; Li et al., 2009)：

$$D_s = \lim_{\varepsilon \to 0} \frac{\lg N(\varepsilon)}{\lg \frac{1}{\varepsilon}} \tag{3-15}$$

式中，D_s 为破坏区域的自相似分形维数；ε 为正方形盒子边长；$N(\varepsilon)$ 为用边长为 ε 的正方形盒子覆盖整个图形中破坏区域所需的盒子数目。

页岩单轴数值压缩试验破坏分形维数的计算是在VC++软件平台上完成的，编写了分形维数计算程序。算法主要流程如下：①前处理。先把图像处理成 512×512 像素大小的图片，读入处理后的图像，图像灰度化预处理，图像二值化预处理，存储相关数据。②求解。以边长为 ε 大小的正方形盒子覆盖二值图，统计试样破坏区域正方形盒子数 $N(\varepsilon)$，保存相关数据，其中，取 $\varepsilon=2n$（其中 $n=1, 2,\cdots, 9$）。③后处理。对 $1/\varepsilon$ 和 $N(\varepsilon)$ 取双对数坐标进行回归分析。不同应力水平和加载方向下声发射能量值和分形维数详见表 3-6。

表 3-6　不同应力水平和加载方向下声发射能量值和分形维数

方位角/(°)		应力水平/%									
		10	20	30	40	50	60	70	80	90	100
0	声发射次数	1	11	39	124	253	522	856	1339	2041	3306
	D_s	0	0.627242	0.826486	1.016522	1.120196	1.245851	1.348785	1.439416	1.536282	1.637513
15	声发射次数	0	11	51	128	304	587	1068	1749	2737	4199
	D_s	0	0.48945	0.841213	1.019117	1.150148	1.272318	1.394115	1.499399	1.595274	1.688016
30	声发射次数	0	9	29	82	178	326	585	978	1537	2732
	D_s	0	0.620543	0.78615	0.932204	1.067703	1.163745	1.277669	1.380491	1.477503	1.584869
45	声发射次数	0	16	48	93	208	418	693	1151	1788	2800
	D_s	0	0.663493	0.846116	0.973641	1.083626	1.216387	1.315786	1.414678	1.502483	1.587345
60	声发射次数	0	9	41	94	214	404	656	1037	1519	2290
	D_s	0	0.600984	0.810094	0.965592	1.103487	1.204898	1.29734	1.385946	1.460092	1.537432
75	声发射次数	0	11	43	96	165	276	481	714	1022	2146
	D_s	0	0.718188	0.882885	1.055068	1.148765	1.155712	1.238704	1.301145	1.364424	1.481904
90	声发射次数	2	22	80	186	385	697	1087	1600	2420	3498
	D_s	0.363932	0.706796	0.973916	1.116968	1.211137	1.300418	1.378655	1.453824	1.53712	1.621548

图 3-29 为应力水平（σ/σ_{max}）在 100%、方位角为 90°时的试样破坏分形拟合图，相关性系数 R^2=0.994364，拟合程度较高，分形维数 D_s=1.621548。

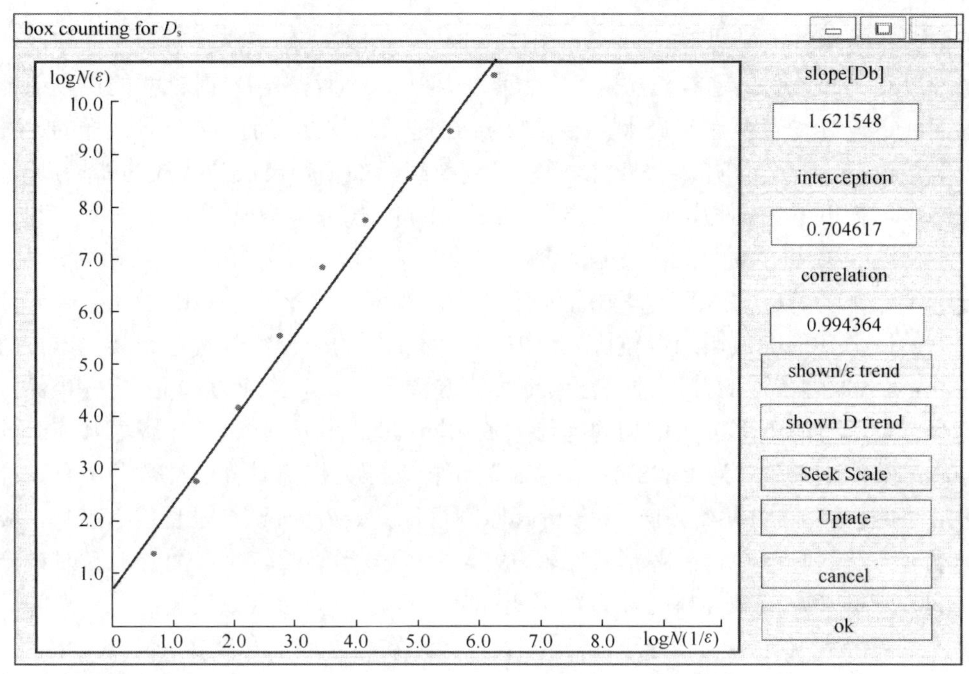

图 3-29　应力水平在 100%、方位角为 90°时的试样破坏分形拟合图

图 3-30 和图 3-31 分别展示了应力水平、方位角、分形维数、声发射能量之间的各种变化关系图。表 3-30 列出了不同方位角下试样的声发射能量值和应力水

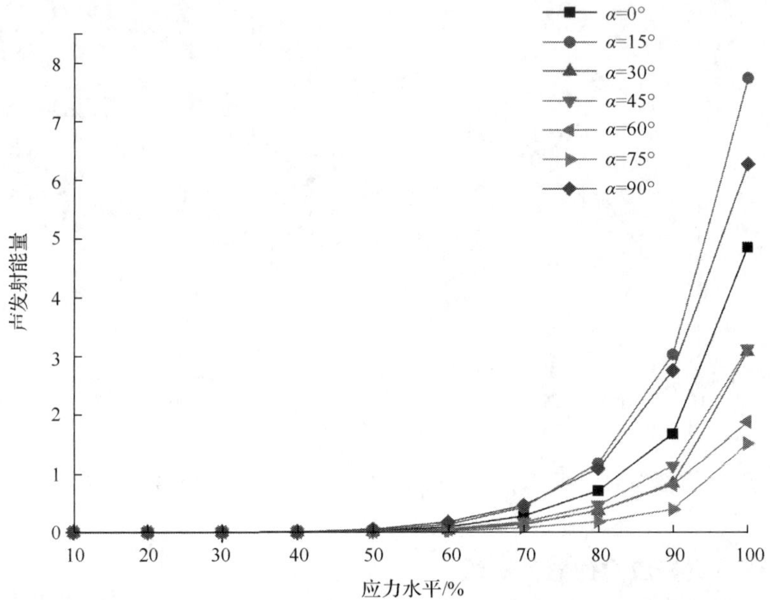

图 3-30　不同方位角下试样的应力水平与声发射能量之间的关系

平值。在图 3-30 中，当应力水平小于 70%时，各组方位角下声发射能量曲线的增加幅度较平缓，变化趋势相当；当应力水平超过 80%时，α=15°时试样的声发射能量曲线迅速陡增直至达到最大，α=90°、α=0°时试样次之，而 α=75°时试样的声发射能量值最小，这说明 α=15°时试样在受到荷载后的损伤及破裂释放的能量最大，最终破坏程度最为剧烈，内部的损伤也最严重(杨志鹏等，2015)。

从图 3-31 中的曲线可知，在所有方位角下，随着试样内部损伤的持续累积，分形维数都随着应力水平的增加而不断增大。当应力水平小于 30%时，各个方位角下的试样分形维数增加得较快，其中α=15°时试样的分形维数普遍比其他方位角时低，α=90°时试样的分形维数普遍比其他方位角时高；当应力水平大于 40%时，各个方位角时的分形维数增加的趋势大致相同；最后α=15°时试样在应力峰值时的分形维数达到最大，为 1.688016，α=75°时试样在应力峰值时分形维数是所有试样中最小的，为 1.481904。进一步分析其原因可知，α=75°时试样呈直线形破坏，裂缝沿着方解石脉分布，破坏形式比较简单，因而分形维数较小；而 α=15°时试样呈倒 Z 形破坏，其破坏模式较直线形更加复杂，因而分形维数较大；对于宏观破坏模式表现为 V 形和倒 V 形的试样，其分形维数在直线形和倒 Z 形之间。因此，分形维数 D_s 越大，说明试样破坏越复杂。

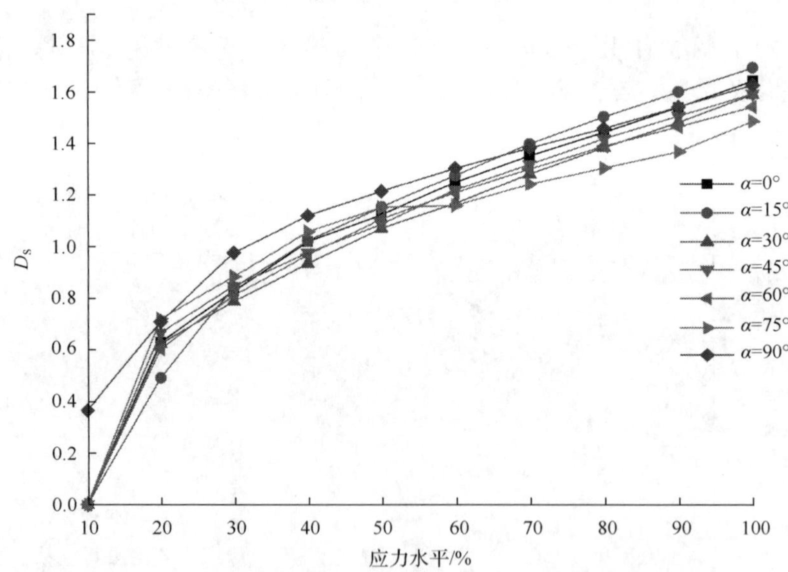

图 3-31 不同方位角下试样的应力水平与分形维数关系

3.3.5 覆压下页岩应力敏感性试验

页岩储层渗透率极低，富含黏土矿物，为进一步研究页岩储层的应力敏感性，采用贵州黔北地区下寒武统牛蹄塘组页岩，通过覆压下页岩的孔隙度和渗透率试验分析，建立了页岩孔隙度、渗透率与有效应力之间的相关关系和模型，分析了页岩应力敏感性。

1. 试样制备

试样采用贵州黔北地区下寒武统牛蹄塘组页岩，主要是硅质页岩和灰黑色页岩，有机碳含量比较高，为 3.54%～8.12%，平均为 7.24%。加工的试样直径约为 25mm，长度约为 50mm，试样基础数据见表 3-7。

表 3-7　试样基础数据

试样编号	测试岩心尺寸		含水状态	渗透率/$10^{-3}\mu m^2$	孔隙度/%
	直径/ mm	长度/ mm			
1	25.23	50.0	干燥	0.0060	1.67
2	25.27	51.0	干燥	0.0052	1.62
3	25.21	50.5	干燥	0.0071	1.85
4	25.30	51.0	干燥	0.0073	1.80
5	25.20	49.0	干燥	0.0056	1.56

2. 试验设备

根据中国石油天然气行业标准《储层敏感性流动实验评价方法》(SY/T 5358—2010)，采用 FYKS-2 高温覆压孔渗测定仪，测量孔隙度和渗透率都通过使用 N_2 完成，所有数据的采集和记录及孔隙度和渗透率的计算都通过计算机完成。为了解页岩储层应力对页岩孔隙度、渗透性的影响，采用增加页岩的净围压模拟地层有效应力的变化，并测量孔隙度、渗透率随净围压变化的情况，分析页岩储层孔隙度、渗透率与应力之间的关系。每个围压值(3MPa、5MPa、7MPa、9MPa、11MPa)、每个应力点稳定后(至少保持平衡 30min 以上)，测定页岩试样在该应力点下气体的渗透率值。

3. 计算方法

1)孔隙度

孔隙度的测量采用气体法测定，测量介质为 N_2，测量原理基于波义耳定律，即用已知体积的标准气体，在设定的初始压力下，使气体向处于常压下的岩心室做等温膨胀，气体扩散到岩心孔隙之中，利用压力的变化和已知的体积，依据气态方程，即可求出被测试样的有效孔隙体积和颗粒体积，则可算出试样的孔隙度 ϕ。

$$\phi = \frac{V_a}{V_a + V_f} \times 100\% \tag{3-16}$$

式中，V_a为岩心孔隙体积；V_f为岩心颗粒体积。

2) 渗透率

以 N_2 为标准测试气体，当 N_2 在一定的压力作用下流过被测试样时，根据达西定律利用式(3-17)可计算出岩心的气体渗透率。

$$K_g = \frac{2pQ_0uL}{(p_1^2 - p_2^2)} \times 10^2 \tag{3-17}$$

式中，L 为试样的长度，cm；u 为测试条件下的流体黏度，mPa·s；K_g 为岩石气体渗透率，$10^{-3}\mu m^2$；A 为试样的横截面积，cm^2；p 为测试条件下的标准大气压力，MPa；Q_0 为气体在一定时间内通过试样的体积，cm^3/s；p_1 为试样进口压力，MPa；p_2 为试样出口压力，MPa。

4. 试验结果

覆压下页岩的孔隙度、渗透率与有效应力之间的关系如图3-32～图3-36所示。

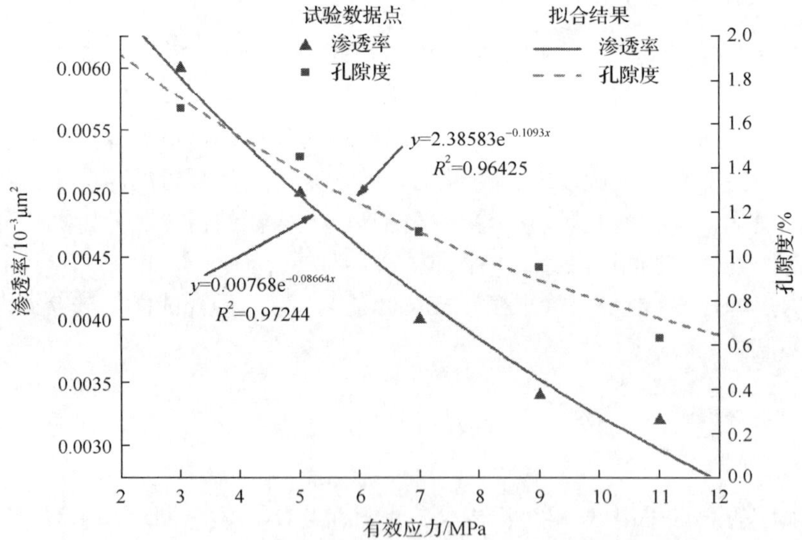

图3-32　1号试样的孔隙度、渗透率与有效应力的关系

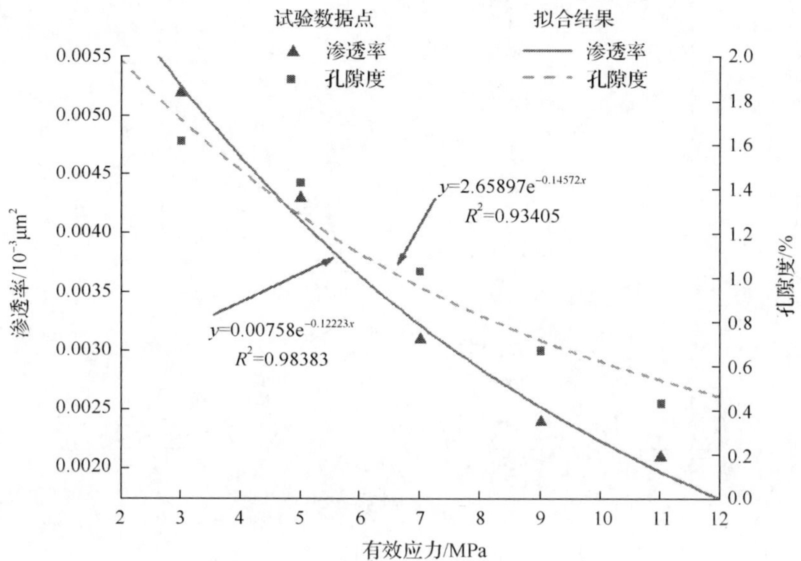

图 3-33　2 号试样的孔隙度、渗透率与有效应力的关系

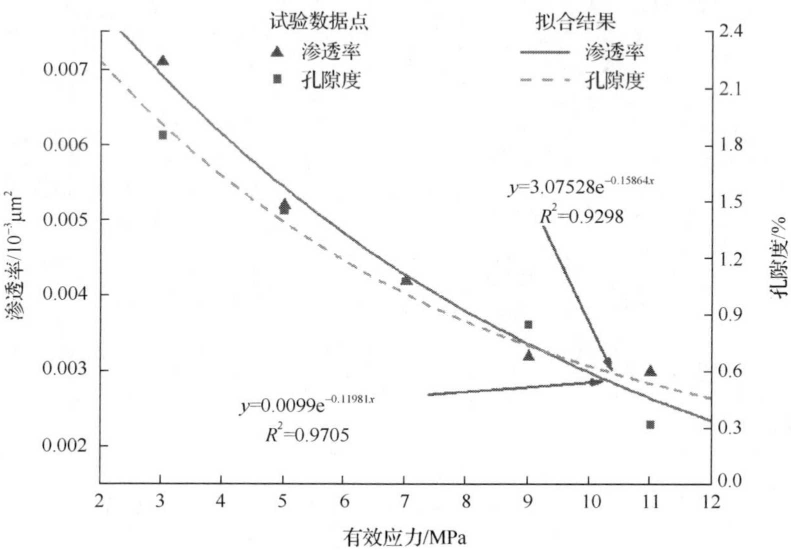

图 3-34　3 号试样的孔隙度、渗透率与有效应力的关系

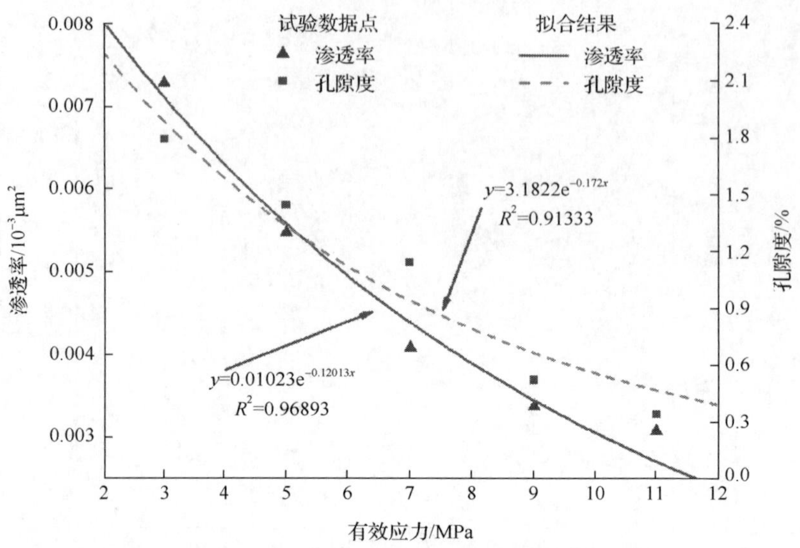

图 3-35　4 号试样的孔隙度、渗透率与有效应力的关系

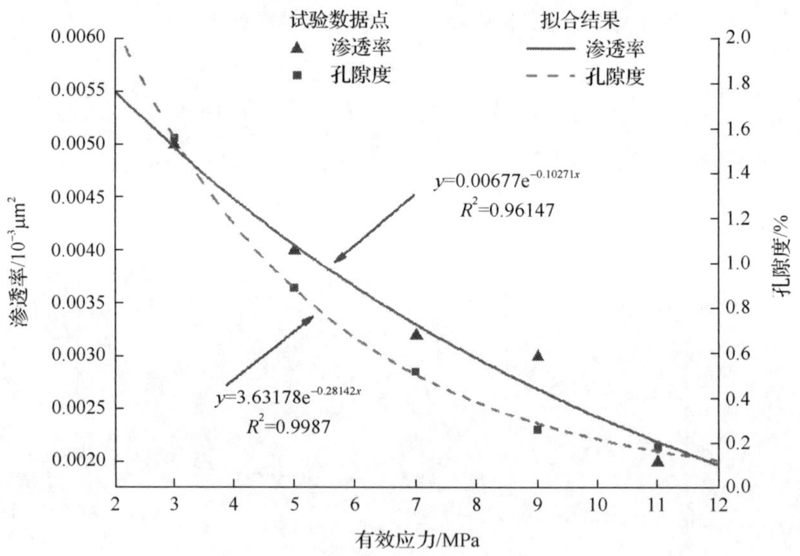

图 3-36　5 号试样的孔隙度、渗透率与有效应力的关系

1) 页岩的孔隙度与有效应力之间的关系

从图 3-32～图 3-36 可以看出，试样的孔隙度与有效应力之间服从负指数函数关系，也就是页岩储层的孔隙度随有效应力的增加按负指数函数规律降低。通过对试验结果进行回归分析可知，其关系式为

$$\varphi = \varphi_0 \mathrm{e}^{-mp} \tag{3-18}$$

式中，φ 为指定有效应力下的孔隙度；φ_0 为初始有效应力下的孔隙度；m 为压缩系数，MPa^{-1}；p_e 为有效应力。

覆压下 5 个试样的孔隙度试验结果见表 3-8。从表 3-8 可以看出贵州黔北地区下寒武统牛蹄塘组页岩储层压缩系数 m 为 0.1093～0.2814MPa^{-1}，平均值为 0.1734MPa^{-1}。

表 3-8　页岩应力敏感性试验数据统计分析

试样编号	压缩系数 m/MPa^{-1}	孔隙度 φ_0/%	R_1^2	应力敏感性系数 n/MPa^{-1}	渗透率 $K_0/10^{-3}\mu\mathrm{m}^2$	R_2^2
1	0.1093	2.3858	0.9643	0.08664	0.00768	0.9724
2	0.1457	2.6589	0.9341	0.12223	0.00758	0.9838
3	0.1586	3.0753	0.9298	0.11981	0.00990	0.9705
4	0.1720	3.1822	0.9133	0.12013	0.01023	0.9689
5	0.2814	3.6318	0.9987	0.10271	0.00671	0.9615
最大值	0.2814	3.6318	0.9987	0.12223	0.01023	0.9838
最小值	0.1093	2.3858	0.9133	0.08664	0.00671	0.9615
平均值	0.1734	2.9868	0.9480	0.11030	0.00842	0.9714

2) 页岩气体的渗透率与有效应力之间关系

从图 3-32 可以看出，试样的气体渗透率与有效应力之间也服从负指数函数关系，也就是页岩储层渗透率随有效应力的增加按负指数函数规律降低，其关系式为

$$K = K_0 e^{-np} \tag{3-19}$$

式中，K 为指定有效应力下的渗透率，$10^{-3}\mu\mathrm{m}^2$；K_0 为初始有效应力下的渗透率，$10^{-3}\mu\mathrm{m}^2$；n 为渗透性应力敏感性系数，MPa^{-1}。

覆压下 5 个试样的渗透率试验结果统计见表 3-8。表中 R_1^2 为孔隙度与有效应力的相关性系数；R_2^2 为渗透率与有效应力的相关性系数。

从表 3-8 可以看出，页岩储层应力敏感性系数为 0.08664～0.12223MPa^{-1}，平均值为 0.11030MPa^{-1}。

3) 页岩储层应力敏感性分析

目前页岩应力敏感性尚无行业标准，试验中参照石油天然气行业标准《岩心分析方法》(SY/T 5336—2006)、《储层敏感性流动实验评价方法》(SY/T 5358—2010)、《覆压下岩石孔隙度和渗透率测定方法》(SY/T 6385—2016)进行试验。采用增加页岩的净围压模拟地层有效应力的变化，同时测量试样的渗透率随净围

压变化的情况，通过分析渗透率随围压的变化研究储层应力敏感程度。根据行业标准，本书采用渗透率损害率和应力敏感性系数作为页岩储层应力敏感性参数，对敏感性进行评价分析。

(1)渗透率损害率。渗透率损害率反映在有效应力作用下页岩储层渗透率损害的百分数(孟召平和侯泉林，2012)，按式(3-20)计算应力敏感性引起的渗透率损害率 D_{K2}，有

$$D_{K2}=\frac{K_1-K'_{\min}}{K_1}\times 100\% \tag{3-20}$$

式中，D_{K2} 为应力逐渐增加到最高点的过程中试样产生的渗透率损害率的最大值；K_1 为第 1 个应力点对应的试样的渗透率，$10^{-15}\mathrm{m}^2$；$K'_{\min}$ 为达到临界应力后试样的渗透率的最小值。

(2)应力敏感性系数。这里根据(Meng and Li, 2013)的研究，应力定义敏感性系数 α_K 为

$$\alpha_K=-\frac{1}{K_0}\frac{\partial K}{\partial p} \tag{3-21}$$

从式(3-21)可以得知：α_K 的值越大，表明试样的渗透率随有效应力变化的敏感性越强，在有效应力变化幅度相同的情况下，试样的渗透率变化值越大；α_K 的值越小，表明试样的渗透率随有效应力变化的敏感性越差，页岩的渗透率随有效应力变化梯度越小。

4) 页岩应力敏感性参数与有效应力之间的关系

测试的5个试样，当有效应力增加到11MPa 时，页岩的渗透率为0.00198×10^{-3}～0.00296×10^{-3}μm^2，平均值为 0.00249×10^{-3}μm^2，渗透率损害率为 61.44%～73.93%，平均值为 69.92%，参照石油天然气行业标准(SY/T 5336—2006、SY/T 5358—2010、SY/T 6385—2016)可知，研究区渗透率损害程度中等偏强。渗透率应力敏感性系数平均值为 0.04867～0.05485MPa^{-1}，平均值为 0.05312MPa^{-1}，因此本区页岩储层应力敏感性偏强。5 个试样中 1 号试样的应力敏感性系数平均值最小，为 0.04867×10^{-3}μm^2，2 号试样的应力敏感性系数平均值最大，为 0.05511×10^{-3}μm^2，测试的 5 个试样的应力敏感性评价参数见表 3-9。

表 3-9　5 个试样的应力敏感性评价参数表

试样编号	渗透率/$10^{-3}\mu m^2$		损害率/%	应力敏感性系数平均值/MPa^{-1}
	3MPa	11MPa		
1	0.00592	0.00296	61.44	0.04867
2	0.00525	0.00198	73.93	0.05511
3	0.00691	0.00265	73.23	0.05481
4	0.00713	0.00273	73.32	0.05485
5	0.00493	0.00218	67.69	0.05218
最大值	0.00713	0.00296	73.93	0.05485
最小值	0.00493	0.00198	61.44	0.04867
平均值	0.00603	0.00249	69.92	0.05312

图 3-37～图 3-41 为 5 个试样的渗透率损害率和应力敏感性系数与有效应力之间的关系曲线。从图 3-37～图 3-41 可以看出，渗透率损害率和应力敏感性系数随着有效应力的增加而发生变化，表现为随着有效应力的增加，应力敏感性系数均呈减小趋势，而渗透率损害率均呈增加趋势。

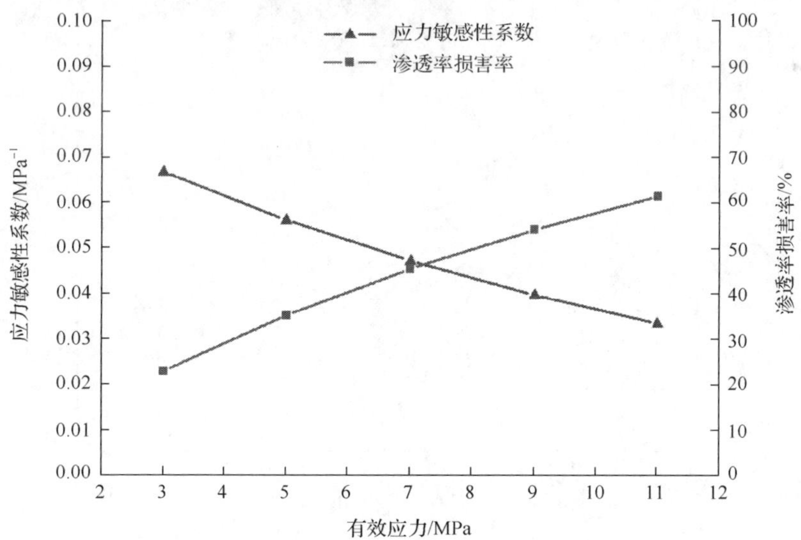

图 3-37　1 号试样的应力敏感性系数和渗透率损害率与有效应力之间的关系曲线

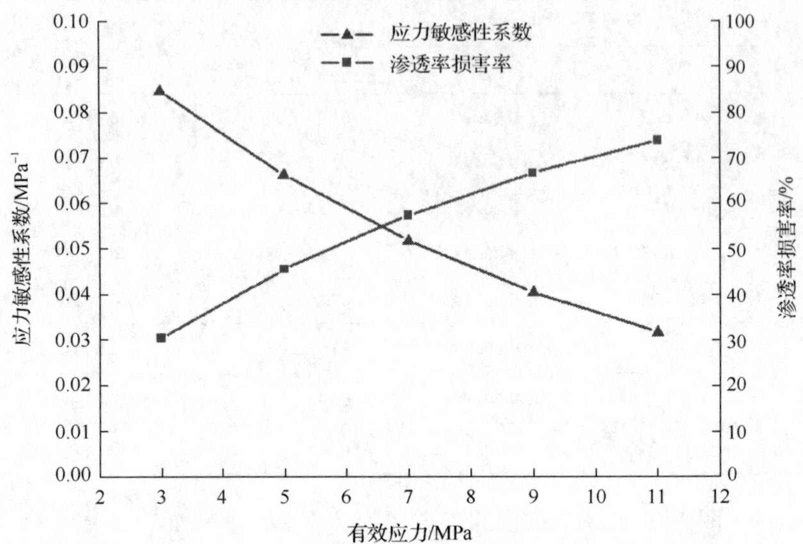

图 3-38　2 号试样的应力敏感性系数和渗透率损害率与有效应力之间的关系曲线

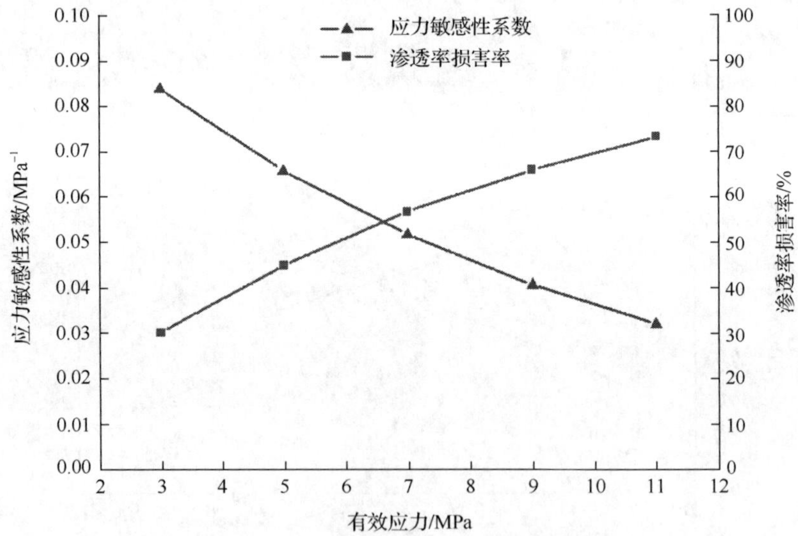

图 3-39　3 号试样的应力敏感性系数和渗透率损害率与有效应力之间的关系曲线

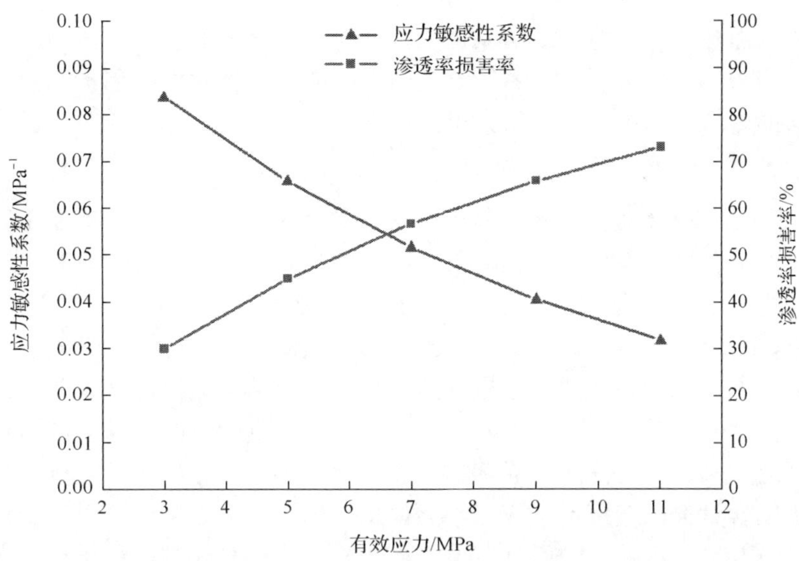

图 3-40　4 号试样的应力敏感性系数和渗透率损害率与有效应力之间的关系曲线

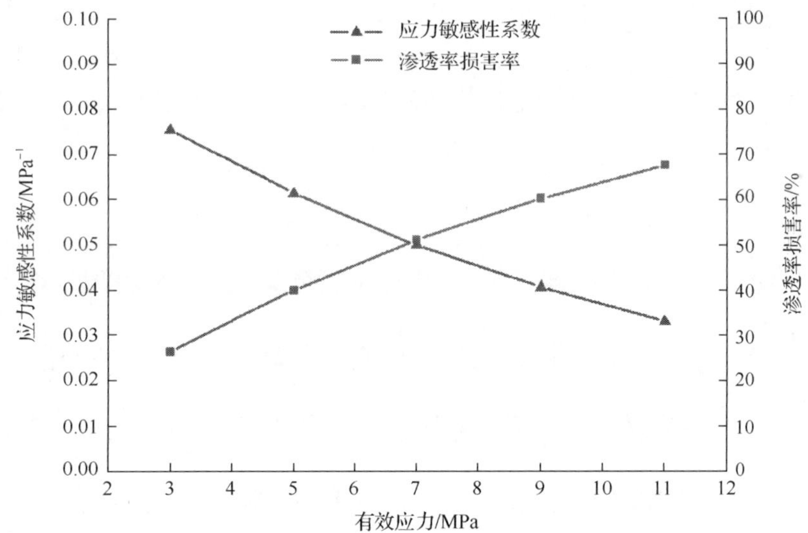

图 3-41　5 号试样的应力敏感性系数和渗透率损害率与有效应力之间的关系曲线

所测试的 5 个试样，在有效应力小于 7MPa 时，页岩储层的应力敏感性系数变化较大，且页岩储层的应力敏感性系数随有效应力的增加而快速下降；同时渗透率损害率随有效应力的增加而快速增大。而在有效应力大于 7MPa 时，页岩储层的应力敏感性系数随有效应力的增加下降速度整体减缓；同时渗透率损害率随有效应力的增大而增加得较为缓慢。这些均表明研究区下寒武统牛蹄塘组页岩储层在有效应力小于 7MPa 时，页岩储层渗透率随有效应力的增加快速下降，应力敏感性强；而当有效应力大于 7MPa 后，渗透率损害率随有效应力的增加下降速度减缓，应力敏感性减弱。当然影响页岩储层的应力敏感性的因素非常复杂，本书从页岩的岩石矿物组分和岩石力学性质进行分析。

5) 页岩应力敏感性因素分析

(1) 页岩的岩石矿物组分分析。不同岩石矿物在受压作用下发生形变的程度存在差异，这主要与岩石的骨架结构和矿物成分有关。采用 X 射线衍射仪对 5 个试样进行矿物成分分析，测试结果如图 3-42 所示。由图 3-42 可知，试样主要由石英、长石(斜长石、钾长石)、黄铁矿、黏土矿物、铁白云石和方解石组成，其中石英含量均高于 50%。应力敏感程度最强的 2 号试样的黏土矿物含量最高，达到 30%左右，石英含量最低，达到 50%左右；应力敏感程度最弱的 1 号试样的石英含量最高，超过 80%，黏土矿物含量最低，达到 3%；3 号试样和 4 号试样的石英含量与黏土矿物含量都比较接近，应力敏感性系数也比较接近。这说明石英和黏土矿物含量是控制页岩压缩性的两种重要的矿物成分。一般来讲，泥质含量高的岩石比泥质含量低的岩石更容易发生变形。同时孔隙度也随着有效应力的增加而减少，但减少的趋势各不相同，这主要与页岩中有机组分的分布有关。总体上讲，石英含量越少，黏土矿物含量越高，页岩的应力敏感性就越强。X 射线衍射结果表明：黏土矿物含量最高的 2 号试样的应力敏感性最强，石英含量最高的 1 号试样的应力敏感性最弱。

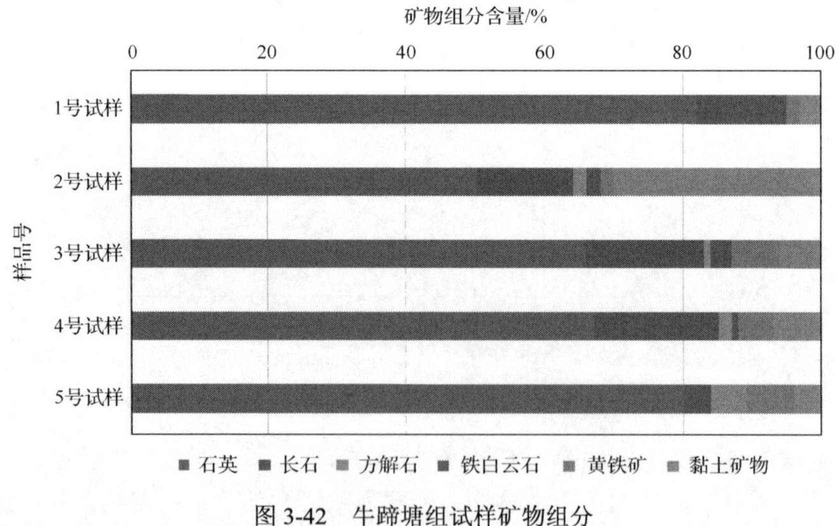

图 3-42　牛蹄塘组试样矿物组分

(2) 页岩的岩石力学性质分析。页岩的岩石力学参数不仅为水力压裂开采中水平钻井和压裂施工参数的设计等提供了必要的技术基础，同时也是影响页岩应力敏感性的一个重要因素。因此，采用单轴压缩试验对 5 个试样的岩石力学参数进行测试，来进一步研究页岩的岩石力学性质与应力敏感性之间的关系。试验测得的 5 个试样的岩石力学参数见表 3-10。

表 3-10　5 个试样的岩石力学参数

试样编号	弹性模量/GPa	泊松比
1	27.53	0.24
2	20.46	0.26
3	24.15	0.22
4	23.82	0.27
5	25.37	0.29

岩石的弹性模量是决定储层岩石压缩性的重要参数，同时岩石的压缩系数与骨架的硬度有关、骨架越硬、压缩系数越小(李传亮，2007)。岩石的压缩系数还与岩石的孔隙度有关、孔隙度越大、压缩系数越高。岩石的压缩系数与孔隙度和骨架压缩系数之间的关系式为

$$C_{\mathrm{p}}=\frac{\varphi}{1-\varphi}C_{\mathrm{s}} \tag{3-22}$$

式中，C_{s}为岩石的骨架压缩系数；C_{p}为岩石的压缩系数；φ为岩石的孔隙度。

Elgmati(2011)给出了因变量为体积应变，自变量为弹性模量和泊松比的本构模型，并通过其本构模型推导出了岩石弹性变形阶段体积应变的表达式：

$$\varepsilon_{\mathrm{v}}=C_{\mathrm{s}}\frac{(1+\mu)(\varepsilon_x+\varepsilon_y+\varepsilon_z)}{3[\mu\varepsilon_x+\mu\varepsilon_y+(1-\mu)\varepsilon_z]}(\sigma_{\mathrm{t}}-p) \tag{3-23}$$

式中，ε_{v}为体积应变；ε_x、ε_y、ε_z分别为 x、y、z 方向上的应变；μ为泊松比；σ_{t}为上覆应力。

由式(3-23)可知，岩石的体积应变与骨架压缩系数成正比，岩石的骨架压缩系数可以表示为

$$C_{\mathrm{s}}=\frac{3(1-2\mu)}{E} \tag{3-24}$$

由式(3-24)可知：岩石的弹性模量越大，体积应变就越小，岩石越不容易发生变形。试验测得 5 个试样的弹性模量与应力敏感性系数的关系如图 3-43 所示。由图 3-43 可知，1 号试样的弹性模量最大，为 27.53GPa，应力敏感性系数最小；2 号试样的弹性模量最小，为 20.46GPa，应力敏感性系数最大；3 号试样和 4 号试样的弹性模量都在 24GPa 左右；5 号试样的弹性模量为 25.37GPa。试验得到的弹

性模量和应力敏感性与理论分析一致。

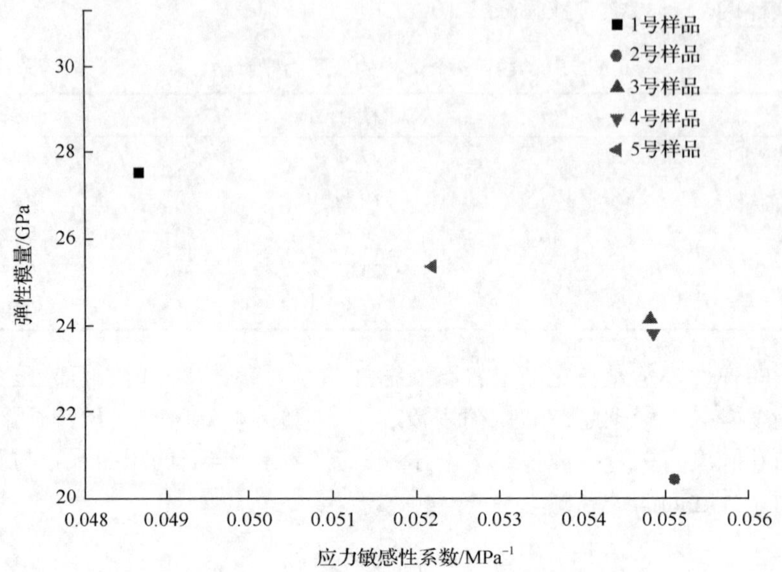

图 3-43　页岩应力敏感性系数与弹性模量的关系

第 4 章　FC-1 井测井解释评价

随着对页岩作为有利储集层的认识的提高，作为重要技术支撑的测井评价技术发挥着越来越重要的作用。

页岩气储层测井评价应根据页岩气藏自生自储的特点，除了评价岩石学、物性等与常规储层基本特征相同的内容外，还应结合地质需求，从含气性评价及后期开采价值等方面对页岩气储层进行评价。涉及的主要技术有以下几个方面：①页岩矿物成分确定及处理技术；②页岩气参数建模技术；③脆性评价及压裂预测技术；④储层有效性评价技术。

根据这些评价技术，建立 FC-1 井页岩储层的评价思路和流程(图 4-1)(罗安银等，2015)，形成了以烃源岩评价、储层评价和岩石力学评价 3 个方面的评价内容，即结合岩心物理分析数据、气测录井资料和针对性测井资料进行综合分析，通过常规+自然伽马能谱对岩性识别、有机碳含量和含气量进行分析和计算；核磁测井主要用于储层物性计算和孔隙结构分析；元素测井对地层元素和矿物含量进行定量评价，从而分析地层岩性、评价岩石脆性、进行流体分析；电成像测井主要用于岩性识别和裂缝评价，同时评价地层产状、井旁构造和沉积分析；阵列声波除了进行气层识别外，主要用于工程品质的评价，包括应力分析、岩石力学分析和脆性分析等，最后提出储层综合评价及射孔簇优选方案。具体评价内容包括：烃源岩评价、岩性识别、储层物性评价、含气量评价、裂缝评价、脆性评价、各向异性分析和岩石力学评价(图 4-2)(罗安银等，2015)。

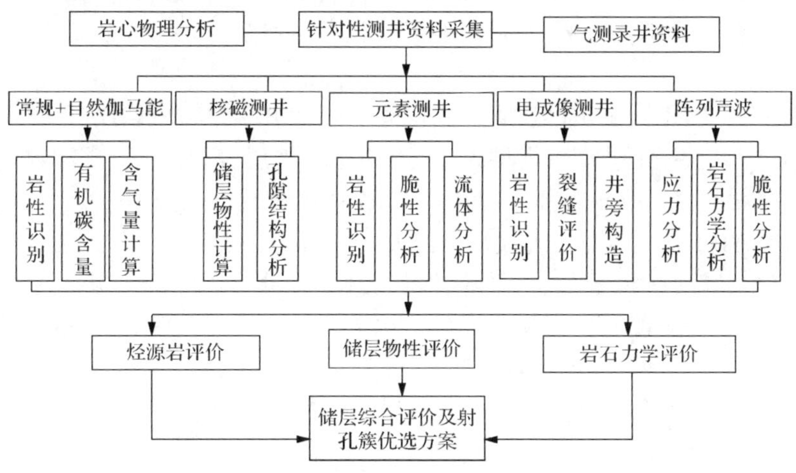

图 4-1　页岩储层评价思路和流程图(罗安银等，2015)

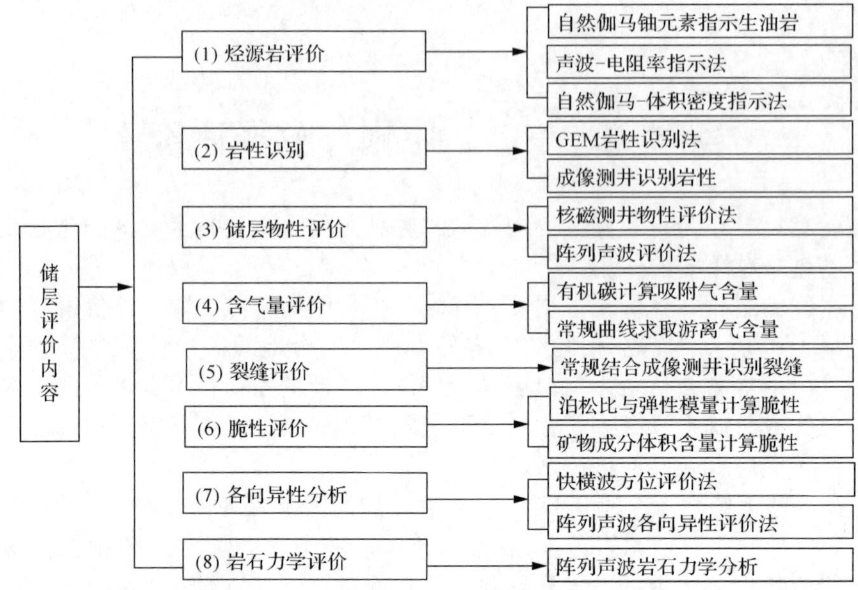

图 4-2　页岩储层评价方法(罗安银等，2015)

4.1　成像测井分析与评价

4.1.1　测井原理及处理方法

1)测量原理

利用微电阻率扫描成像(simultaneous acoustic and resistirity lmager，STAR Ⅱ)对 FC-1 井进行测井。微电阻率扫描成像井段为 2224.00～2575.00m。利用成像测井资料与常规曲线综合分析，进行构造、沉积、地应力分析，岩性及裂缝、层理识别。

STAR Ⅱ微电阻率测井仪是阿特拉斯公司的 ECLIPS-5700 成像仪，具有大数据量、高分辨率、高精度的特点，可提供大量的、丰富的地层岩石物理信息和数据。STAR Ⅱ微电阻率测井仪共有 6 个独立的极板，每个极板装有固定排列的 24 个纽扣电极，共 144 个纽扣电极，利用多个极板上阵列分布的纽扣电极向井壁地层发射电流，电流的变化反映了井壁各处岩石电阻率的变化，据此可以显示电阻率的井壁成像。

STAR Ⅱ微电阻率测井仪最终提供一幅渐变的色板或灰度等级图像，来显示井壁地层电阻率的变化(浅色代表高电阻率，深色代表低电阻率)，从而可反映出井壁上地层岩石结构的变化。图像的连续性、图像之间的关系代表不同的地质意义。

仪器技术指标：仪器直径为 5.5in①，在直径为 7.875in 的井眼中，井壁覆盖面积达 59%。适用范围：钻头直径 6.5～16in，井径 5.5～21in，井斜角 0°～90°。

2）处理流程

成像测井资料处理采用 GeoFrame 软件包中的 Geology 包，应用软件系统中的静态平衡、动态加强和交互解释，倾角解释采用 eXpress 处理解释软件进行，对测量段的构造倾角、倾向、层理、裂缝及其他地质现象进行处理解释，并用不同的颜色和符号区分其属性。

(1) 成像处理流程：数据转换、数据加载、曲线文件合并、加速度校正、均衡处理、图像增强处理、图像显示、人机交互解释（特征拾取）。

(2) 倾角处理流程：构造分析、地应力分析。

4.1.2　成像测井应用

1）地层产状分析

FC-1 井构造倾角解释采用 eXpress 处理解释软件进行处理，其中窗长为 2.4m，步长为 0.5m。通过分层组对地层产状进行分析（因为本井进行了中完测井，具有地层倾角资料，故娄山关组、高台组—石冷水组、清虚洞组地层产状是利用地层倾角资料处理结果进行分析的）。

娄山关组地层（126.00～993.00m），从地层倾角矢量图上看，6 条微电阻率曲线高低电阻率变化明显，相关对比性较好，地层倾角矢量模式显示清楚。地层倾角大多为 2°～4°，地层倾向 292°～307°，地层向西偏北方向倾斜（图 4-3）。

高台组—石冷水组地层（993.00～1265.00m），从地层倾角矢量图上看，6 条微电阻率曲线高低电阻率变化明显，相关对比性较好，地层倾角矢量模式显示清楚。地层倾角大多为 2°～10°，地层倾向 52°，地层向东偏北方向倾斜（图 4-3）。

清虚洞组地层（1265.00～1508.00m），从地层倾角矢量图上看，相关对比性较差，地层倾角矢量模式显示不好（图 4-4）。

明心寺组下段地层（2224.00～2443.00m），从地层倾角矢量图上看，6 条微电阻率曲线高低电阻率变化明显，相关对比性较好，地层倾角矢量模式显示清楚。地层倾角大多为 6°～10°，地层倾向 300°左右，地层向西偏北方向倾斜（图 4-5）。

牛蹄塘组地层（2443.00～2547.00m），从地层倾角矢量图上看，6 条微电阻率曲线高低电阻率变化明显，相关对比性较好，地层倾角矢量模式显示清楚。地层倾角大多为 2°～4°，地层倾向 70°～80°，地层向东偏北方向倾斜（图 4-6）。

综上所述，FC-1 井主要目的层段牛蹄塘组地层倾角多在 2°～4°，地层倾向主要为 70°～80°，地层主要向东偏北方向倾斜。

① 1in = 25.4mm

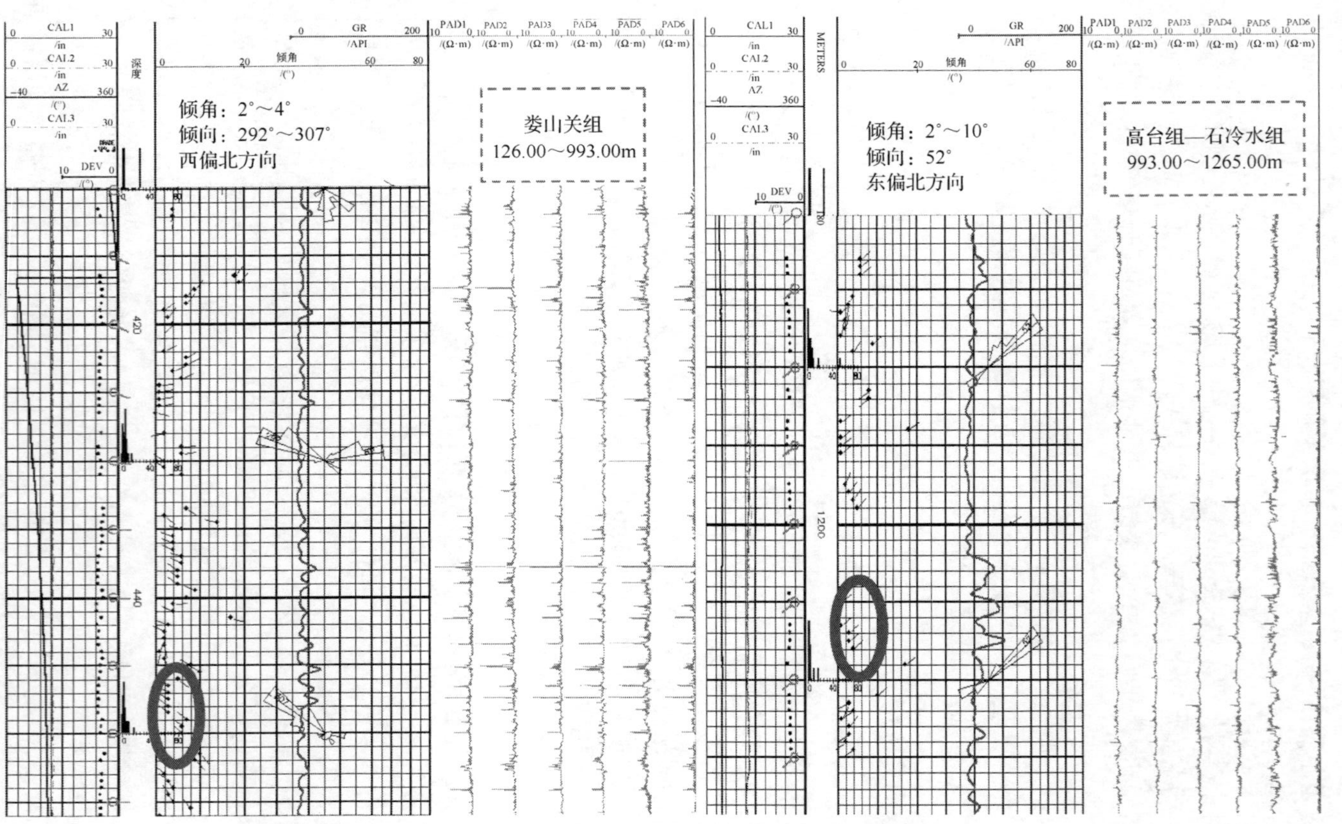

图4-3　FC-1井娄山关组和高台组—石冷水组地层倾角矢量图

资料来源：据贵州省非常规天然气勘探开发利用工程研究中心有限公司

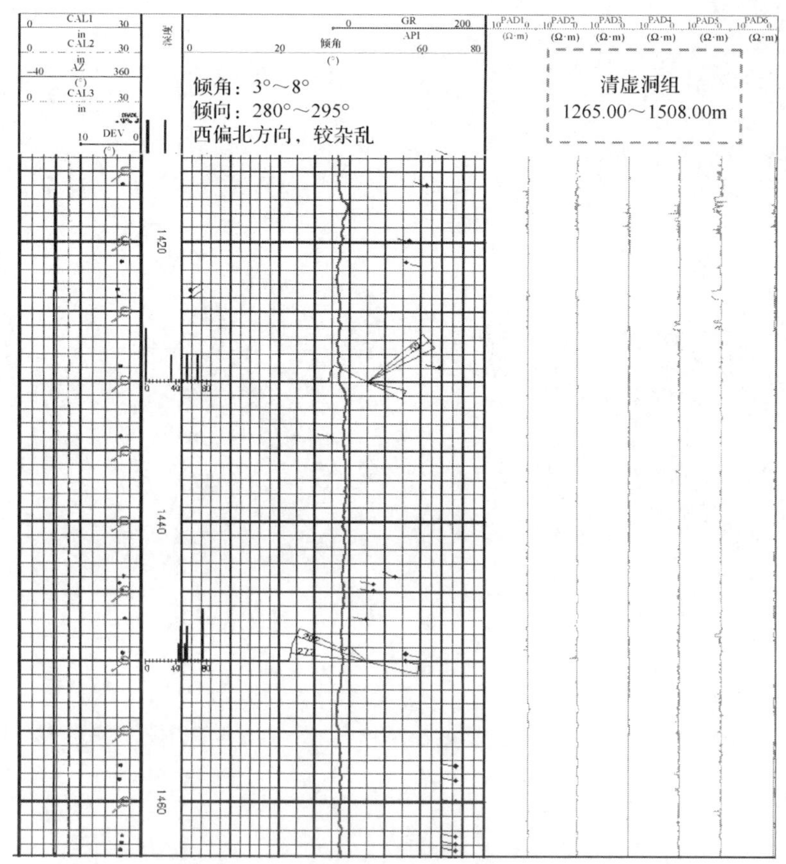

图 4-4　FC-1 井清虚洞组地层倾角矢量图

资料来源：贵州省非常规天然气勘探开发利用工程研究中心有限公司

2) 电成像识别岩性的方法

微电阻率扫描成像测井依据不同岩性在电学上的差异，分析岩石结构特征，结合常规测井资料，对储层岩性进行识别。高电阻率岩石在成像图上表现为亮色，低电阻率岩石则与之相反。利用成像测井资料可以分析储层夹层分布情况、井周岩性均匀情况等，为精细分析储层的测井响应特征提供依据。

FC-1 井岩性主要发育泥岩、碳质泥岩、硅质岩及过渡岩性。各岩性成像测井特征如下所述。

泥岩：自然伽马值为中高值，铀为低值，电阻率为中高值，声波时差为中值，体积密度为中高值，补偿中子为中高值，自然电位无异常，多发育水平层理(图 4-7)。

泥质粉砂岩：电阻率数值低于泥岩数值，微电阻率扫描成像图上表现为相对较暗颜色，局部可见泥质条带(图 4-8)。

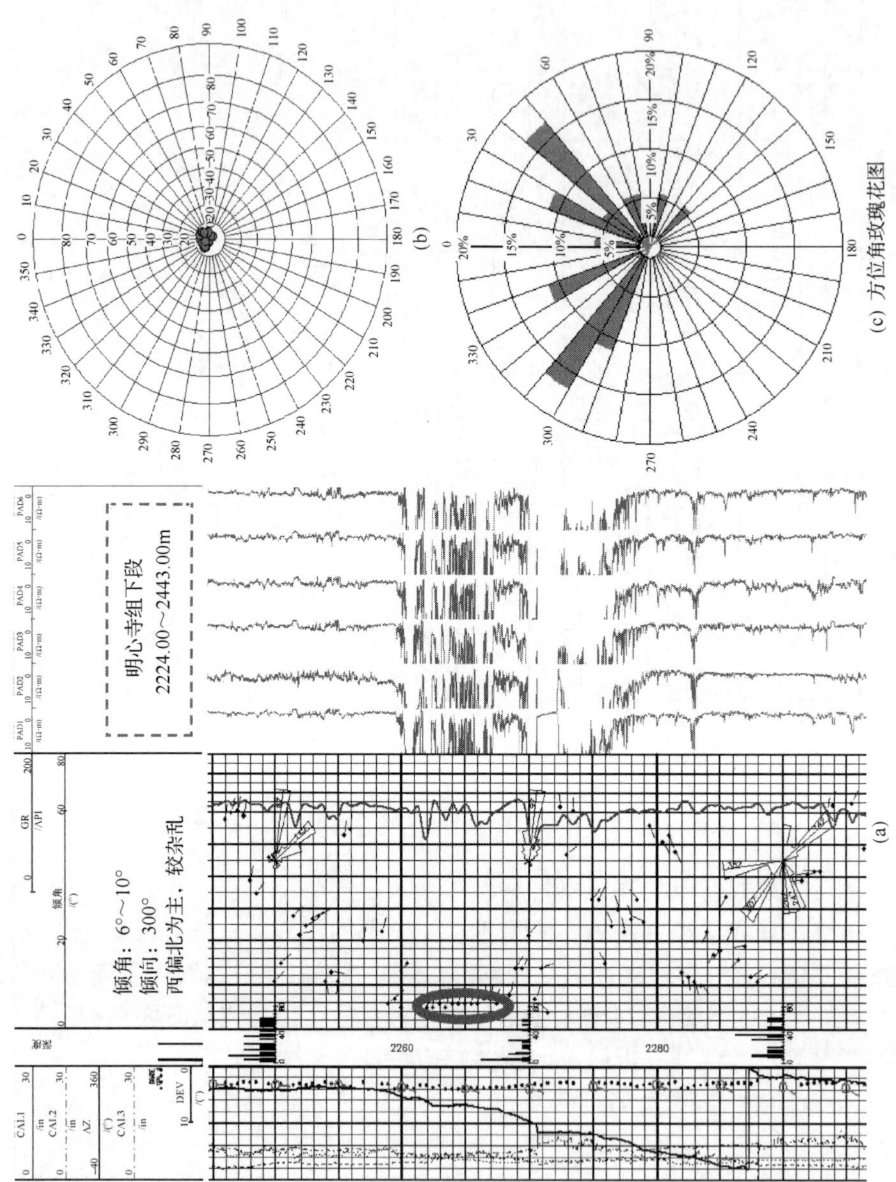

图4-5　FC-1井明心寺组下段地层倾角矢量图

资料来源：贵州省非常规天然气勘探开发利用工程研究中心有限公司

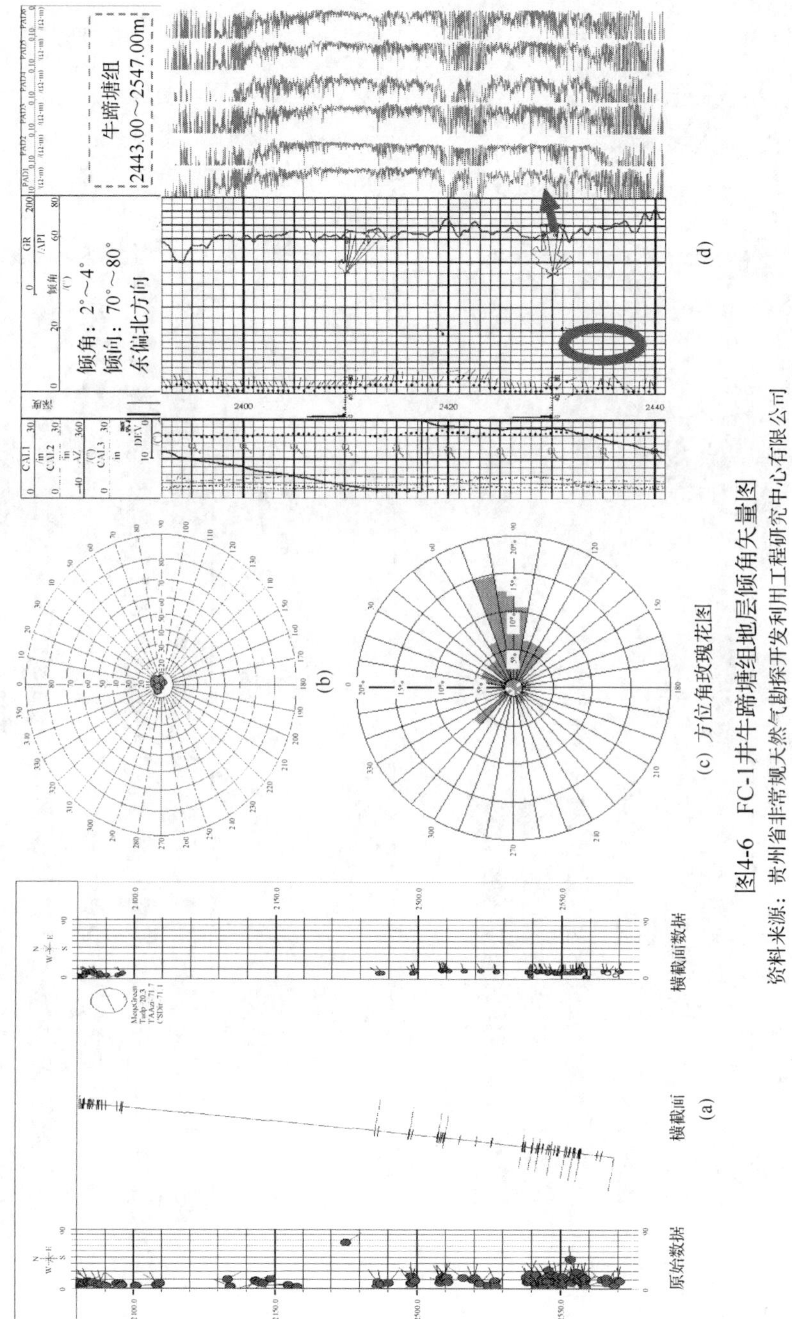

(c) 方位角玫瑰花图

图4-6　FC-1井牛蹄塘组地层倾角矢量图

资料来源：贵州省非常规天然气勘探开发利用工程研究中心有限公司

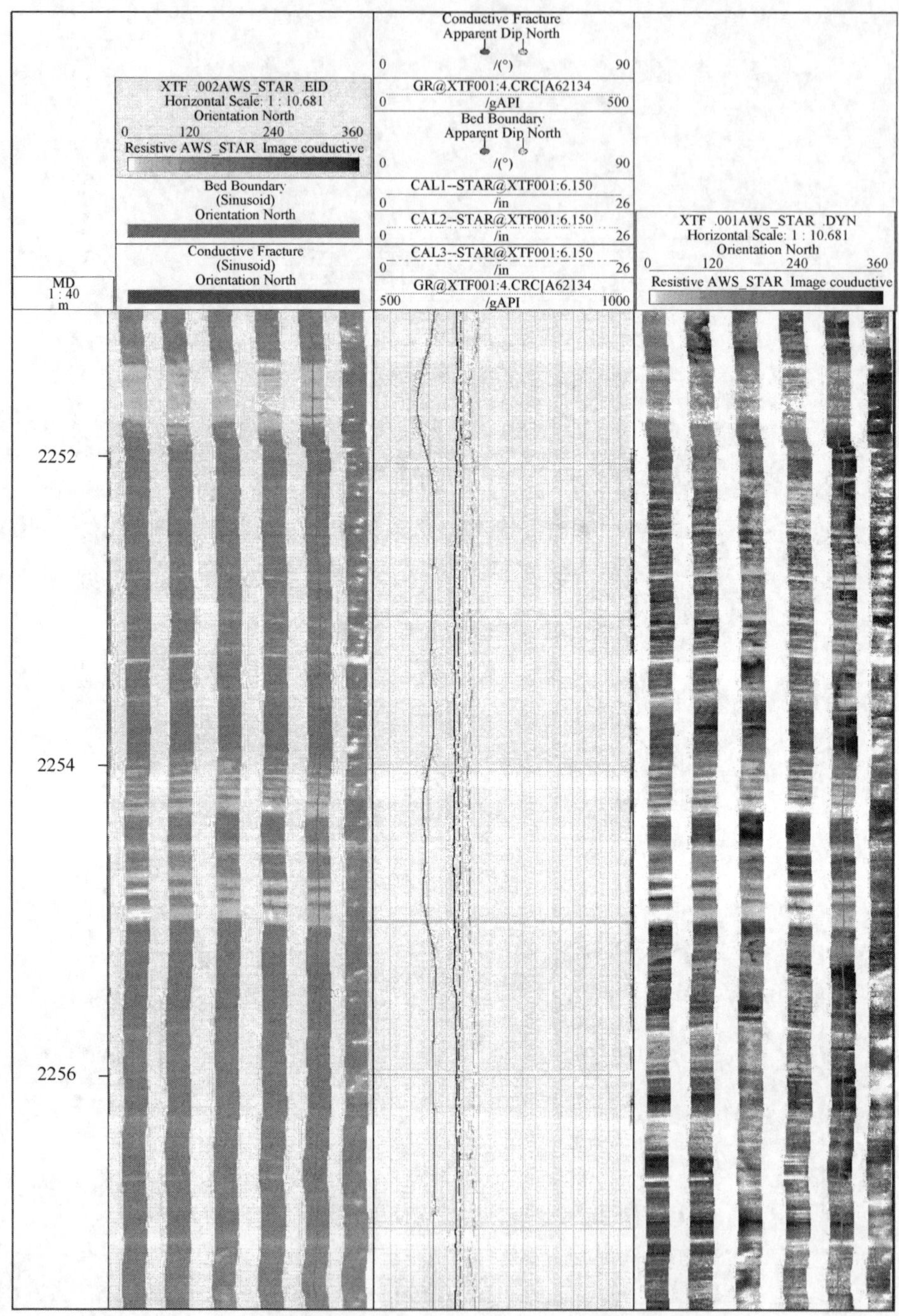

图 4-7　FC-1 井泥岩岩性识别图

资料来源：贵州省非常规天然气勘探开发利用工程研究中心有限公司

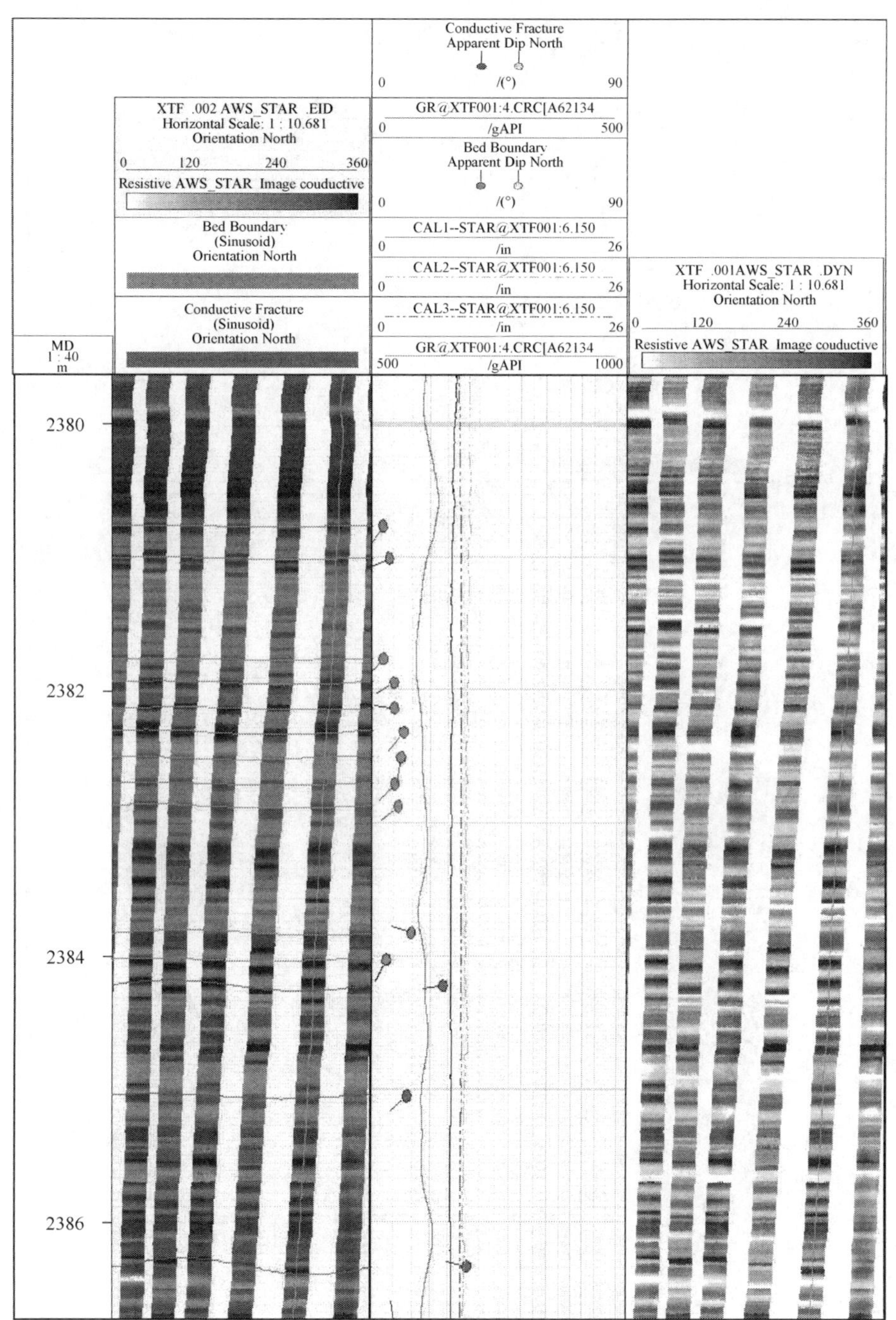

图 4-8 FC-1 井泥质粉砂岩岩性识别图

资料来源：贵州省非常规天然气勘探开发利用工程研究中心有限公司

灰质泥岩：自然伽马值为低值，微电阻率扫描成像图上表现为相对较浅的颜色(图 4-9)。

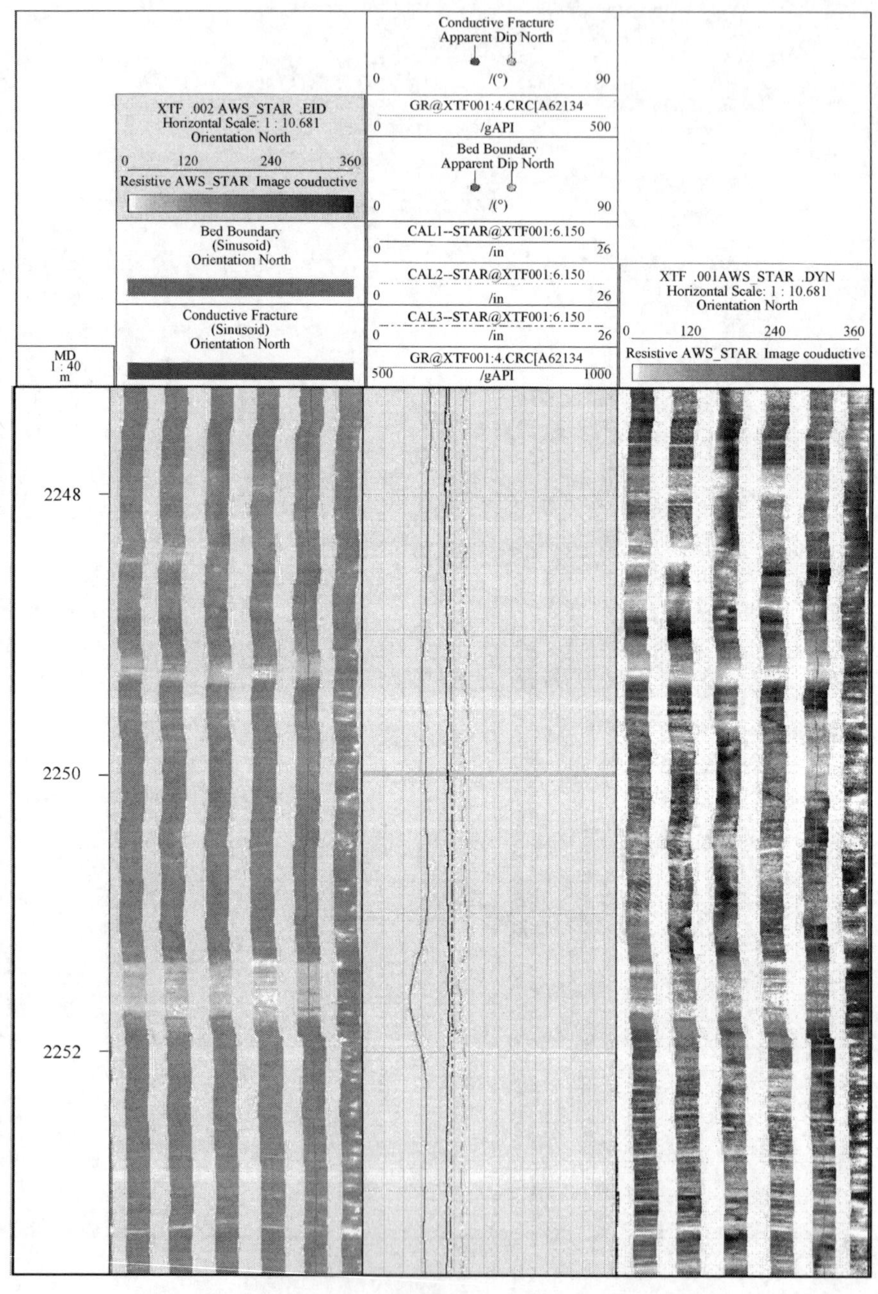

图 4-9　FC-1 井灰质泥岩岩性识别图

资料来源：贵州省非常规天然气勘探开发利用工程研究中心有限公司

粉砂质泥岩：自然伽马数值较高，从微电阻率扫描成像图中可以看出，该段颜色较亮，随着粉砂质的增多，颜色逐渐变暗(图 4-10)。

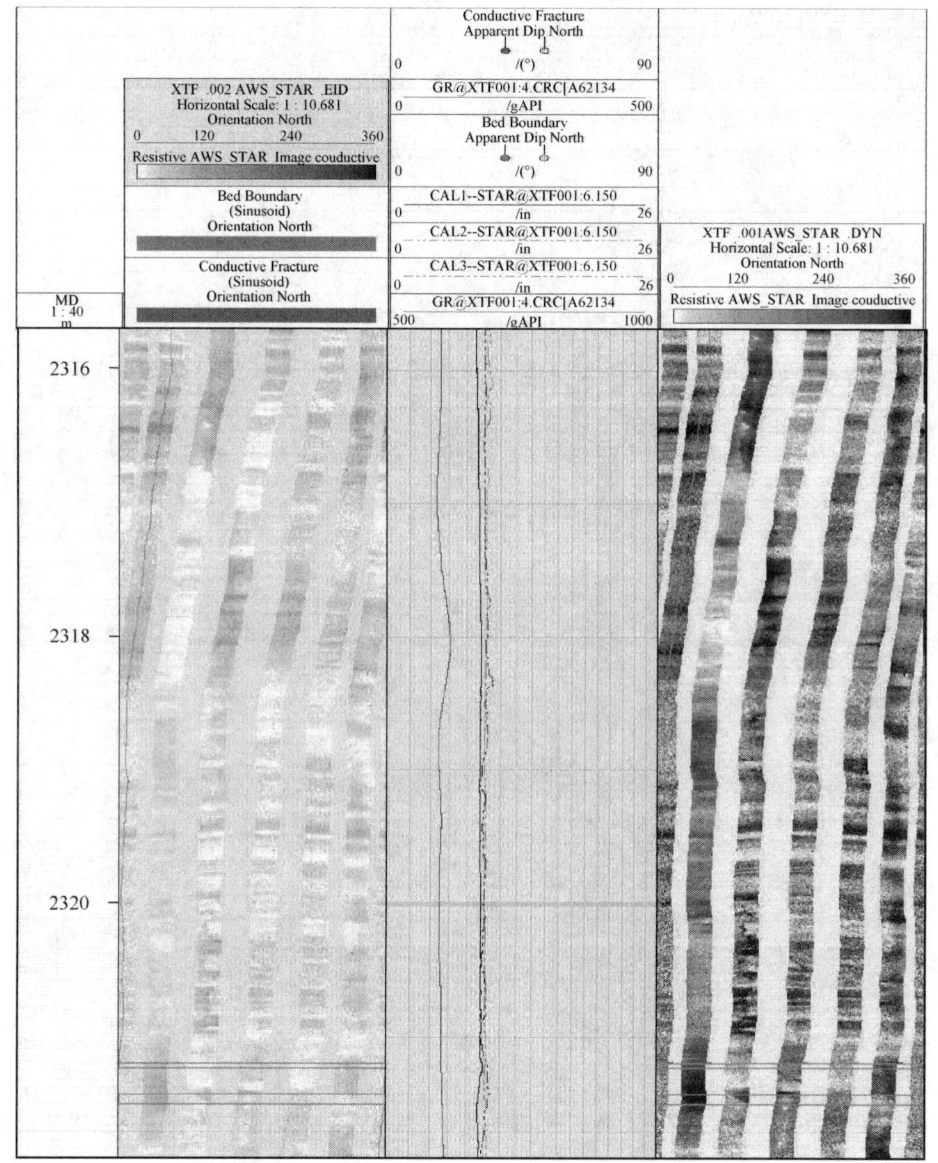

图 4-10　FC-1 井粉砂质泥岩岩性识别图

资料来源：贵州省非常规天然气勘探开发利用工程研究中心有限公司

碳质泥岩：和泥岩相比，自然伽马为高值，铀为高值，电阻率为低值，体积密度为中低值，补偿中子为中高值、声波时差为中高值，微电阻率扫描成像图上表现为较暗的颜色(图 4-11)。

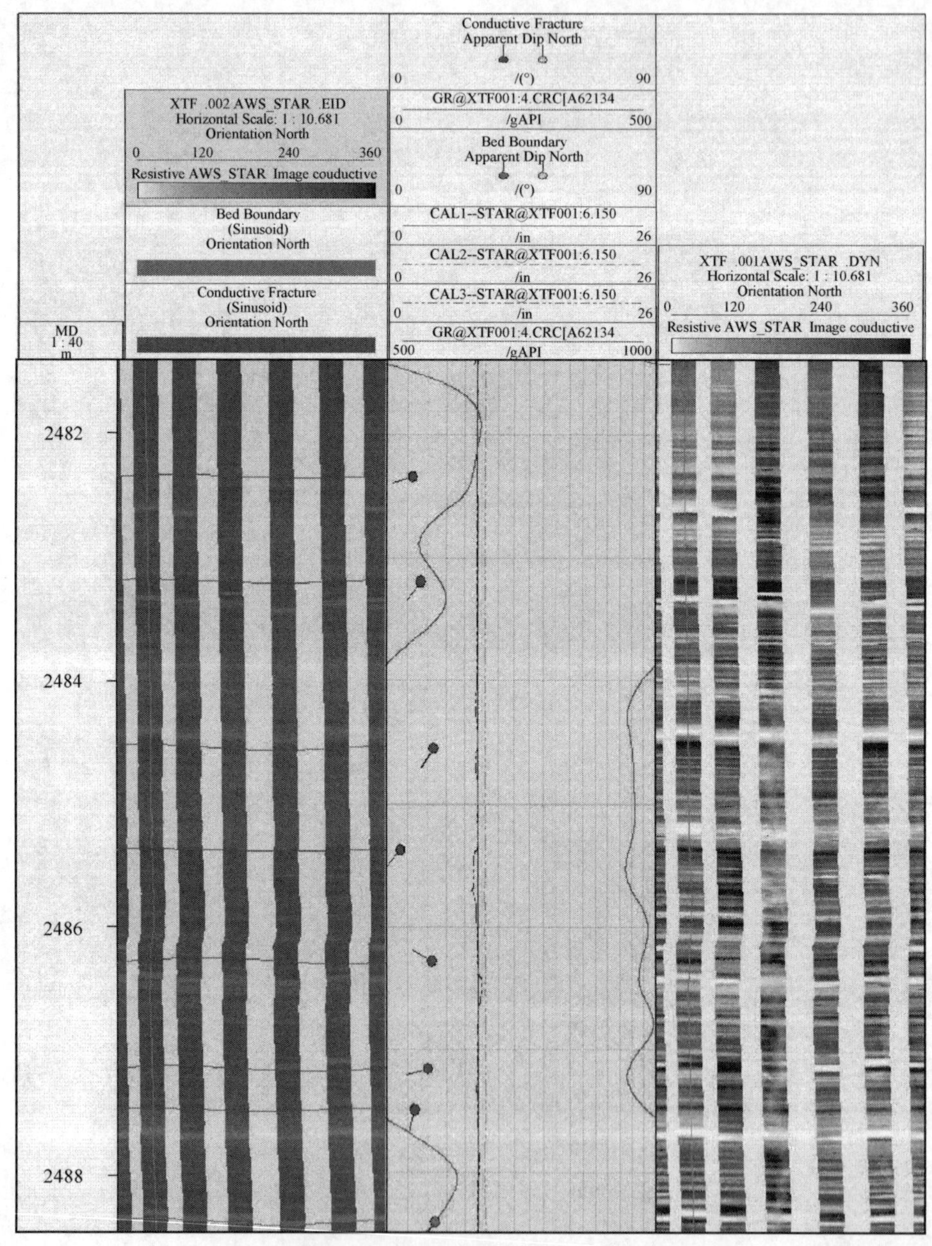

图 4-11　FC-1 井碳质泥岩岩性识别图

资料来源：贵州省非常规天然气勘探开发利用工程研究中心有限公司

硅质岩：自然伽马为中高值，铀为中低值，电阻率为中低值，体积密度为中高值，补偿中子为中低值，声波时差为中高值。微电阻率扫描成像图上显示颜色比碳质泥岩稍亮(图 4-12)。

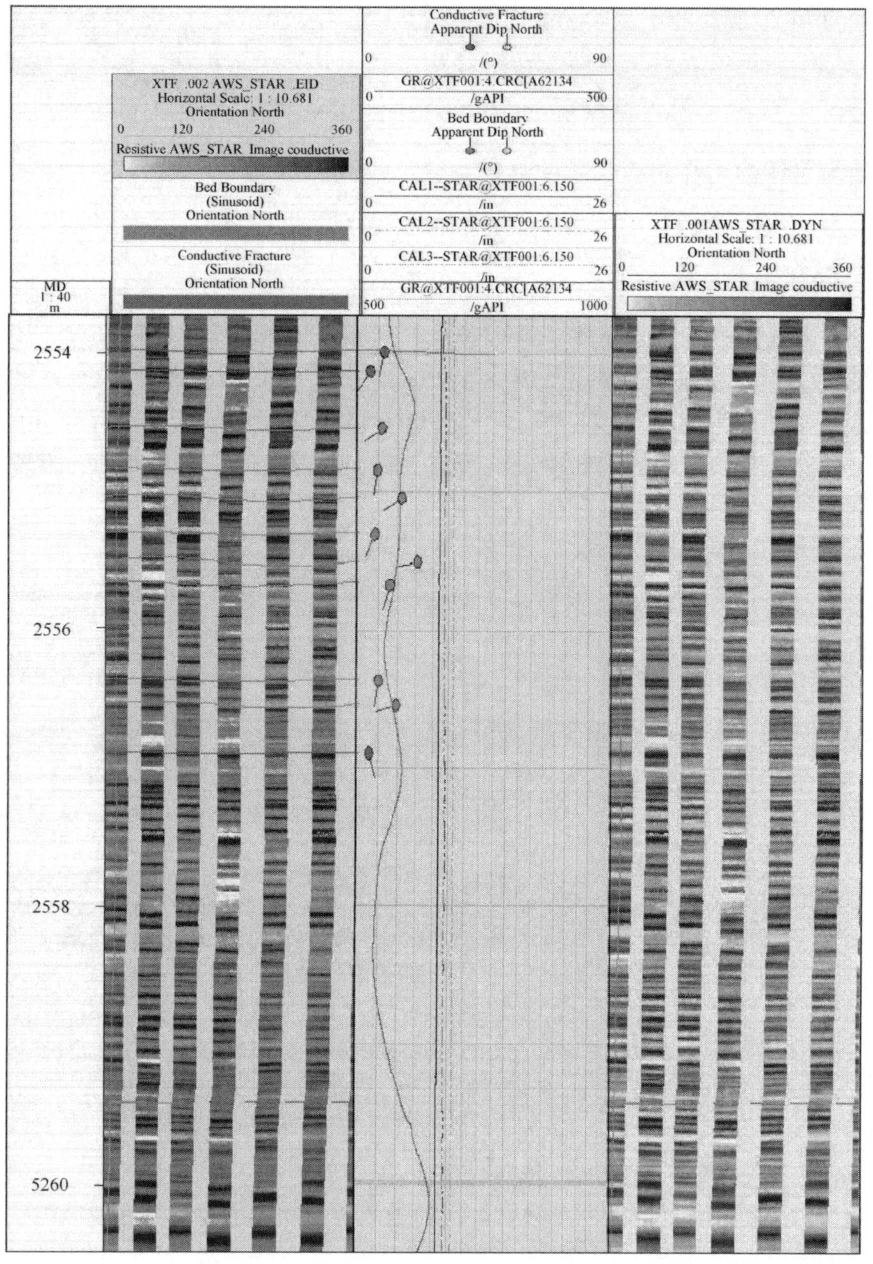

图 4-12　FC-1 井硅质岩岩性识别图

资料来源：贵州省非常规天然气勘探开发利用工程研究中心有限公司

4.2　交叉偶极子阵列声波测井资料分析

FC-1 井在 2226.00～2585.00m 井段进行了交叉偶极子阵列声波测井(XMAC)，利用提取的纵波时差、横波时差结合体积密度、孔隙度及地层矿物百分含量进行精细处理，对岩石力学性质进行分析。

4.2.1　交叉偶极子阵列声波仪器原理

XMAC 仪器长度为 27.15ft[①]，其声系排列依次为 T1、T3、T4、T2、R1、R2、R3、R4、R5、R6、R7、R8。两个单极发射器 T1 和 T2，两个偶极发射器 T3 和 T4，其中 T1 与 T3、T2 与 T4 的间距均为 9in，T3 和 T4 的间距为 1ft。接收器部分包括 8 个接收器组，相邻两个接收器组间距为 6in，第 1 组接收器位置与第 8 组接收器位置之间的间距为 42in。最低的接收器组位置 R1 与 T2 的间距为 102in。每组接收器位置上有两对接收器 。一对同上偶极发射器方向一致，用于接收上偶极信号；另一对同下偶极发射器方向一致，用于接收下偶极信号。对于偶极方式，每对接收器是分开传输的；对于单极方式，二者是合在一起传输的。

XMAC 仪器分单极、偶极、交叉偶极 3 种。

4.2.2　交叉偶极子阵列声波测井资料处理

1. 交叉偶极子阵列声波资料处理

交叉偶极子阵列声波测井资料采用阿特拉斯测井公司 eXpress 软件系统中的 Acoustics 软件包进行数字处理。软件包主要包括自动速度分析(WAVEAVAN)、岩石力学特性分析(MECHPROP)、斯通利波反射分析(WAVESPRN)、地层横波各向异性分析(WAVEXDAN) 4 个程序。

WAVEAVAN 程序：采用单极源波形，应用该程序可提取出纵波时差(DTC)、横波时差(DTS)(横波时差也可应用该程序由偶极源波形提取)、斯通利波时差(DTST)，同时得到纵波传播时间 TTC、横波传播时间 TTS、斯通利波传播时间 TTST。

MECHPROP 程序：将 WAVEAVAN 程序中提取出的声波信息与常规密度曲线及常规处理的泥质含量、孔隙度等曲线相结合可计算出地层岩石力学参数及地层破裂压力梯度。

WAVESPRN 程序：采用单极源波形，应用该程序可处理斯通利波及其反射波和斯通利波时差及其传播时间。斯通利波反射波可以反映地层的层界面及地层的裂缝。

WAVEXDAN 程序：采用偶极源波形，应用该程序可处理地层的各向异性剖

① 1ft = 304.8mm

面。若地层有走向裂缝及地应力异常，则在各向异性剖面上都有反映。

2. FC-1 井各层组岩石力学强度分析

1) 明心寺组

本层组砂岩平均纵波时差为 57.70μs/ft，平均横波时差为 101.32μs/ft，平均纵横波速度比为 1.75。解释分析得到本组砂岩的弹性模量在 5.43×10^4～6.11×10^4MPa 变化，平均值为 5.83×10^4MPa；体积模量为 3.63×10^4～4.39×10^4MPa，平均值为 4.05×10^4MPa；泊松比为 0.25～0.27，平均值为 0.26；破裂压力为 53.29～61.11MPa，平均值为 56.23MPa；脆性指数为 35.44～42.84，平均值为 38.14(图 4-13)。

泥岩平均纵波时差为 60.14μs/ft，平均横波时差为 106.57μs/ft，平均纵横波速度比为 1.77。解释分析得到泥岩的弹性模量为 5.00×10^4～5.84×10^4MPa，平均值为 5.39×10^4MPa；体积模量为3.68×10^4～4.01×10^4MPa，平均值为 3.83×10^4MPa；泊松比为 0.25～0.28，平均值为 0.27MPa；破裂压力为 53.61～59.02MPa，平均值为 55.45MPa (图 4-13)。

第 48 号层，平均纵波时差为 57.30μs/ft，平均横波时差为 103.27μs/ft，平均纵横波速度比为 1.80。解释分析得到该层的平均弹性模量为 5.48×10^4MPa，平均体积模量为 4.07×10^4MPa，平均泊松比为 0.28，平均破裂压力为 54.78MPa，平均脆性指数为 28.62(图 4-13)。

第 49 号层，平均纵波时差为 58.47μs/ft，平均横波时差为 104.23μs/ft，平均纵横波速度比为 1.78。解释分析得到该层的平均弹性模量为 4.92×10^4MPa，平均体积模量为 3.58×10^4MPa，平均泊松比为 0.27，平均破裂压力为 52.91MPa，平均脆性指数为 24.64(图 4-13)。

第 50 号层，平均纵波时差为 55.28μs/ft，平均横波时差为 104.12μs/ft，平均纵横波速度比为 1.88。解释分析得到该层的平均弹性模量为 6.06×10^4MPa，平均体积模量为 5.15×10^4MPa，平均泊松比为 0.30，平均破裂压力为 64.65MPa，平均脆性指数为 28.12(图 4-13)。

2) 牛蹄塘组

本层组碳质泥岩平均纵波时差为 62.41μs/ft，平均横波时差为 107.35μs/ft，平均纵横波速度比为 1.72。解释分析得到碳质泥岩的弹性模量为 2.32×10^4～6.19×10^4MPa，平均值为 4.91×10^4MPa；体积模量为 1.75×10^4～4.96×10^4MPa，平均值为 3.20×10^4MPa；泊松比为 0.20～0.33，平均值为 0.24；破裂压力为 39.02～67.14MPa，平均值为 59.27MPa；脆性指数为 12.02～51.87，平均值为 34.07(图 4-14)。

泥岩平均纵波时差为 62.86μs/ft，平均横波时差为 106.28μs/ft，平均纵横波速度比为 1.69。解释分析得到泥岩的弹性模量为 3.04×10^4～5.07×10^4MPa，平均值为 4.06×10^4MPa；体积模量为 1.86×10^4～3.34×10^4MPa，平均值为 2.60×10^4MPa；泊松比为 0.21～0.24，平均值为 0.23；破裂压力为 45.83～61.37MPa，平均值为 53.60MPa (图 4-14)。

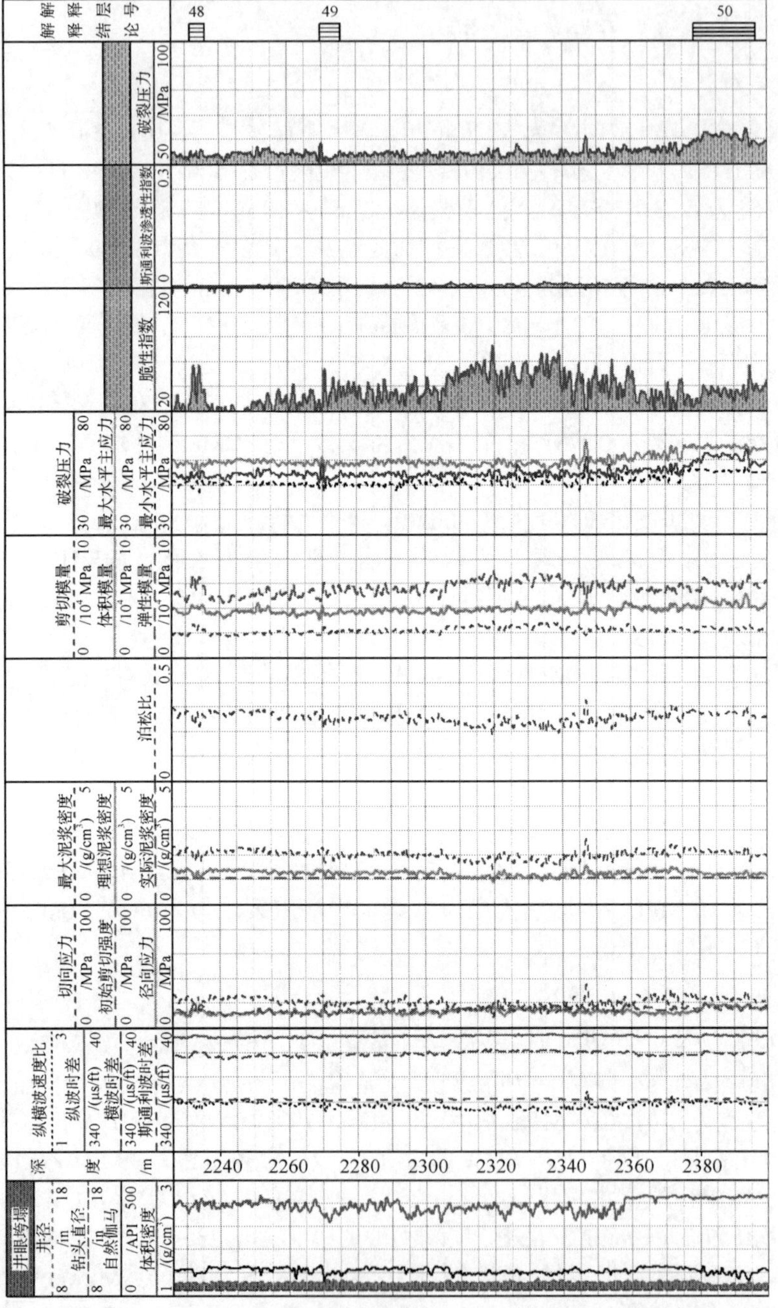

图4-13　FC-1井岩石力学强度分析成果图(明心寺组)

资料来源：贵州省非常规天然气勘探开发利用工程研究中心有限公司

第 51 号层，平均纵波时差为 62.29μs/ft，平均横波时差为 109.12μs/ft，平均纵横波速度比为 1.83。解释分析得到该层的平均弹性模量为 4.99×10^4MPa，平均体积模量为 3.90×10^4MPa，平均泊松比为 0.29，平均破裂压力为 63.46MPa，平均脆性指数为 20.28(图 4-14)。

第 52 号层严重扩径，导致阵列声波测井值变化异常，测井数值仅供参考。该层平均纵波时差为 63.17μs/ft，平均横波时差为 106.55μs/ft，平均纵横波速度比为 1.99。解释分析得到该层的平均弹性模量为 2.32×10^4MPa，平均体积模量为 2.25×10^4MPa，平均泊松比为 0.33，平均破裂压力为 39.02MPa，平均脆性指数为 12.02(图 4-14)。

第 53 号层，平均纵波时差为 55.22μs/ft，平均横波时差为 98.02μs/ft，平均纵横波速度比为 1.84。解释分析得到该层的平均弹性模量为 6.19×10^4MPa，平均体积模量为 4.96×10^4MPa，平均泊松比为 0.29，平均破裂压力为 66.17MPa，平均脆性指数为 32.96(图 4-14)。

第 54 号层顶底部位受岩性影响自然伽马数值高，计算的各项力学参数变化较大，而储层中部 2484.12～2487.60m 自然伽马数值明显降低，计算的各项力学参数均质性较好，平均纵波时差为 62.15μs/ft，平均横波时差为 106.18μs/ft，平均纵横波速度比为 1.71。解释分析得到该层的平均弹性模量为 5.30×10^4MPa，平均体积模量为 3.38×10^4MPa，平均泊松比为 0.24，平均破裂压力为 60.41MPa，平均脆性指数为 37.43(图 4-14)。

第 55 号层，平均纵波时差为 56.21μs/ft，平均横波时差为 96.43μs/ft，平均纵横波速度比为 1.83。解释分析得到该层的平均弹性模量为 5.83×104MPa，平均体积模量为 4.54×10^4MPa，平均泊松比为 0.29，平均破裂压力为 65.47MPa，平均脆性指数为 29.75(图 4-14)。

第 56 号层，平均纵波时差为 58.19μs/ft，平均横波时差为 100.01μs/ft，平均纵横波速度比为 1.83。解释分析得到该层的平均弹性模量为 5.52×104MPa，平均体积模量为 4.33×10^4MPa，平均泊松比为 0.29，平均破裂压力为 67.14MPa，平均脆性指数为 26.36(图 4-14)。

第 57 号层，平均纵波时差为 62.66μs/ft，平均横波时差为 104.68μs/ft，平均纵横波速度比为 1.75。解释分析得到该层的平均弹性模量为 4.96×104MPa，平均体积模量为 3.40×10^4MPa，平均泊松比为 0.26，平均破裂压力为 62.35MPa，平均脆性指数为 28.40(图 4-14)。

第 58 号层，平均纵波时差为 61.99μs/ft，平均横波时差为 106.91μs/ft，平均纵横波速度比为 1.84。解释分析得到该层的平均弹性模量为 4.67×104MPa，平均体积模量为 3.69×10^4MPa，平均泊松比为 0.29，平均破裂压力为 65.69MPa，平均脆性指数为 15.91(图 4-14)。

第 59 号层，平均纵波时差为 63.52μs/ft，平均横波时差为 102.93μs/ft，平均纵横波速度比为 1.66。解释分析得到该层的平均弹性模量为 5.08×10^4MPa，平均体积模量为 2.95×10^4MPa，平均泊松比为 0.22，平均破裂压力为 60.53MPa，平均脆性指数为 51.87(图 4-14)。从计算的脆性指数和斯通利波渗透性指数可以看出，该层脆性指数、斯通利波渗透性指数较大，说明该层储层物性较好，岩石可压性好于上部地层。

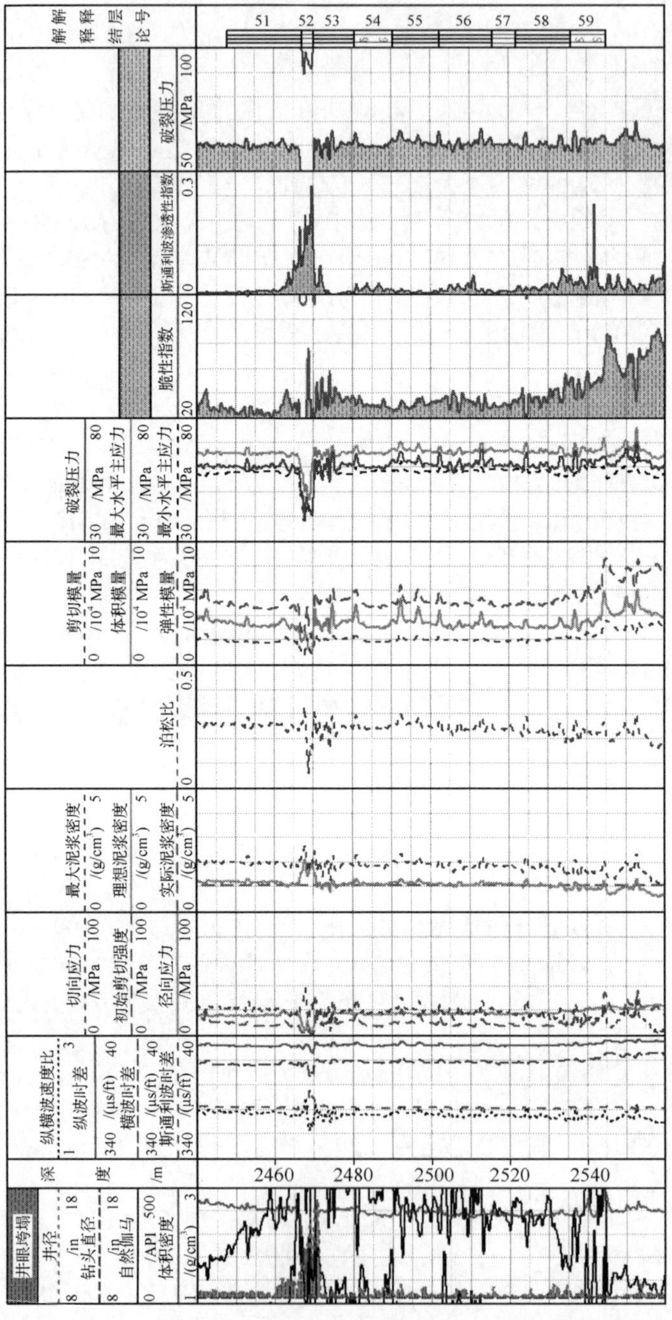

图4-14　FC-1井岩石力学强度分析成果图(牛蹄塘组)

资料来源：据贵州省非常规天然气勘探开发利用工程研究中心有限公司

综合本井各层组岩石力学强度，可以得出以下结论：第 59 号层平均脆性指数相对最高，为 51.87，平均破裂压力为 60.53MPa，可压性好；第 54 号层平均脆性指数相对较高，但比 59 号层低，为 37.43，平均破裂压力 60.41MPa，可压性较好。

4.2.3　地应力大小及方向分析

1) 地应力的计算

地应力包括垂直应力和水平应力。垂直应力是由地心引起的应力场，一般又称为重力应力场或上覆岩的压应力。

$$S_z = g\int_0^h \rho(h)\mathrm{d}_h + X \tag{4-1}$$

式中，S_z 为垂直应力；g 为重力加速度；h 为深度；X 为偏移值水平地应力；ρ 为地层密度。

计算水平地应力可用莫尔–库仑应力模型。该模型不考虑地层的形变机理和主应力方向，因此既可用于拉张型盆地也可用于挤压型盆地。

最小水平主应力：

$$S_x = \frac{S_z}{\tan^2\gamma} + \left(1 - \frac{1}{\tan^2\gamma}\right)P_\mathrm{p} \tag{4-2}$$

最大水平主应力：

$$S_y = K_\mathrm{e}S_x \tag{4-3}$$

其中：

$$\gamma = \pi/4 + \varphi_0/2 \tag{4-4}$$

式中，φ_0 为岩石的内摩擦角；γ 为摩擦系数；P_p 为孔隙压力；K_e 为最大主应力与最小主应力的比值；π 为角度，此处为 180°。

FC-1 井计算的最大主应力为 59.41～67.91MPa，平均值为 64.66MPa；最小主应力为 51.22～60.84MPa，平均值为 56.78MPa（图 4-13，图 4-14）。

2) 地应力的方向

根据各向异性提供的横波方位，可以确定最大水平主应力方向。FC-1 井井径曲线形态规则，仅在 2460.00～2472.30m 处扩径严重，导致该处各向异性受井径扩径影响较大，不能准确反映地应力方向。测量段上部（2260.00～2460.00m）略有扩径，测量段下部（2472.30～2585.00m）井径曲线数值接近钻头直径，不影响地应力方向的判断，全井地层最大水平主应力方向在 50°～90°，为北东东方向（图 4-15）。

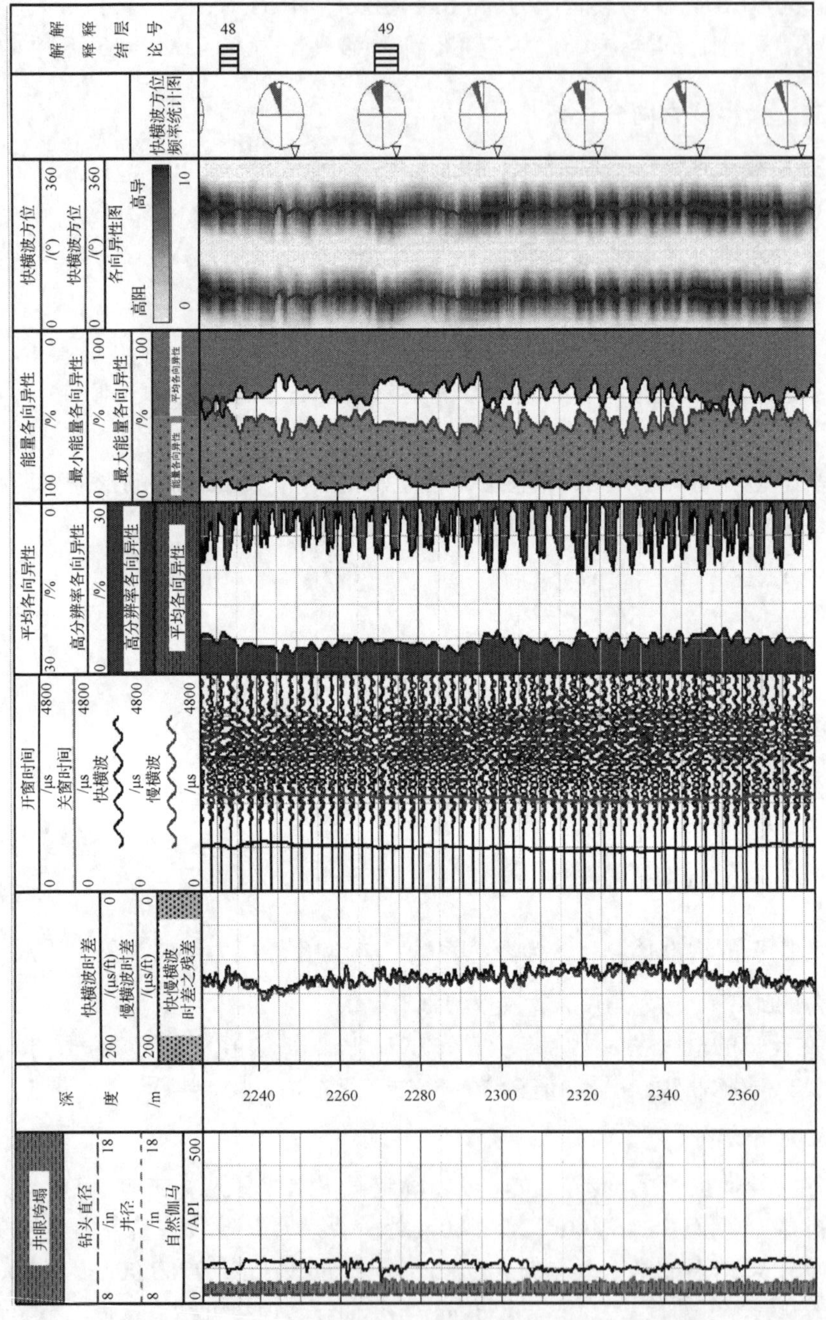

图4-15　FC-1井各向异性分析成果图

资料来源：贵州省非常规天然气勘探开发利用工程研究中心有限公司

4.2.4　脆性评价

泊松比：弹性体只受法向应力作用时，横向缩短和纵向伸长的比值(又称横向压缩系数)是表示材料力学性质的一个重要参数，无量纲，任何材料均在 0～0.5。泊松比越大，表示弹性越小，塑性越大，岩石越容易断裂或压裂。而泥岩泊松比大，表示塑性大，易变形。

弹性模量：拉伸应力(法向应力)和同方向上的相对伸长(沿法向应力方向的应变)的比值。其意义为弹性体发生单位线应变时，弹性体产生的应力大小。它用来度量岩石的抗张应力大小，是岩石张变弹性强弱的标志。该值的大小表示弹性体或弹性材料在外力作用下变形的难易程度，是材料弹性力学性质的一个重要参数，其量纲和应力相同。

泊松比与弹性模量的性质都可以反映岩石脆性，但是由于单位不同，不能按照标准评价，这里将其归一化，生成两条脆性曲线，应用算数平均，对储层脆性进行综合评价。

$$\mathrm{BI_{YMOD}} = 100 \times \frac{\mathrm{YMOD} - \mathrm{YMOD_{min}}}{\mathrm{YMOD_{max}} - \mathrm{YMOD_{min}}} \tag{4-5}$$

$$\mathrm{BI_{POIS}} = 100 \times \frac{\mathrm{POIS} - \mathrm{POIS_{max}}}{\mathrm{POIS_{min}} - \mathrm{POIS_{max}}} \tag{4-6}$$

式中，$\mathrm{BI_{YMOD}}$ 为基于弹性模量的脆性指数；$\mathrm{BI_{POIS}}$ 为基于泊松比的脆性指数；POIS 为泊松比；YMOD 为弹性模量。

破裂压力值低、脆性指数高的地层，易于压裂。综合分析，FC-1 井碳质泥岩储层段脆性指数值在 19.14～51.87，脆性相对较强的井段首先是 2524.0～2545.0m 井段，厚度为 21.0m；其次是 2462.0～2490.6m 井段，厚度为 28.6m。

4.2.5　气层识别

在其他地层条件相同的情况下，如果地层中有天然气存在，那么纵波速度受影响较大，纵波时差会相应地增大，纵波幅度衰减，而横波基本不受影响。这是利用纵、横波速度识别气层的基础。

一般情况下，当地层含气时，纵波时差增大，纵横波速度比、体积模量、泊松比减小。因此可以利用体积模量和泊松比、纵波时差和纵横波速度比曲线重叠快速直观地识别气层。FC-1 井碳质泥岩段储层第 54、59 号层，体积模量和泊松比、纵波时差和纵横波速度比曲线重叠后存在包络面积，且纵波幅度有一定的衰减，均为含气指示，结合常规曲线解释第 54、59 号层为差气层(图 4-16)。

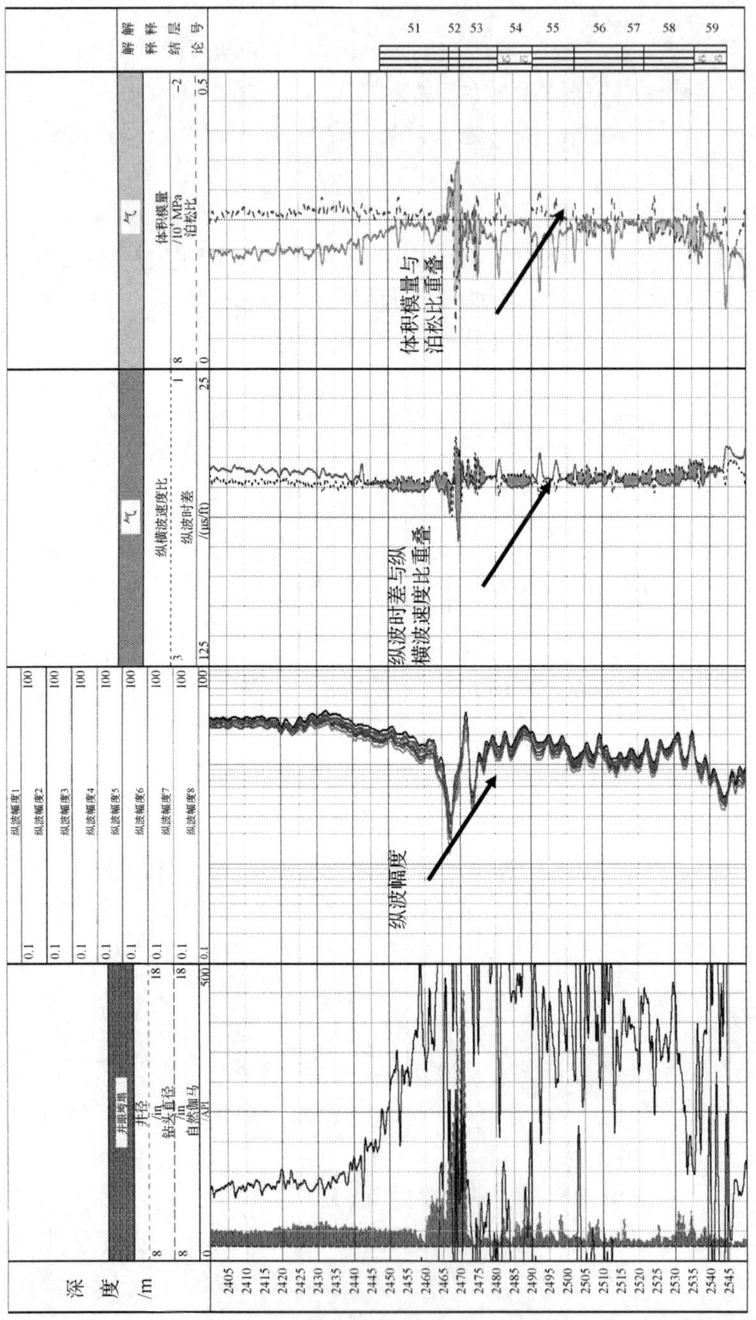

图4-16　FC-1井气层识别图

资料来源：贵州省非常规天然气勘探开发利用工程研究中心有限公司

4.3　自然伽马能谱测井资料分析

自然伽马能谱测井的目的是对地层中元素产生的天然放射性进行能谱分析，在地层中，铀(U)、钍(Th)、钾(K)等放射性元素所释放的自然伽马射线能量为0.5～2.5MeV，都有各自的特征能谱，测井时采集系统根据不同的能量窗口对井下仪器探测到的地层总谱进行剥谱，确定地层中常见的放射性元素 U、Th、K 的含量，研究各元素在地层岩石中的分布规律。一般而言，放射性元素的分布与岩石的沉积环境、生油情况、物质来源、地下水的活动和黏土类型及黏土含量等一系列地质因素有关。

4.3.1　自然伽马能谱测井概述

油气田测井中常遇到的是黏土岩、碎屑岩和化学岩。黏土岩主要由黏土矿物组成，是分布最广、最稳定的一类沉积岩。黏土岩中富含有机质，与油气生成有关，同时致密的黏土岩又可以成为盖层，根据黏土岩的颜色还可以确定古沉积环境，因此利用测井资料研究黏土岩很有意义。一般来说，普通黏土岩中 K 和 Th 的含量较高，而 U 的含量较低(相对于 K 和 Th)，但在还原环境时，尤其是当黏土岩含有有机物和硫化物时，黏土颗粒对 U 离子的吸附作用增强，导致黏土的 U 含量明显增高。因此，根据这一特点，可以评价黏土岩的有机质丰度；同时，还可以利用能谱测井资料对一些复杂岩性地层进行岩性划分。

4.3.2　FC-1 井自然伽马能谱测井资料分析

1) 判别黏土类型

从 FC-1 井自然伽马能谱测井的 Th-K 交会图分析，本井娄山关组地层的黏土矿物类型以混合类型和伊利石为主，含有少量云母；高台组—石冷水组地层的黏土矿物类型以混合类型和伊利石为主，含有少量云母及海绿石；清虚洞组地层的黏土矿物类型以混合类型和伊利石为主；金顶山组地层的黏土矿物类型以混合类型和伊利石为主；明心寺组下段地层的黏土矿物类型以混合类型为主；牛蹄塘组地层的黏土矿物类型以混合类型和伊利石为主，含有少量的高岭石；灯影组地层的黏土矿物类型以混合类型和伊利石为主，含有少量云母。主要目的层段牛蹄塘组 K 的分布区间为 0.6%～3.0%，Th 的分布区间为 2.9×10^{-6}～16.0×10^{-6}(图 4-17)。

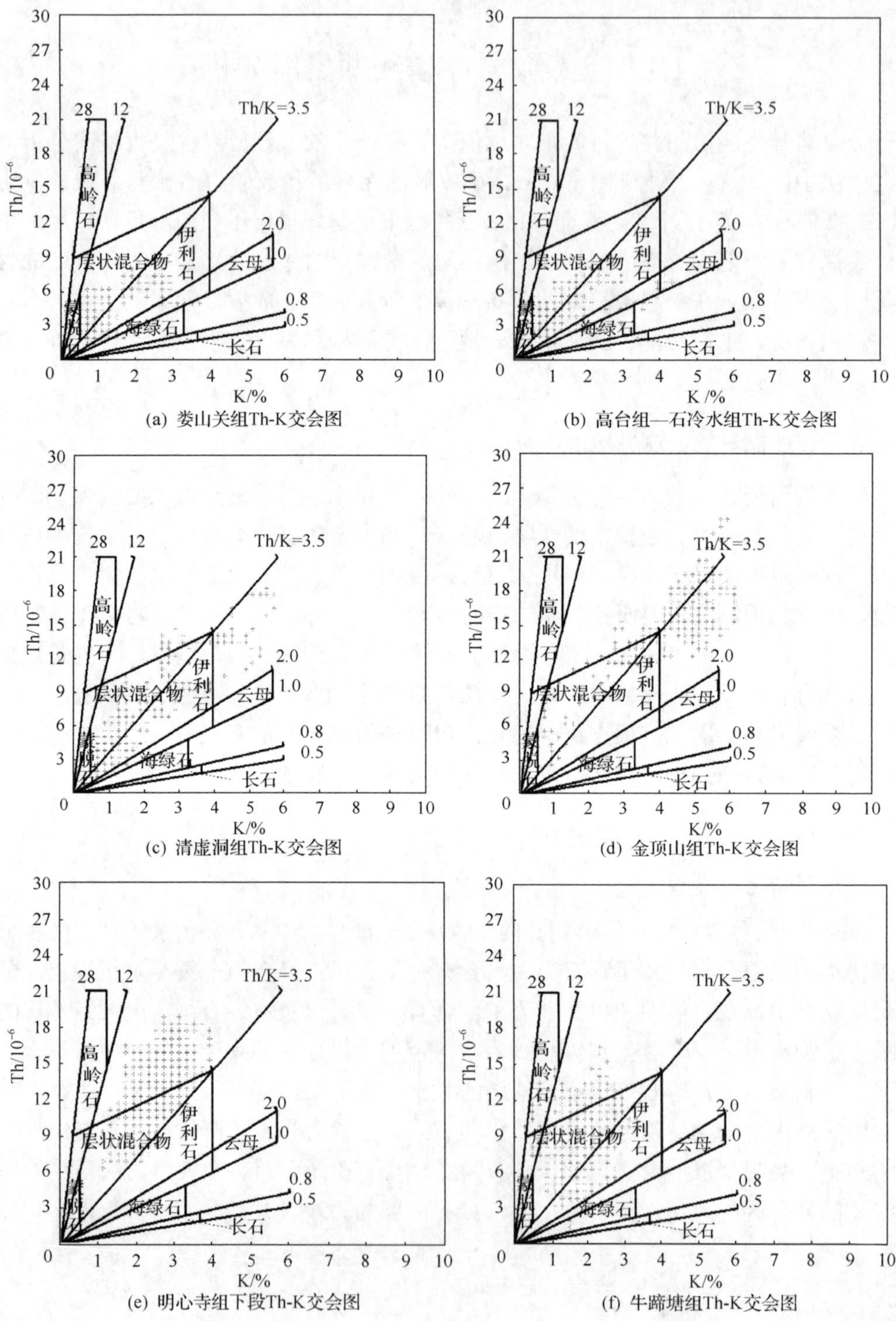

(a) 娄山关组Th-K交会图

(b) 高台组—石冷水组Th-K交会图

(c) 清虚洞组Th-K交会图

(d) 金顶山组Th-K交会图

(e) 明心寺组下段Th-K交会图

(f) 牛蹄塘组Th-K交会图

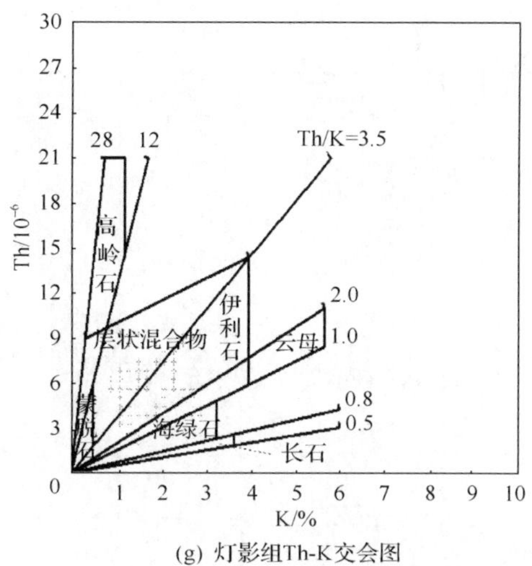

(g) 灯影组Th-K交会图

图 4-17　FC-1 井 Th-K 交会图

资料来源：贵州省非常规天然气勘探开发利用工程研究中心有限公司

2) 沉积环境分析

从自然伽马能谱测井成果图上分析，FC-1 井所测井段内发育有明显的高 U 储层，主要集中在 2443.00～2545.00m，U 含量最高达到 117.5×10^{-6}(图 4-18)。

Th/U 大于 7 为陆相沉积，氧化环境或风化壳；Th/U 小于 7 为海相沉积，灰色和绿色泥岩；Th/U 小于 2 为海相黑色泥岩，磷酸盐岩(洪有密，2008)。FC-1 井利用自然伽马能谱资料，分不同沉积阶段做 Th-U 交会图，对不同的地层进行沉积环境分析。通过分析认为，FC 井娄山关组、高台组—石冷水组、清虚洞组和明心寺组下段的 Th-U 交会图点子主要落在 2.0～7.0，沉积环境以弱氧化-弱还原环境到还原环境为主；金顶山组 Th-U 的交会图点子落在 7.0 附近，沉积环境为弱氧化-弱还原环境到氧化环境；牛蹄塘组、灯影组的 Th-U 交会图点子主要落在小于 2.0 的区域，沉积环境为还原环境(图 4-19)。

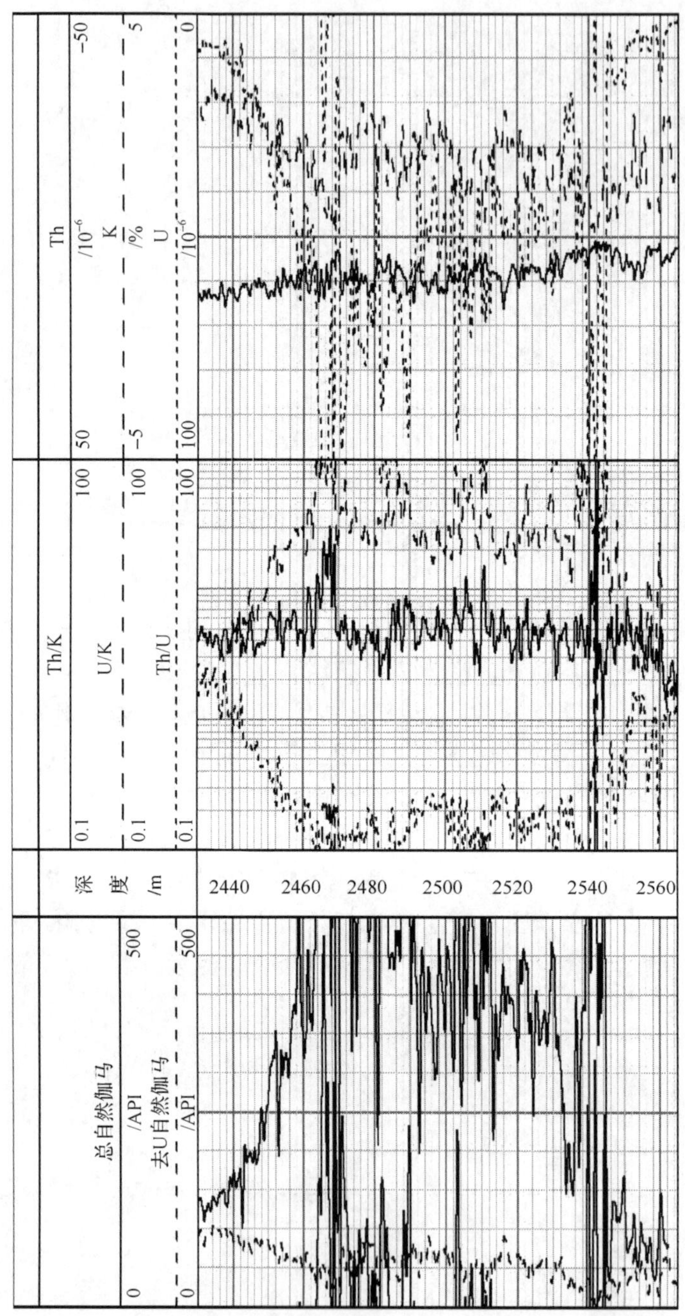

图4-18 FC-1井自然伽马能谱成果图

资料来源：贵州省非常规天然气勘探开发利用工程研究中心有限公司

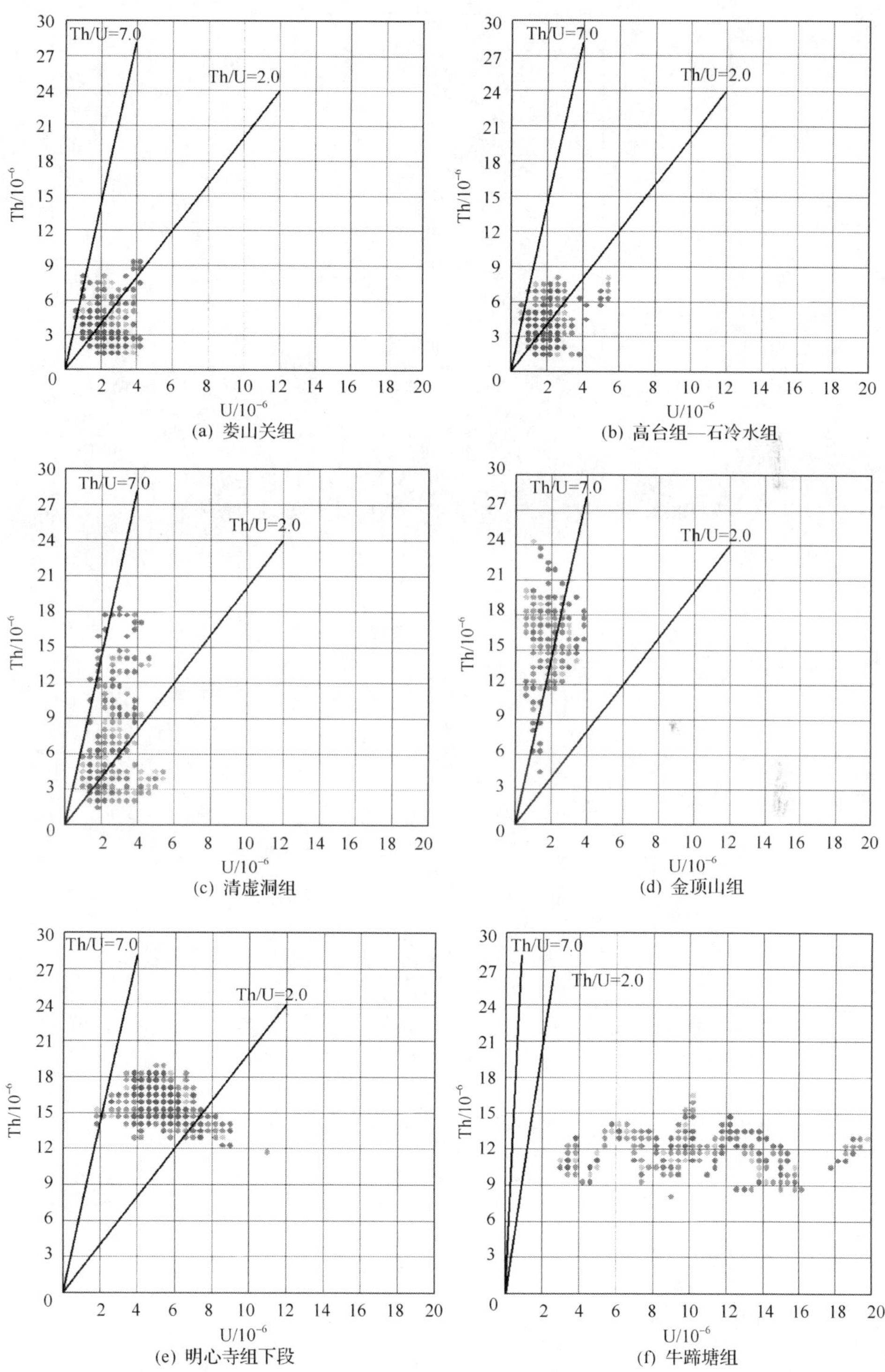

(a) 娄山关组　(b) 高台组—石冷水组

(c) 清虚洞组　(d) 金顶山组

(e) 明心寺组下段　(f) 牛蹄塘组

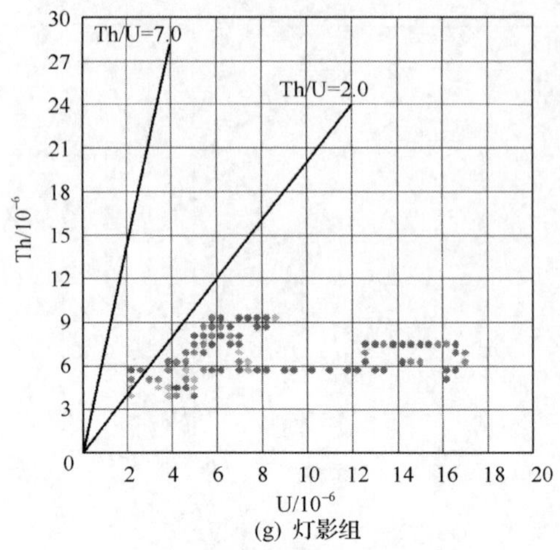

(g) 灯影组

图 4-19　FC-1 井 Th-U 交会图

资料来源：贵州省非常规天然气勘探开发利用工程研究中心有限公司

第5章 研究区下寒武统牛蹄塘组页岩裂缝发育特征及主控因素

页岩气作为一种非常规能源，其储层孔隙度和渗透率都极低，因此基质孔隙不具备渗流条件，储层中的裂缝才是其主要渗流通道。通过对北美勘探成功的页岩气的研究表明(Hill and Nelson, 2000; Curtis, 2002; 丁文龙等，2011b, 2012; Wang et al., 2016b; Wu et al., 2016, 2017)，在致密的富基质页岩中，当发育一定量的天然裂缝或通过改造可以产生大量微裂缝时，页岩可以成为有效的储集层。裂缝发育程度不仅直接影响页岩气的含气性和渗透性，而且还决定着页岩气藏的品质和产量的高低(Bowker, 2007；聂海宽等，2009b)，页岩裂缝发育程度与含气量呈正比，而且页岩裂缝发育带通常是勘探开发的甜点区域。目前对于页岩裂缝的研究，很多学者根据裂缝成因机制，将裂缝分成构造裂缝和非构造裂缝。贵州凤冈三区块位于贵州北部，是国土资源部第二轮页岩气招标区块之一，该区下寒武统海相页岩发育，本书采用野外露头观察，成像测井、显微镜薄片和扫描电镜等不同手段，从宏观-微观尺度研究下寒武统牛蹄塘组页岩裂缝发育特征。

5.1 宏观裂缝发育特征

5.1.1 野外露头裂缝发育特征

牛蹄塘组页岩在研究区没有出露地表，本书选择距离研究区外西南20km附近的梅子湾露头作为相似露头区进行研究。湄潭县梅子湾牛蹄塘组实测剖面位于湄潭县茅坪镇与石莲乡交界处，石莲乡北约30km的梅子湾村，交通条件良好，岩层出露佳，产状平缓，倾角为14°～25°，页岩厚24m(图5-1)。层序由下而上分别为震旦系灯影组、寒武系牛蹄塘组、明心寺组。各段地层分述如下。

明心寺组：上部为灰、浅灰色薄层叶片状砂岩与粉砂岩互层；下部为灰、深灰色中厚-厚层含黄铁矿白云岩与黏土页岩、砂质页岩及粉砂岩互层。

牛蹄塘组：上部岩性主要为灰色中厚层泥质粉砂岩、青灰色页岩及粉砂质黏土页岩夹细砂岩；下部为黑色碳质页岩，厚24m，含黄铁矿晶体及结核。

灯影组：主要是灰色厚层细粒白云岩。

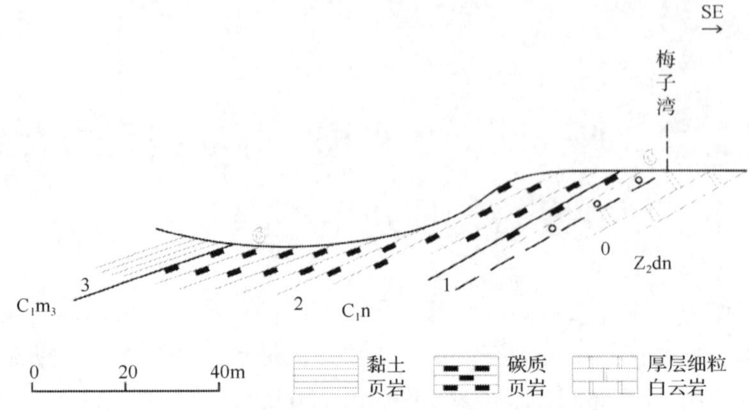

图 5-1　湄潭县梅子湾牛蹄塘组实测剖面图

根据对梅子湾下寒武统牛蹄塘组页岩野外调查结果分析，牛蹄塘组页岩以构造裂缝为主，裂缝类型主要包括张性裂缝和剪切裂缝。剪切裂缝一般裂缝面平直光滑，延伸较远，产状稳定[图 5-2(a)]。张性裂缝宽度和长度变化较大，破裂面不

剪切裂缝

(a) 剪切裂缝

张性裂缝

(b) 张性裂缝

(c) 黄铁矿充填裂缝

(d) 多组不同时期裂缝相互切割

图 5-2　梅子湾牛蹄塘组页岩野外露头裂缝特征

规则，产状不稳定[图 5-2(b)]。构造裂缝充填情况比较普遍，常见有黄铁矿充填[图 4-2(c)]，此外还见泥质等充填。裂缝显示出多组性，多组不同时期裂缝相互切割，如图 4-2(d)所示，观察到 3 组裂缝相互切割，表明研究区经历了多期次构造运动。

5.1.2　岩心裂缝发育特征

通过对研究区 FC-1 井下寒武统牛蹄塘组页岩岩心裂缝观察，显示牛蹄塘组页岩岩心裂缝类型主要为张性裂缝、高角度剪切裂缝、缝合线、低角度滑脱缝和水平层间缝等构造裂缝和非构造裂缝，其中以张性构造裂缝和剪切构造裂缝为主(邬忠虎等，2015；邬忠虎，2017)。主要裂缝类型及特征如下所述。

张性裂缝一般破裂面不平整，延伸短，长度、宽度变化较大[图 5-3(a)]，多数已被完全充填或局部充填。高角度剪切裂缝产状稳定，延伸较远，开度较小，较平直，常形成共轭剪节理[图 5-3(b)]。构造裂缝大多数被充填，充填物多为方解石(局部有黄铁矿)。缝合线是一种由压溶作用形成的锯齿状裂缝构造，缝合面平行或近平行于层里面[图 5-3(c)]。低角度滑脱缝倾角较小，一般呈水平或者低角度状态，裂缝面有明显的擦痕和平整光滑的镜面特征[图 5-3(d)]。水平层间缝是由负荷减小引起的应力释放、矿物结晶及生排烃等作用形成的裂缝，具有一定张性裂缝的性质，大多呈水平状态，主要被方解石充填[图 5-3(f)]。

(a) 张性裂缝

(b) 高角度剪切裂缝

(c) 缝合线

(d) 低角度滑脱缝

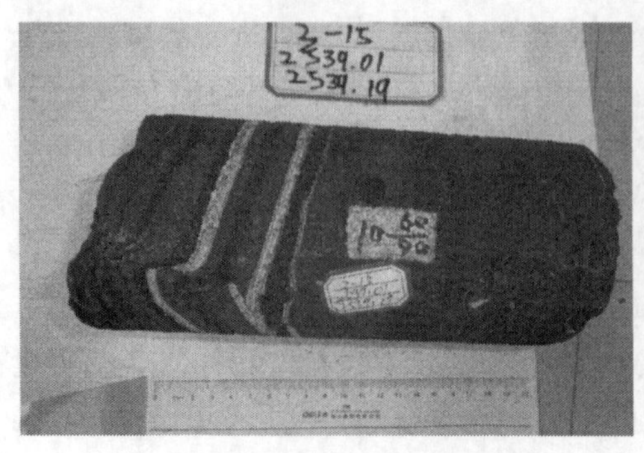

(e) 揉皱作用形成的张性裂缝

(f) 水平层间缝

图 5-3　研究区下寒武统牛蹄塘组页岩岩心裂缝

根据 FC-1 井取心照片和统计描述，该井裂缝较为发育，水平缝、低角度裂缝和高角度裂缝总计 259 条(表 5-1)，且裂缝宽度大部分小于 1mm。通过成像测井分析，牛蹄塘组被方解石充填的裂缝呈现暗色，被黄铁矿充填的裂缝呈现亮色(鹿重阳等，2016)。

表 5-1　FC-1 井裂缝统计表(鹿重阳等，2016，有修改)

裂缝类型	裂缝特征	数量/条	岩心照片	成像测井
水平缝	宽度小于 1mm，多为泥质充填	153		2544
高角度裂缝	宽度为 0.1～0.2mm，半月形裂缝，常被方解石充填	59		2536 2530
低角度裂缝	与水平呈 10°～30°角裂缝，多为方解石充填，电导缝	47		2536 2530

5.2　微观裂缝发育特征

5.2.1　薄片裂缝特征

运用偏光显微镜可以识别出裂缝的微观结构，从而弥补露头和岩心研究裂缝的不足。显微镜下观察牛蹄塘组页岩中的微裂缝特征，发现裂缝充填程度较高。在光学显微镜下可见页岩成分为石英、长石和云母等，构造裂缝主要顺层理方向延展，一般较为窄短，长者大于 10mm，通常微裂缝中最常见的填充物是方解石(图 5-4)，其次还有少量石英和黄铁矿。

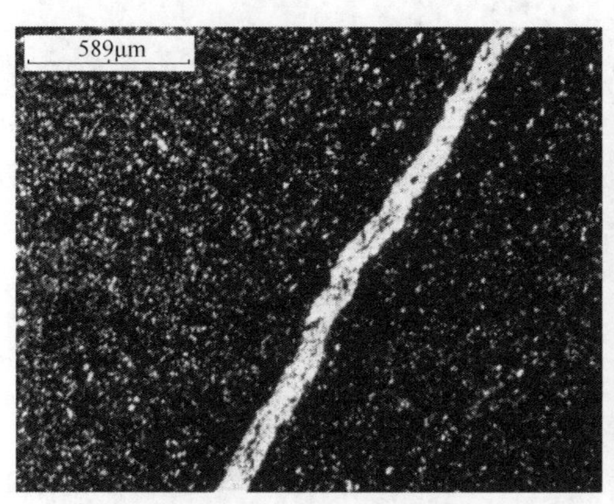

(a) FC-01、微裂缝、被方解石充填

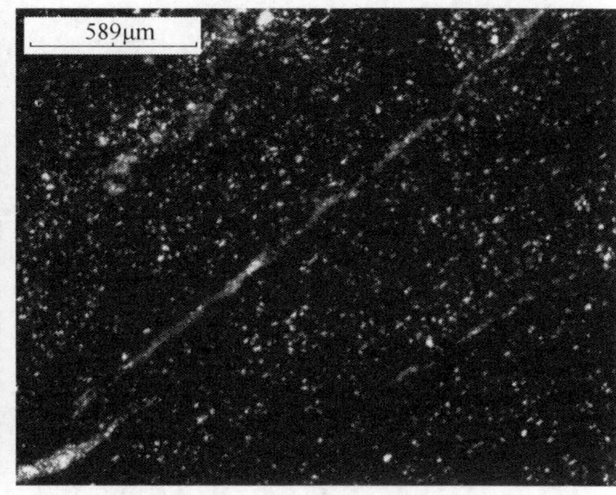

(b) FC-02、微裂缝、被石英充填

图 5-4　牛蹄塘组页岩薄片裂缝特征

5.2.2　扫描电镜下裂缝特征

通过扫描电镜观察，发现黑色页岩中发育微米级-纳米级微裂缝。微裂缝长度在 1～10μm，宽度在 24～942nm，微裂缝中少数被黄铁矿和黏土矿物等充填，大部分属于未被充填的有效裂缝(图 5-5)。研究区牛蹄塘组页岩微裂缝种类主要有晶间裂缝和晶内裂缝。页岩的微裂缝可以连通孔隙，组成“孔-缝-孔”结构。对于低孔隙度和低渗透率的页岩储层，当天然裂缝发育时，对页岩气增产具有重要意义。

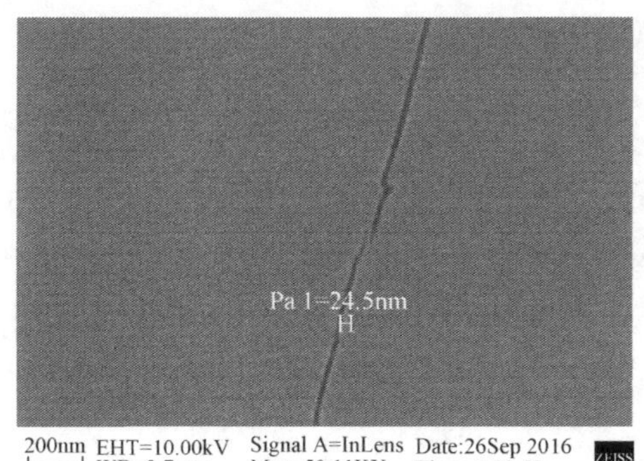

(a)

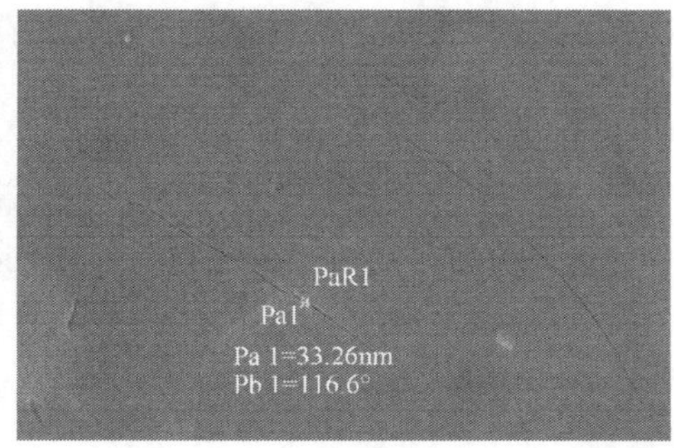

(b)

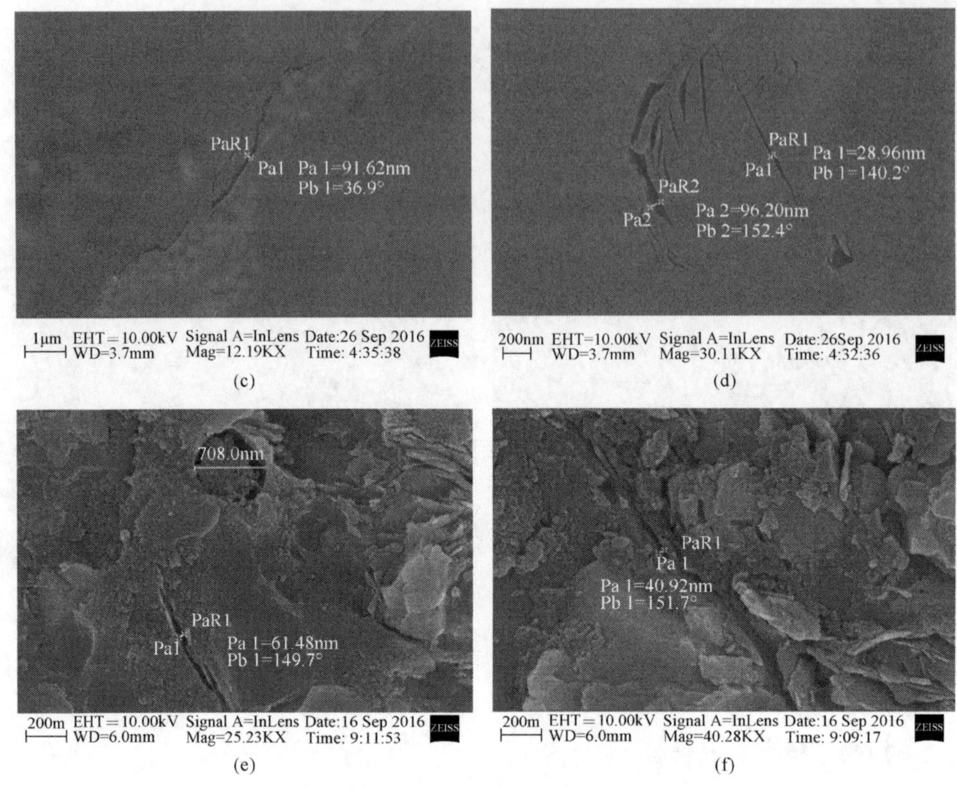

图 5-5 扫描电镜下页岩微裂缝特征

PaR1-标注点；Pa 1-裂缝宽度；Pb 1-裂缝倾角

5.3 页岩裂缝发育主控因素

影响页岩裂缝发育的因素有很多，其中构造应力场、岩性和矿物组分、岩石力学性质和有机碳含量对裂缝发育程度有重要影响。

5.3.1 构造应力场

构造应力场是形成裂缝的根本原因，构造应力场的不同会产生不同类型的构造裂缝。研究区块构造演化与扬子地台区域构造演化具有一致性。都经历了雪峰运动、加里东运动、海西运动、印支运动、燕山运动和喜马拉雅运动。

多期次构造运动的叠加，造成了扬子地台复杂的构造形态，研究区内断裂构造发育复杂。燕山期是研究区断裂形成最为重要的时期。燕山运动期间，研究区受到西北-东南向挤压应力场。喜马拉雅运动期构造变形，与先期构造具有明显的继承叠加关系。喜马拉雅运动使燕山期形成的褶皱变形得到加强。在喜马拉雅期，研究区整体经历了近东西向的挤压应力场(秦守荣和刘爱民，1998)。当岩石所受的构造应力超过其强度时就会破坏形成裂缝，形成构造裂缝与形成断裂可以认为是构造运动中的不同表现，因此构造应力场是控制研究区下寒武统牛蹄塘组页岩储层裂缝发育的最主要因素。构造裂缝产生于构造应力聚集和释放的过程中，应力梯度变化值大的地方，产生裂缝的概率大。例如，断裂端部、转折处和断裂交汇处，这些地方往往是应力变化梯度大的地方，页岩裂缝通常比较发育(向立宏，2008)。裂缝的密度与断层活动密切相关，在相同的岩相条件下，离断层带越近的地方，页岩裂缝越发育(丁文龙等，2012)。

5.3.2　岩性和矿物组分

岩性是影响裂缝发育的内因。页岩类型较多，主要包括硅质页岩、泥质页岩和碳质页岩等。对研究区下寒武统牛蹄塘组页岩进行矿物成分测试，石英含量为36%～92%，平均为78%；黏土矿物含量为2%～30%，平均为8%。

在相同应力条件下，页岩中石英、长石和碳酸盐岩矿物等脆性矿物含量越高，越容易形成天然裂缝和压裂改造时形成诱导裂缝，导致页岩层段裂缝发育(图5-6)。页岩中黏土矿物含量与裂缝密度之间呈负相关关系(图5-7)。Nelson(2001)认为除了石英之外，页岩中脆性矿物成分还包括长石、白云石和方解石，而且页岩中硅质含量与脆性矿物含量成正比，随着脆性矿物含量的增强，越有利于形成裂缝(聂海宽等，2009a)。因此，页岩中裂缝的密度与脆性矿物含量大致呈正相关关系，而与黏土矿物含量大致呈负相关关系。此外，当页岩中矿物组分相同时，颗粒越细，越有利于形成裂缝(曾联波和肖淑蓉，1999)。

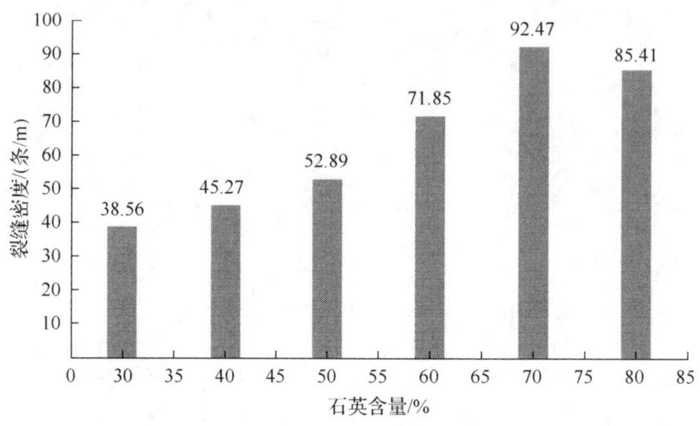

图 5-6　牛蹄塘组页岩裂缝发育程度与石英含量的关系

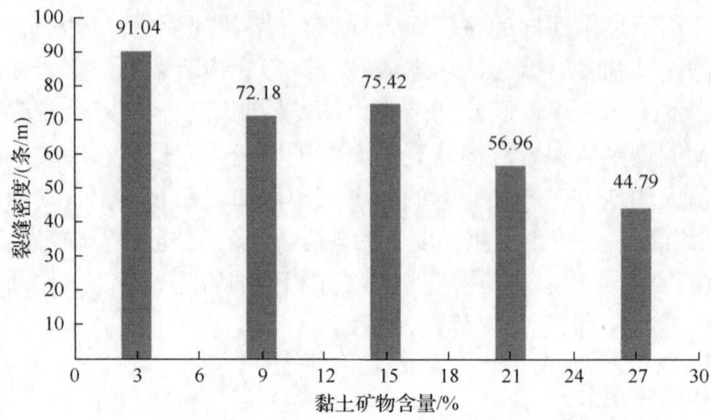

图 5-7　牛蹄塘组页岩裂缝发育程度与黏土矿物含量的关系

5.3.3　岩石力学性质

裂缝是岩石破裂的结果，构造裂缝作为页岩中主要的裂缝类型，其形成是构造应力作用使岩石发生破裂产生的(图 5-8)。

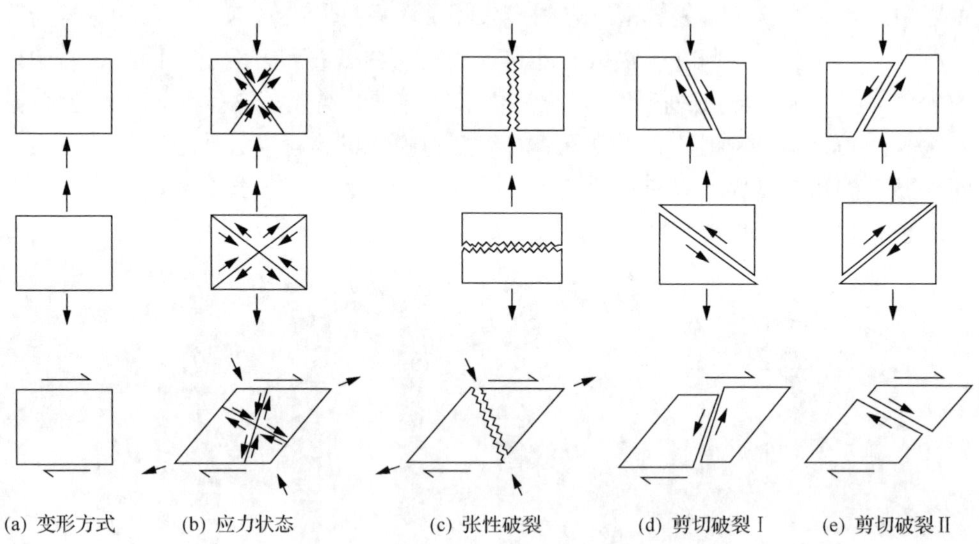

图 5-8　岩石破裂应力与应变关系

由于岩石种类和力学性质的不同，其受力后表现的破裂情况也存在差异，此外在不同的应力条件下，岩石的强度和破裂模式也不一样。一般来说，岩石的抗压强度最大，抗剪强度次之，抗拉强度最小。国内外学者做了大量的试验，在此基础上提出了许多岩石破裂准则，主要包括莫尔–库仑强度准则、格林菲斯强度准则、霍克–布朗(Hoek-Brown)准则。岩石的破裂模式主要有张性破裂和剪切破裂。

其中剪切破裂和张性破裂分别用莫尔–库仑强度准则和格林菲斯强度准则来描述。

张性破裂：岩石在外力作用下，当拉应力超过其抗张强度时，在平行于最大压应力轴的方向所产生的破裂为张性破裂[图 5-8(c)]，形成张性裂缝(姚军辉，2012)。

剪切破裂：岩石在外力作用下，剪切应力超过其抗剪强度时发生的破裂为剪切破裂，形成剪切裂缝(剪节理)。在相同应力场作用下，页岩破裂产生的裂缝程度与其力学参数(泊松比和弹性模量)关系密切。

在应力条件相同的情况下，当泊松比含量低、弹性模量高时，页岩的脆性大，更容易在外力作用下形成裂缝。王濡岳等(2016)根据对研究区附近的 TX-1 井岩心裂缝统计表明，如图 5-9 所示，硅质页岩和碳质页岩相比，由于具有较高的弹性模量和较低的泊松比，更容易在构造应力作用下形成裂缝。根据阵列声波测井获得的岩石动态弹性模量和泊松比，结合静态岩石力学参数和纵向岩心裂缝统计分析表明，在弹性模量高、泊松比低的部位，裂缝密度较大。

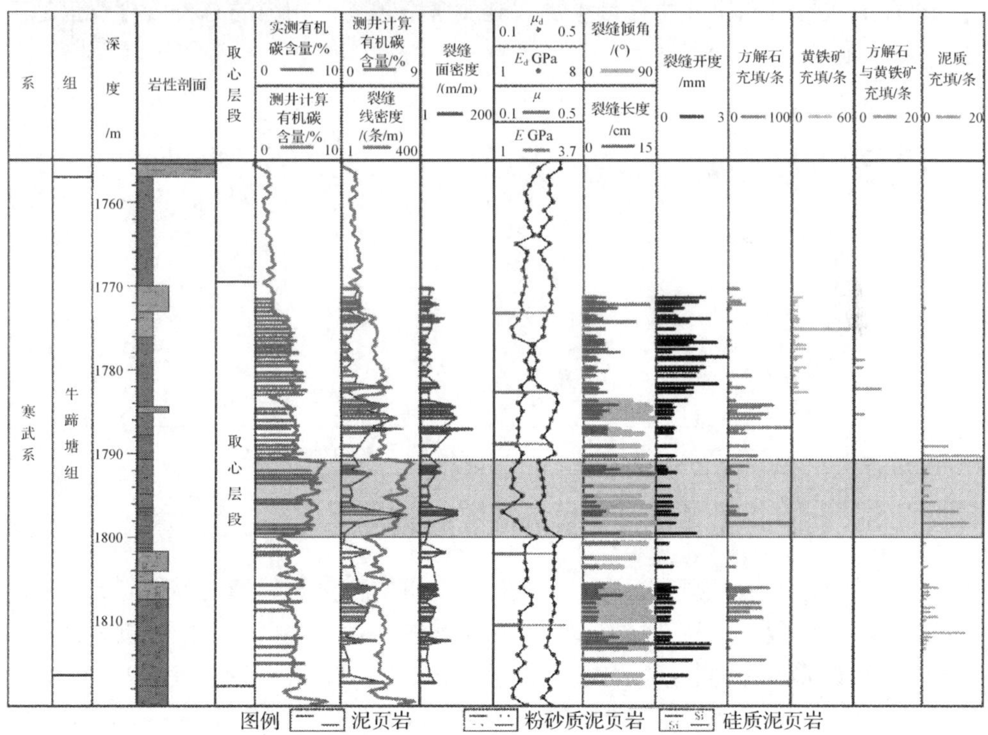

图 5-9　TX-1 井牛蹄塘组页岩岩心裂缝特征(王濡岳等，2016)

5.3.4 有机碳含量

有机碳含量不仅控制着页岩的含气量，而且在一定程度上还与裂缝发育程度有关。通常裂缝发育段内的天然气产量大，勘探成功率高，对应的有机碳含量也高(聂海宽等，2009a)。在相同的构造应力场及岩性和矿物组分和岩石力学性质相似的条件下，有机碳含量对页岩储层裂缝发育有重要影响(Curtis, 2002; 丁文龙等，2012)。通过对研究区下寒武统牛蹄塘组岩心有机碳含量测试表明，牛蹄塘组页岩有机碳含量为1.1%～11.8%，平均值为7.3%，有机碳含量与石英含量具有较好的正相关关系(图5-10)。有机碳含量高，页岩中生物成因的有机硅质含量高，脆性大，裂缝发育。这主要因为页岩沉积时，携带着来自深海动植物残骸的上升流，营养丰富，使生物产率高，形成较强还原环境的静水深斜坡–盆地相，有机质保存较好，沉积物主要来自浅水陆棚的生物骨架残骸、硅质生物躯体(如放射虫)等，通过掩埋造成页岩储层硅质含量增加，硅质含量越高，相应的有机碳含量也越高(Loucks and Ruppel, 2007)。

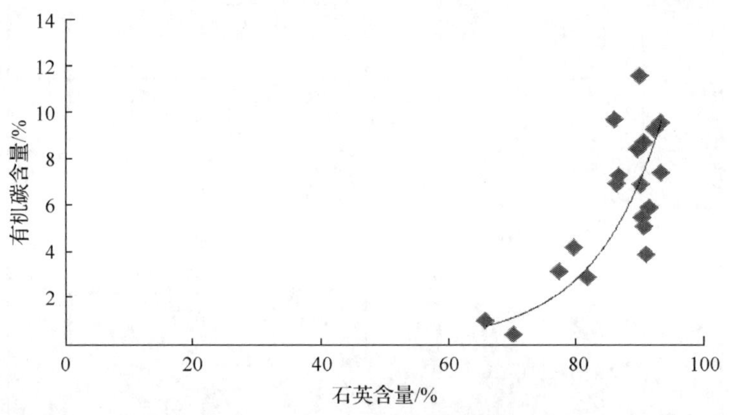

图5-10 石英含量与有机碳含量的关系

全球已经进行勘探开发的页岩中统计的有机碳含量与裂缝发育程度的关系，表明页岩中有机碳含量与裂缝发育程度呈正相关关系。根据统计把有机碳含量与裂缝的关系划分4种类型：①有机碳含量小于2.0%时，裂缝发育程度差；②有机碳含量为2.0%～4.5%时，裂缝发育程度中等；③有机碳含量为4.5%～7.0%时，裂缝发育程度好；④有机碳含量大于7.0%，裂缝发育很好(图5-11)。

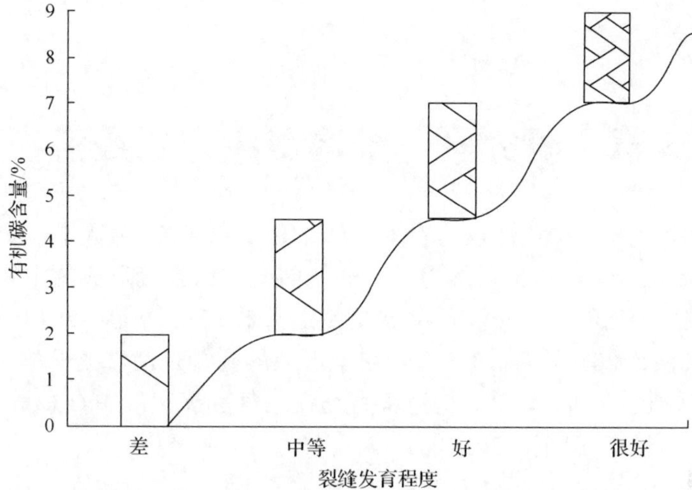

图 5-11　页岩中有机碳含量与裂缝发育程度关系(丁文龙等，2012)

第 6 章　研究区三维构造应力场数值模拟

构造应力场系指导致构造运动的地应力场(Bayly, 1992; 万天丰，2004；Zoback, 2010; Yang et al., 2014)。构造应力场是油气储层构造裂缝形成的主要外部因素，因此可以通过构造应力场分析预测储层裂缝分布(Jiu et al., 2013; Zeng et al., 2013a; Ju and Sun, 2016)。构造应力作用下形成的裂缝是油气的储集空间，同时也是油气的运移通道。因此，研究构造应力场在油气勘探实践中具有重要意义(唐永等，2012，2015；李忠平，2014)。

6.1　构造应力场有限元数值模拟原理

6.1.1　有限元法简介

有限元法是在电子计算机出现之后，近二三十年来在结构和工程中广泛应用的一种数值计算方法。它对于所研究问题的几何形状、材料的非均匀性、外力作用方式等有较好的处理能力。有限元法在航空航天、物理、机械、地质、矿业和水利等领域有广泛应用，不仅能进行应力场和位移场分析，还能进行渗流场、电场、磁场和温度场等分析。它对常规线性及复杂非线性问题都有较好的求解能力，而且能得到较为满意的结果(任学平和高耀东，2007)。所以，有限元法作为一种有效工具较其他方法更能适应构造应力场分析的需要。构造应力场数值模拟是伴随 20 世纪 60 年代后期高速电子计算机的出现而出现的，近年来构造应力场数值模拟技术快速发展，其中有限元法作为构造应力场模拟中的常用方法，展现了强大的生命力。

对于已有的弹性理论，传统数学方法只能推导出特殊情况的解析解，而现实中很多问题，传统数学方法要推出解析解是异常困难的。然而有限元法不仅能解决简单的线性问题，而且对于几何边界条件复杂的非线性问题也能很好地解决。有限元法的求解思想是先把整个结构体离散化，分割成有限个单元，单元与单元之间通过节点连接，通过单元上的近似函数表征全局的待求未知场函数。单元上的近似函数用节点数值插值函数表示，然后把这些单元的方程组装成总体线性方程组。根据边界受力条件和平衡条件，借助于变分原理或加权余量法求解节点位移和每个单元的应力、应变值。单元数量越多，求解结果越精确。目前在所有数值计算方法中，有限元法在构造应力场数值模拟方面最常用。

6.1.2　有限元法模拟基本步骤

构造应力场数值模拟主要包括结构离散化、单元分析和总体分析几个步骤。

1) 结构离散化

在结构离散化也叫划分单元时，需要根据计算机的内存和计算精度划分单元的大小。一般单元划分得越小，计算结果就越精确。但是，单元尺寸越小，单元的数目就越多，计算的时间就越长，对计算机的内存要求也就越大。因此，划分单元时应综合考虑单元尺寸对计算工作量及计算精度的影响。针对地质体，在应力、应变较大的断层等地区，可以把单元划分得细一些；应力、应变变化不大的区域，可以把单元划分得粗一些。

2) 单元分析

对于三维弹性问题，当结构受力后，其内部各点将沿空间的 x、y、z 3 个坐标轴方向发生移动。各点沿 3 个方向的位移分别用 $\boldsymbol{u}$、$\boldsymbol{v}$、$\boldsymbol{w}$ 表示，它们均是关于点的坐标的函数，可定义如下：

$$\begin{cases} \boldsymbol{u} = u(x, y, z) \\ \boldsymbol{v} = v(x, y, z) \\ \boldsymbol{w} = w(x, y, z) \end{cases} \tag{6-1}$$

弹性体在外力作用下，可用 6 个应力分量 σ_x、σ_y、σ_z、τ_{xy}、τ_{yz}、τ_{xz} 表示弹性体内任意一点的应力状态。其中 σ_x、σ_y、σ_z 为正应力，τ_{xy}、τ_{yz}、τ_{xz} 为剪切应力。

对于弹性体，应力状态的矩阵 $\{\boldsymbol{\sigma}\}$ 表达式为

$$\{\boldsymbol{\sigma}\} = \left[\sigma_x, \sigma_y, \sigma_z, \tau_{xy}, \tau_{yz}, \tau_{xz}\right]^{\mathrm{T}} \tag{6-2}$$

对于弹性体可以用 6 个应变分量 ε_x、ε_y、ε_z、γ_{xy}、γ_{yz}、γ_{xz} 表示弹性体内任意一点的应变。其中 ε_x、ε_y、ε_z 为正应变，γ_{xy}、γ_{yz}、γ_{xz} 为剪切应变。

弹性体的应变状态可以用矩阵 $\{\boldsymbol{\varepsilon}\}$ 表示：

$$\{\boldsymbol{\varepsilon}\} = \left[\varepsilon_x, \varepsilon_y, \varepsilon_z, \gamma_{xy}, \gamma_{yz}, \gamma_{xz}\right]^{\mathrm{T}} \tag{6-3}$$

3) 总体分析

将单元总装形成离散域的总体刚度矩阵，并联合平衡方程、引入边界条件、本构方程和几何方程，求出节点位移。

6.1.3 Abaqus 有限元软件介绍

Abaqus有限元软件是美国达索公司(SIMULIA)开发的一套功能强大的有限元软件，能解决许多线性到非线性的复杂问题。可以模拟岩石、土、混凝土和金属等多种材料。

Abaqus 由于擅长处理非线性问题，近年来在地质学中得到了广泛应用(王静，2012；唐永等，2013, 2015; Wu et al., 2017)。Abaqus 为用户提供了良好的操作界面及广泛的功能，使用起来十分方便。对于较复杂的地质模型可以从其他 CAD 软件(Petrel、Gocad)里面输出导入 Abaqus。

Abaqus 主要包括了 Abaqus/Standard 和 Abaqus/Explicit 两个分析模块。

Abaqus/Standard 是一个有限元数值计算方法中普遍采用的隐式积分通用分析模块，可以应用于大部分的线性和非线性问题，如静态分析、动态分析、热传导、流体渗透/应力耦合分析等的求解。

Abaqus/Explicit 是一个显示动态分析模块，适用于求解动力学和准静态问题，尤其是模拟短暂、瞬时的动态问题，它通过对时间的显示积分求解动态有限元方程。

6.2 构造复合叠加在地质构造分析中的应用

6.2.1 构造复合叠加概述

一个油气田的构造不是一蹴而就的，往往是多期次构造运动叠加作用的产物。同一个地区先后经历两次或两次以上的构造应力作用时，常常形成两个或两个以上的构造体系的叠加现象，这种现象称为构造复合。构造复合现象和复合方式是地质力学研究的一项重要内容。根据弹性力学的叠加原理，同时或先后作用在物体上的应力产生的变形可以产生几何效应的叠加(Yue and Du, 1987; Wu et al., 2017)。构造地质学中的多期变形叠加主要包括断裂力学性质的复合叠加和褶皱的叠加(黄继钧等，1996)。

在复合叠加分析中一般要假设几个前提条件：①假设所研究的地层是均匀连续介质；②假设地质构造变形主要由应力决定；③假设变形对应力场的影响可以忽略不计。

6.2.2 构造复合叠加的基本原理

在复合叠加构造中，把复合叠加的先后两期构造称为早期构造和晚期构造。每一期构造都与作用在物体上的某种方式或方向的构造应力控制的应变场、应力场有关(胡明等，2005)。每期构造变形都是一个力学作用的过程，早期构造相对较简单，在应力作用下形成的应力场、应变场及构造变形相对比较简单。在晚期构造变形时，岩石结构、构造、产状及岩石均匀性和连续性与早期变形时有所不同，边界条件和岩性条件更加复杂。晚期构造变形对早期构造变形的影响有两方面：一方面是作用在早期构造行迹上产生新的变形或对早期构造行迹进行改造；另一方面是作用在岩石上使其产生新的构造变形，形成晚期新的构造行迹。晚期变形也会不同程度地受到早期变形的影响，变形比早期更复杂。另外，早期形成的构造对后期产生的构造起限制作用。

例如，某个地区，第一次构造运动中遭受南北向挤压，根据莫尔圆可以求出其最大主应力 σ_1 为南北向，最小主应力 σ_3 为东西向，最大剪切应力 τ_{max} 为北西-南东向和北东-南西向，将产生东西向压性断层(逆断层 a)、南北向张性断层(正断层 b)、北东-南西向扭性(平移)断层(反扭 S_1)和北西-南东向扭(剪)性(平移、顺扭)断层(S_2)[图 6-1(a)]。

第二次构造运动中，若继续遭受南北向挤压，则主应力方位不发生改变，早期断裂继续发育加强，力学性质不变[图 6-1(b)]。

第二次构造运动中，若研究区受到东西向挤压，此时最大主应力 σ_1 为东西向，最小主应力 σ_3 为南北向，最大剪切应力 τ_{max} 为北东-南西向和北西-南东向，但扭动方向发生改变，使早期形成的东西向压性断层 a 变为张性，南北向张性断裂 b 转为压性，北西-南东向扭性(顺扭)断裂 S_2 转变为反时针错动，北东-南西向扭性(反扭)断裂(S_1)转变为顺时针错动[图 6-1(c)]。

第二次构造运动中，若构造动力变为南北向反时针扭动，此时最大主应力 σ_1 为北西-南东向，最小主应力 σ_3 为北东-南西向，最大剪切应力 τ_{max} 为南北向和东西向。相应地，东西向断裂 a 在理论上变为扭性(反)，南北向断裂 b 也变为扭性(反)，北西-南东向断裂 S_2 变为张性，北东-南西向断裂 S_1 变为压性[图 6-1(d)]。

第二次构造运动中，若构造动力变为南北向反时针扭动伴随东西向挤压，此时变为平面一般应力状态问题，最大主应力 σ_1 为北西西-南东东向，最小主应力 σ_3 为北北东-南南西向，最大剪切应力 τ_{max} 为北西-南东向和北东-南西向。此时北东-南西向断裂为压扭(顺)，北西-南东向断裂为压扭(反)，东西向断裂为张扭(顺)，南北向断裂转为压扭(反扭)[图 6-1(e)]。

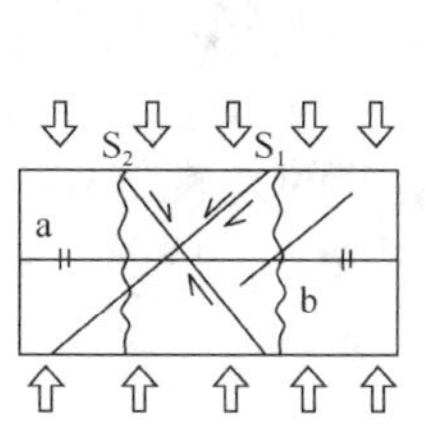

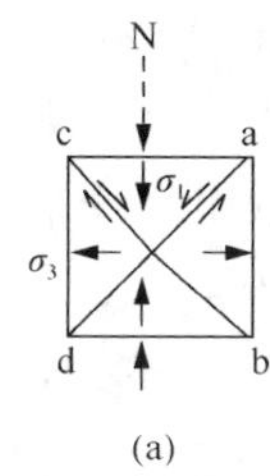

(a)
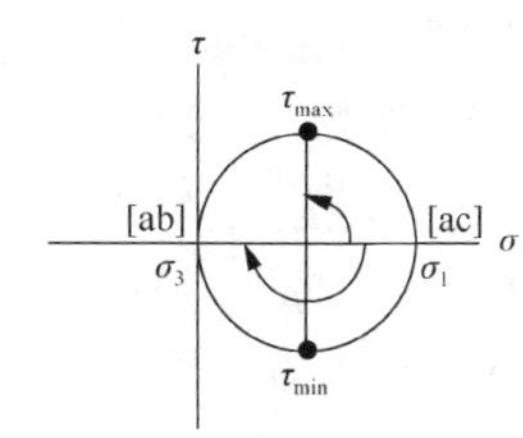

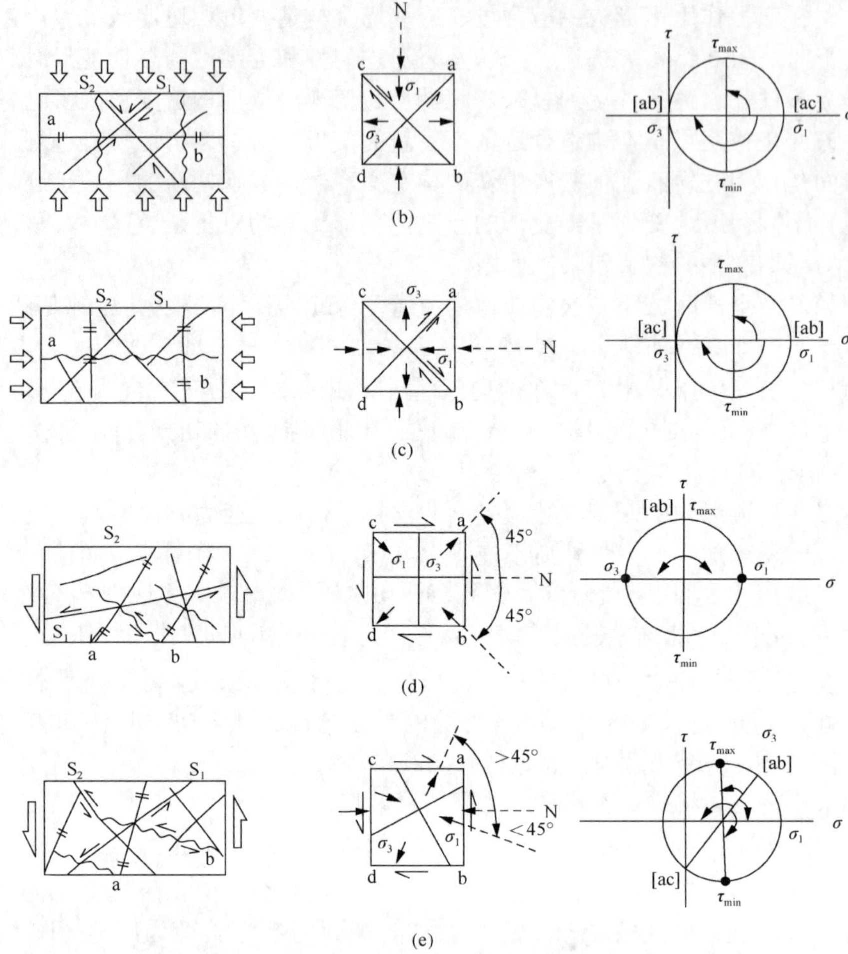

图 6-1　断层力学性质复合叠加分析图(黄继钧等，1996)

6.2.3　构造复合叠加对油气控制作用

构造复合叠加对油气控制作用表现在以下两个方面。

(1) 早期形成的构造体系控制油气生成，而油气的运移、聚集条件则是由后期形成的构造体系提供。后期构造体系不仅提供了必要的构造圈闭，而且也会对原有的油气组合进行改造。

(2) 多期次构造叠加作用改变了断裂的性质和控制裂缝的发育规律，裂缝的发育程度得以加强，裂缝性质改变，有利于油气的运移和储集。同时，构造叠加作用还控制区域裂缝的分布规律和局部构造裂缝的发育。构造复合叠加部位产生的大量裂缝，更好地改善了油气储层的渗流能力。

6.3　构造应力场三维有限元数值模拟计算

有限元数值模拟定量预测储层构造裂缝不是一个单一的力学、数学和地质学问题，而是一个综合的相互渗透、相互联系的系统。三维有限元数值模拟计算中要处理好模型建立及反演标准的关系，其中模型建立主要包括地质模型、力学模型和数学模型的建立。

6.3.1　地质模型的建立

有限元构造应力场数值模拟中需要建立地质模型。由于地质体复杂的非均匀性和各向异性，要建立合适的地质模型，需要在综合地质规律、构造演化、裂缝分布特征、成因及地震、测井、钻井资料的基础上，提出研究区地质模型。将研究区的上覆盖层、盖层、目的层和基底等作为一个统一体进行数值模拟计算。为了消除边界效应的影响，所建立的地质模型要大于实际研究区域。通过分析地质构造成因，以及构造应力场的演化特征及断层发育史，设定边界条件。

研究区位于黔北地区中部，该区出露的最早地层是中元古代梵净山群。从中元代晚期以来，按照构造演化特点，黔北地区构造演化可以分为 3 个发展阶段：中元古代晚期—志留纪发展阶段、泥盆纪—晚三叠世中期发展阶和中—新生代(自晚三叠世晚期以来)发展阶段。研究区构造演化特征与扬子地台的演化具有一致性，经历了雪峰运动、加里东运动、海西运动、印支运动、燕山运动和喜马拉雅运动。多期次构造运动叠加导致扬子地台构造形态异常复杂。其中燕山运动奠定了现今构造的基本格局，是研究区断裂形成最为重要的时期。喜马拉雅运动对贵州地质构造及地史发展具有深刻的影响，它对燕山运动形成的构造进行了叠加和改造。研究区在构造运动下形成的构造行迹主要以近南北向和北东向为主。

通过对研究区构造演化史和现今断裂体系分布情况的选择，考虑 7 条主要的大中型断裂，选择燕山期和喜马拉雅期构造应力场进行数值模拟和变形叠加，地质模型如图 6-2 所示。

6.3.2　力学模型的建立

地质模型建立好后，需要对地质模型进行材料参数赋值和给定边界条件，并对有限元网格进行划分，将地质模型转化为力学模型。

力学模型的建立主要基于以下几个方面：①确定边界条件；②确定不同地层的岩石力学参数；③确定断层的力学参数。

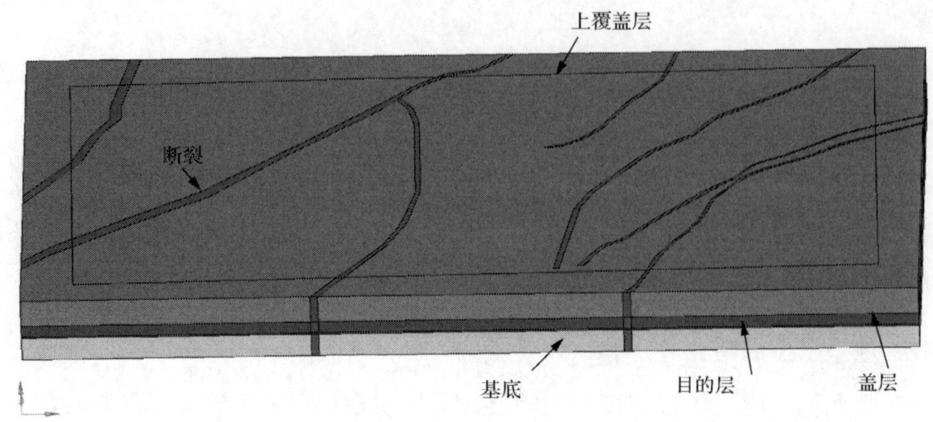

图 6-2　地质模型

1. 确定边界条件

现在，一般从宏观效果出发，将地质体近似成分块均匀的岩石体。对于地质体的力学性质，目前一般按弹性模型计算，具有较好的效果(穆龙新等，2009；曾联波等，2010；Wu et al., 2017)。

模型的边界条件包括位移边界条件和力边界条件。力边界条件包括垂向重力和水平构造应力。模型中考虑了地质体的垂向重力。研究区边界上的构造应力被假定为具有一定的值，和水平构造应力均匀地分布在模型边界上(Guo et al., 2016; Wu et al., 2017)。岩石声发射测试作为确定古构造应力值大小的有效手段，已经越来越受到重视(丁原辰和邵召刚，2001; Guo et al.,2016; Ju and Sun, 2016)。声发射方法可用来测量被测试地层主要构造运动时期经历的最大古构造应力值，其中记忆的古构造应力状态中那期属于最高值的最大主应力值与岩石声发射的凯瑟(Kaiser)效应相对应。岩石声发射试验在四川大学水利水电学院完成，测试前将试样两端切平、精磨并风干后置于如图 6-3 所示的岩石声发射 Kaiser 效应测试系统中，在试样两端与试验机压头间均衬垫聚四氟乙烯垫片，以更有效地隔离噪声和减小端面摩擦。所采用的测试设备主要为美国产 MTS815 Flex Test GT 程控伺服岩石力学试验系统(图 6-4)和美国物理声学公司产 PAC PCI-2 通道声发射测试仪(图 6-5)，前者加载平稳，测控精度高；后者具有自动隔离试样端部噪声和外部噪声的特殊功能，两者均为目前国际一流技术产品。所有测试过程与数据均由计算机控制和采集，避免了人工读数的误读和误差。

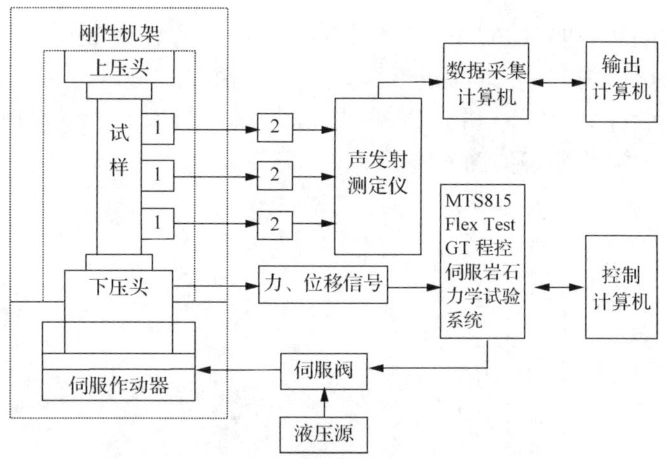

图 6-3 岩石声发射 Kaiser 效应测试系统框图

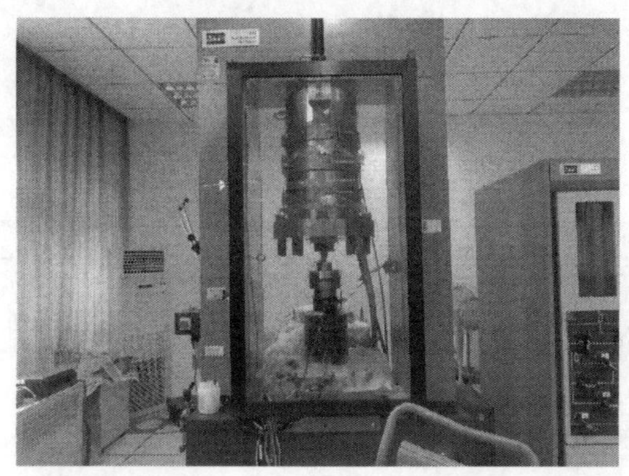

图 6-4 美国产 MTS815 Flex Test GT 程控伺服岩石力学试验系统

图 6-5 美国物理声学公司产 PAC PCI-2 通道声发射测试仪

测试所用的岩心取自 FC-1 井，将其钻探加工成直径为 25mm、高度为 50mm 的圆柱形样品，钻探样品的方向是沿 x 轴方向、y 轴方向和 xy 轴 45º 方向(图 6-6)，每个方向取 3 个样品。FC-1 井位置各期构造运动中的最大主应力 σ_1 见表 6-1，声发射古构造应力测量曲线如图 6-7 所示。

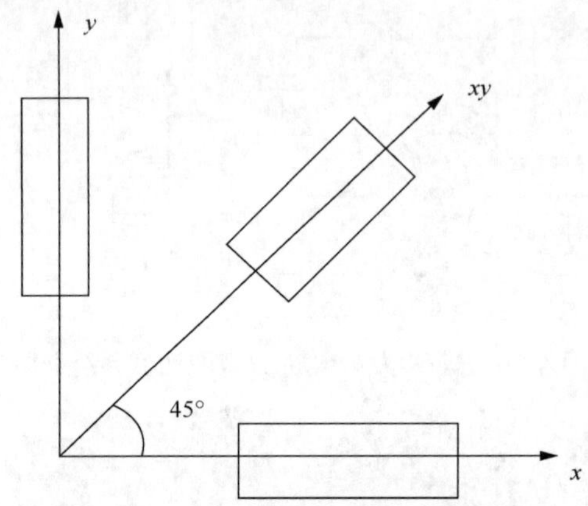

图 6-6 Kaiser 效应试样取样方向

表 6-1 FC-1 井岩石声发射构造应力测量结果

井号	深度/m	地层	各期古构造运动中的最大主应力 σ_1 的有效值/MPa	记录的主要构造运动期次
FC-1	2467.9～2468.2	牛蹄塘组	4.89、34.69、44.81、63.14、85.54、112.02、162.93	7

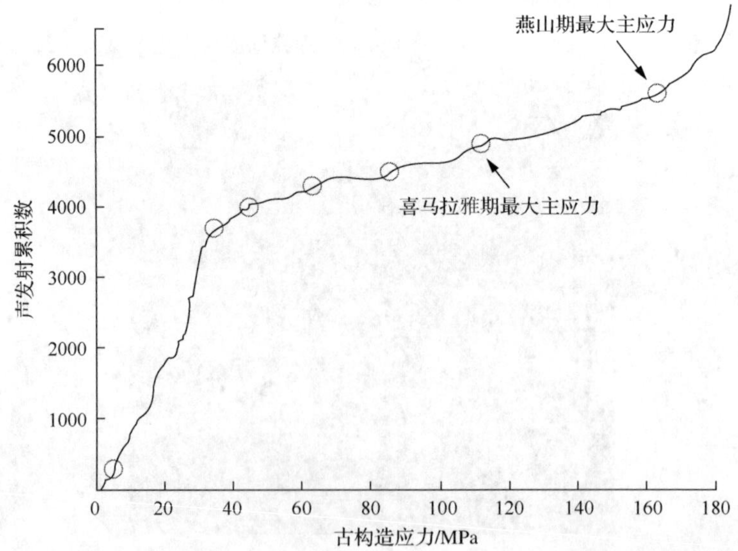

图 6-7 FC-1 井声发射古构造应力测量曲线

研究区经历的最强烈的构造运动是中生代的燕山运动(是构造断裂形成的主要时期)，其次是新生代的喜马拉雅运动。因此，可以认为牛蹄塘组页岩在 FC-1 井位置燕山期所受的最大古构造应力为 162.93MPa，喜马拉雅期所受的最大古构造应力为 112.02MPa(表 6-1)。

燕山运动期间，研究区受到北西–南东向挤压应力场。z 轴定义为模型的深度方向，铅直向上为正，x 轴指向模型的东南方向，y 轴指向模型的东北方向。模型中边界条件设置底部约束 z 方向位移，x、y 方向可以自由移动。模型的左上角和右下角边界施加 162.93MPa 的最大主应力。我们认为在小于 4000m 的地壳浅层，最大主应力与最小主应力的比值为 2.1(Zeng et al., 2013b; Ju and Sun, 2016; Guo et al., 2016)，因此，在模型的左下角和右上角边界施加 77.59MPa 的最小主应力。此外，模型表面是自由面，把重力加速度施加到整个模型上[图 6-8(a)]。

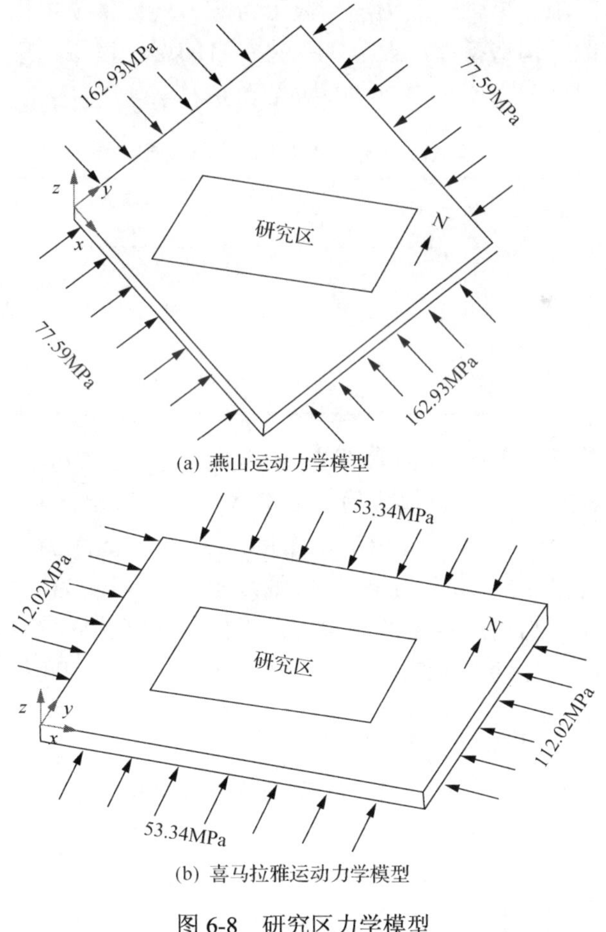

图 6-8　研究区力学模型

喜马拉雅运动对研究区地质构造和演化产生了深远的影响。喜马拉雅期构造变形与先期构造具有明显的继承叠加关系。喜马拉雅运动使燕山期形成的褶皱变形得到加强。喜马拉雅期，研究区整体经历了近东西向的挤压应力场(秦守荣和刘爱民，1998)。喜马拉雅期构造应力场模拟中边界条件为：z 轴为深度方向，垂直向下为负，x 轴指向东，y 轴指向北方；z 轴方向上模型底部设置位移约束，水平方向可以移动；模型的东西方向施加 112.02MPa 的最大主应力，模型的南北方向施加 53.34MPa 的最小主应力；模型的顶部是为自由面，整个模型施加重力加速度[图 6-8(b)]。

2. 确定不同地层的岩石力学参数

岩体力学性质直接影响着岩体的变形，从而影响岩体破裂模式和裂缝发育程度。因此，通过三轴和单轴岩石力学试验可为应力场数值模拟提供实际的物理力学参数。研究区地质构造模型主要包括基底、目的层、盖层、覆盖层和断层。通过力学试验获得的岩石物理平均力学参数见表 6-2。

表 6-2　岩石物理平均力学参数

地层	弹性模量/GPa	抗压强度/MPa	密度/(g/cm^3)	泊松比	黏聚力/MPa	内摩擦角/(°)	抗拉强度/MPa
覆盖层	38.40	145	2.65	0.27	33	21	13.12
盖层	54.75	131	2.53	0.26	27	32	11.16
目的层	46.95	158	2.78	0.24	15	47	12.48
基底	63.24	175	2.65	0.29	30	35	14.36

根据测量研究区不同岩性的岩石物理力学参数，选择弹性模量、泊松比、岩石密度作为构造应力场数值模拟的主要参数。岩石力学试验在中南大学进行，钻取 17 个直径为 25mm、高度为 50mm 的圆柱样品和 5 个直径为 50mm、高度为100mm 的圆柱样品确定岩石力学参数。通过单轴压缩试验获得弹性模量和泊松比，三轴压缩试验获得内摩擦角和黏聚力，巴西劈裂试验获得岩石的拉伸强度。三轴压缩试验中围压分别为 10MPa、20MPa、30MPa、40MPa 和 50MPa。

3. 确定断裂的力学参数

本书中断裂带被定义为软弱带。断裂带的弹性模量通常为相应正常沉积地层的 50%～70%(表 6-3)，泊松比比相应的正常沉积地层稍大，这两个参数差异一般为 0.02 和 0.10(Jiu et al., 2013; Guo et al., 2016; Ju and Sun, 2016)。研究区断裂构造多而复杂，但主要包括北东向、北北东向断裂。根据研究区规模和地层影响，选取 7 条主要断裂作为模拟对象(图 6-2)。

表 6-3　断层的岩石物理平均力学参数

地层	弹性模量/GPa	密度/(g/cm^3)	泊松比
断裂	30.15	2.41	0.31

6.3.3　数学模型的建立

数学模型中采用有限元法作为数值计算方法，对于有限元法，最重要的是根据地质模型和力学模型确定单元类型、单元划分方案。通常单元划分得越细，计算结果越精确。对研究区古构造应力场的模拟选择国际通用有限元软件 ABAQUS，将建立的地质模型划分成 C3D4 单元类型，考虑计算机容量和复杂程度，数学模型共包括 306245 个单元和 57782 个节点(图 6-9)。断层和目的层网格划分细致一些，其他构造模型的网格划分粗糙一些。

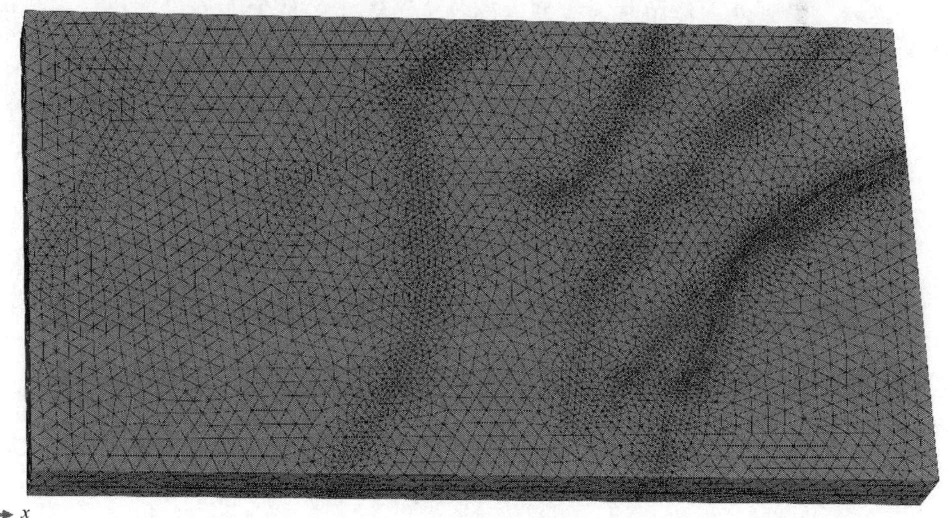

图 6-9　研究区三维有限元分析模型

有限元数值模拟计算主要包括 3 个方程：平衡方程、几何方程和本构方程，这 3 个方程把岩体位移、应力和应变结合在了一起。

1) 平衡方程

物体在外力作用下，可以用 6 个应力分量σ_x、σ_y、σ_z、τ_{xy}、τ_{yz}、τ_{zx}表示空间任意一点的应力状态。根据平衡原理：

$$
\begin{cases}
\dfrac{\partial \sigma_x}{\partial x}+\dfrac{\partial \tau_{xy}}{\partial y}+\dfrac{\partial \tau_{xz}}{\partial z}+F_x=0\\
\dfrac{\partial \sigma_y}{\partial y}+\dfrac{\partial \tau_{xy}}{\partial x}+\dfrac{\partial \tau_{yz}}{\partial z}+F_y=0\\
\dfrac{\partial \sigma_z}{\partial z}+\dfrac{\partial \tau_{yz}}{\partial y}+\dfrac{\partial \tau_{xz}}{\partial x}+F_z=0
\end{cases}
\tag{6-4}
$$

式中，σ_x、σ_y、σ_z分别为 x、y 和 z 方向上的主应力，Pa；τ_{xy}、τ_{yz}、τ_{xz}分别为平面 xy、yz、xz 上的剪切应力，Pa；F_x、F_y、F_z分别为作用于某一点上沿 3 个方向的外力分量，N。

2) 几何方程

当岩层受到外力作用时，模型内部各个单元点的位置会发生变化，岩体内各点的位移不同，因此位移分量应是点的位置坐标函数[式(6-1)]。

根据弹性力学基础，在三维空间内，式(6-1)的应变和位移之间存在一定的关系，其几何方程为

$$
\begin{cases}
\varepsilon_x=\dfrac{\partial u}{\partial x},\gamma_{xy}=\gamma_{yx}=\dfrac{\partial u}{\partial y}+\dfrac{\partial v}{\partial x}\\
\varepsilon_y=\dfrac{\partial v}{\partial y},\gamma_{yz}=\gamma_{zy}=\dfrac{\partial v}{\partial z}+\dfrac{\partial w}{\partial y}\\
\varepsilon_z=\dfrac{\partial w}{\partial z},\gamma_{zx}=\gamma_{xz}=\dfrac{\partial w}{\partial x}+\dfrac{\partial u}{\partial z}
\end{cases}
\tag{6-5}
$$

式中，ε_x、ε_y、ε_z分别为 3 个线应变分量；γ_{xy}、γ_{xz}、γ_{yz}分别为 3 个剪切应变分量。根据式(6-5)即可得到应变与节点位移矩阵之间的关系。

3) 本构方程(应力–应变关系)

应力与应变是密切关联的，对于岩石来说，在外力作用下会先发生弹性变形，应力–应变关系可以用函数表示。根据弹性力学，应力和应变可以表示为

$$
\begin{cases}
\varepsilon_x=\dfrac{1}{E}[\sigma_x-\mu(\sigma_y+\sigma_z)],\gamma_{xy}=\gamma_{yx}=\dfrac{\tau_{xy}}{G}\\
\varepsilon_y=\dfrac{1}{E}[\sigma_y-\mu(\sigma_x+\sigma_z)],\gamma_{yz}=\gamma_{zy}=\dfrac{\tau_{yz}}{G}\\
\varepsilon_z=\dfrac{1}{E}[\sigma_z-\mu(\sigma_x+\sigma_y)],\gamma_{zx}=\gamma_{xz}=\dfrac{\tau_{xz}}{G}
\end{cases}
\tag{6-6}
$$

式中，σ_x、σ_y、σ_z分别为 3 个正应力分量；τ_{xy}、τ_{xz}、τ_{yz}分别为 3 个剪切应力

分量；E 为弹性模量；μ 为泊松比；G 为剪切模量。

通过简化式(6-6)，应力和应变可以表示为

$$[\boldsymbol{\delta}]=[\boldsymbol{D}][\boldsymbol{\varepsilon}] \tag{6-7}$$

式中，$[\boldsymbol{D}]$ 为弹性矩阵；$[\boldsymbol{\delta}]$ 为应力矩阵；$[\boldsymbol{\varepsilon}]$ 为应变矩阵。

6.3.4 反演标准

由于构造应力场分析的复杂性，需要经过多次反演和正演计算。本书选择声发射测得的古构造应力值作为反演标准，将有限元模型计算中 FC-1 井位置处的最大主应力值和岩心测得的古构造应力值相比较，经过反复试算，最终得到合理结果。

如图 6-10(a)所示，在 FC-1 井处计算得到的燕山期最大主应力值分布在 167～173MPa，数值模拟结果与通过声发射测得的最大主应力结果(162.93 MPa)接近。

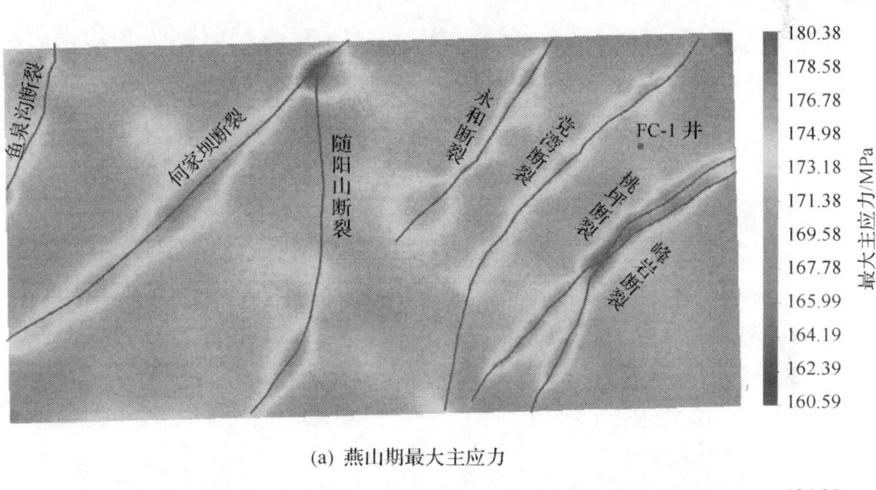

(a) 燕山期最大主应力

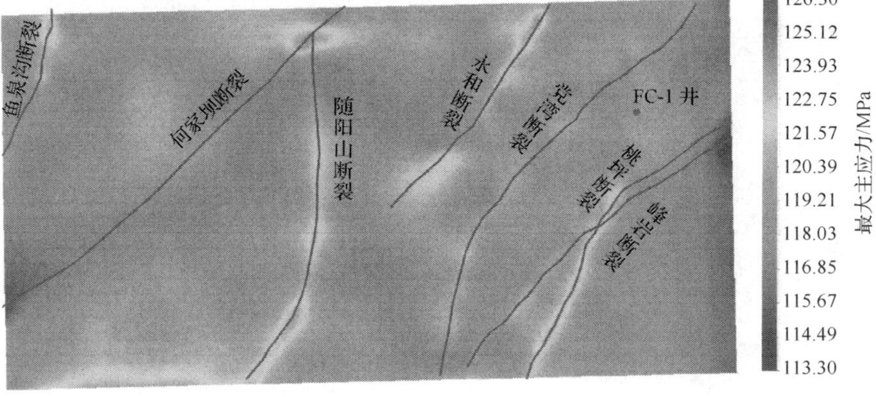

(b) 喜马拉雅期最大主应力

图 6-10　研究区下寒武统牛蹄塘组燕山期和喜马拉雅期页岩最大主应力分布

如图 6-10(b)所示，在 FC-1 井处计算得到的喜马拉雅期最大值主应力值在 114～120MPa，数值模拟结果与 FC-1 井岩心声发射实测结果(112.02MPa)吻合较好。根据以往的研究结果(Meng et al., 2009)，当试验测试值与有限元计算值之间的相对误差在 20%以内，就认为数值模拟结果是可靠的。

6.4 研究区构造应力场分布特征

本书根据研究区的主要地质构造特征，结合岩心声发射古构造应力测试，建立地质模型、力学模型和数学模型，在燕山期变形的基础上叠加喜马拉雅期的应力场对构造应力场进行三维数值模拟分析。下面通过对研究区构造应力场的分析结果，对研究区的构造应力特征进行分析，以期为该区块页岩气的勘探开发提供科学的参考依据。

研究区下寒武统牛蹄塘组页岩构造应力场模拟结果主要包括最大主应力分布云图、最小主应力分布云图和最大剪切应力分布云图。剪切应力对岩石的剪切破坏有重要作用，断裂的形成和分布主要受最大主应力控制，最大主应力增大或最小主应力减小，均有助于岩石破裂形成裂缝。

从构造应力场数值模拟结果可以看出[图 6-11(a)]，研究区下寒武统牛蹄塘组页岩储层最大主应力主要分布在 250.36～281.18MPa，需要说明的是，这里应力符号与岩石力学规定相同，即压应力为正，拉应力为负。由于断裂内岩体破碎程度较高，容易造成应力集中。断裂附近、断裂端部和断裂交汇处，应力水平较高，在这些区域最大主应力分布在 269.97～281.18MPa。最小主应力分布在 58.29～79.64MPa，应力高值区分布在断裂末端，应力低值区分布在断裂与断裂之间[图 6-11(b)]，构造应力分布主要受断裂控制。

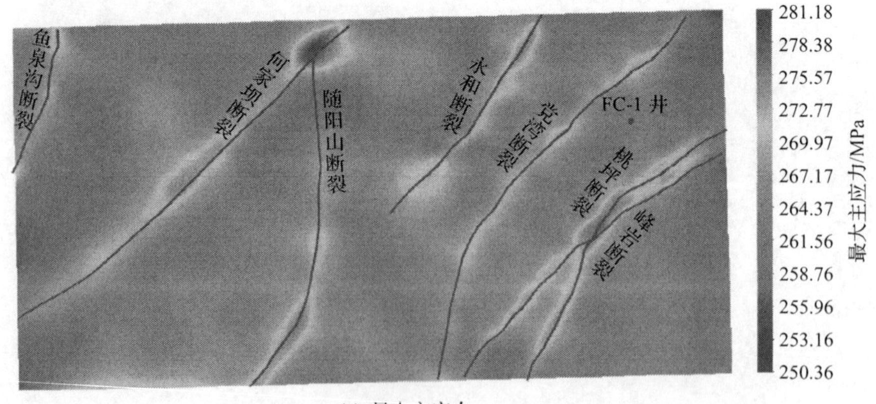

(a) 最大主应力

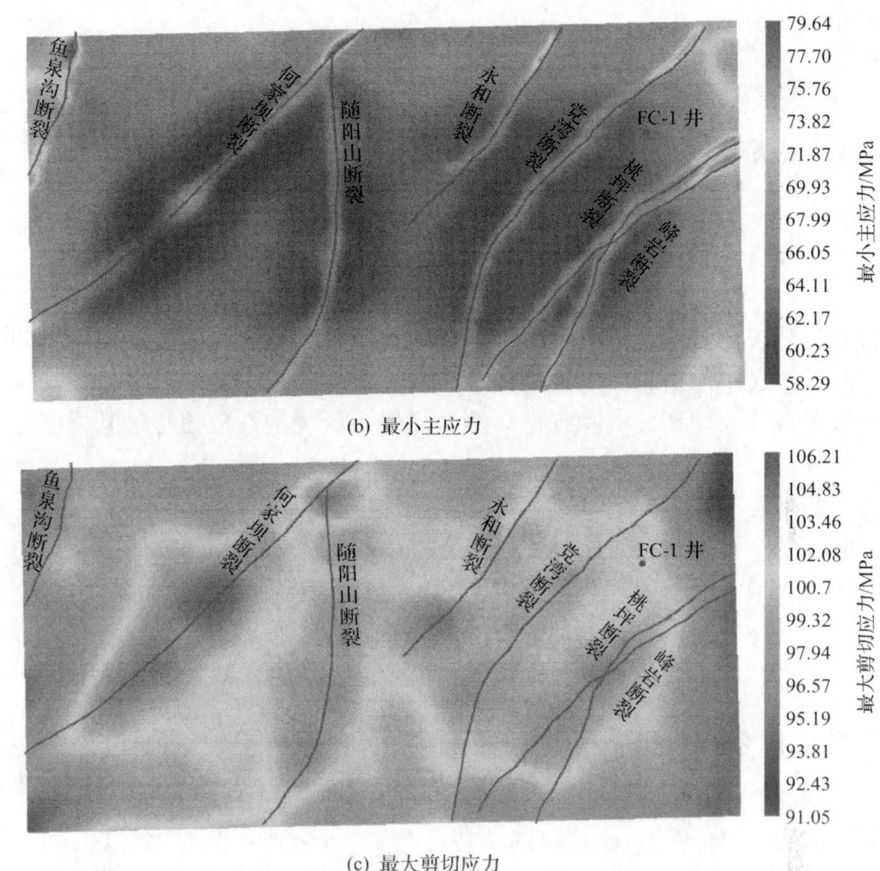

(b) 最小主应力

(c) 最大剪切应力

图 6-11　研究区下寒武统牛蹄塘组页岩应力分布云图

最大剪切应力主要分布在 91.05～106.21MPa[图 6-11(c)]，剪切应力分布主要受断裂位置控制，北东向、北北东-南南西向和北-南向断裂对剪切应力的大小有显著影响。研究区在挤压构造应力场强烈作用下，最大主应力、最小主应力和最大剪切应力的分布都受断裂的影响。

第 7 章　页岩储层裂缝分布定量预测

7.1　储层破裂的力学机制

岩心裂缝表征研究显示研究区下寒武统页岩中构造成因的裂缝是主要的裂缝类型，对低渗透率的页岩储层的勘探开发起着重要作用。构造裂缝按其产生时的力学性质可以分为剪切裂缝和张性裂缝，当岩石所受构造应力超过其强度时，就会形成裂缝。

岩石的破裂准则主要包括：德鲁克–普拉格(Drucker-Prager)准则、莫尔–库仑强度准则、统一强度理论、格林菲斯强度准则和霍克–布朗准则等(梁豪，2014)。在构造应力作用下页岩的破裂形式主要有剪切破裂和张性破裂，运用莫尔–库仑强度准则描述剪切裂缝，格林菲斯强度准则预测张性裂缝。由于同一地区岩性和应力状态的不同及应力场的复杂性和多期叠加效应，页岩的破裂呈现多种类型。

7.1.1　莫尔–库仑强度准则

该准则的理论基础是认为岩石的剪切破裂沿着某个面，这种剪切破裂与该面上的剪切应力 τ 和正应力 σ 有关(图 7-1)。莫尔–库仑强度准则表达式为

$$\tau = C + \sigma \tan\varphi \tag{7-1}$$

其中，σ 和 τ 的表达式为

$$\sigma = \frac{1}{2}(\sigma_1 + \sigma_3) + \frac{1}{2}(\sigma_1 - \sigma_3)\cos 2\beta \tag{7-2}$$

$$\tau = \frac{1}{2}(\sigma_1 - \sigma_3)\sin 2\beta \tag{7-3}$$

式中，τ 为剪切强度；σ 为正应力；φ_0 为岩石的内摩擦角；C 为岩石的黏聚力，其中，C 和 φ_0 均可以通过试验测定；σ_1 为最大主应力；σ_3 为最小主应力；β 为剪切破裂面与最小主应力 σ_3 之间的夹角。

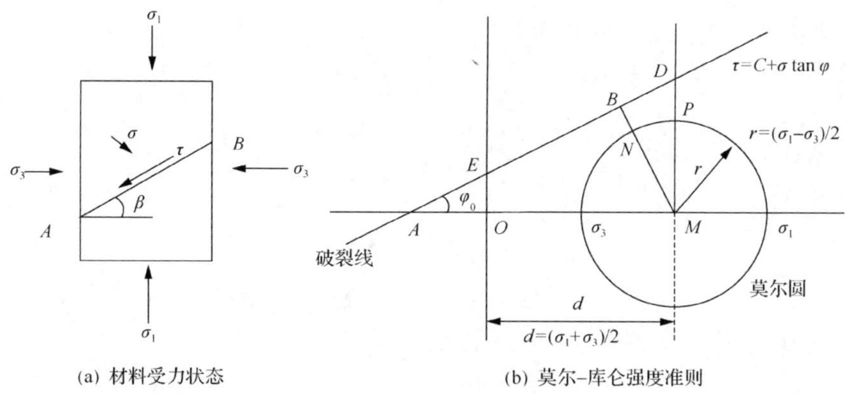

图 7-1　莫尔–库仑强度准则

7.1.2　格林菲斯强度准则

格林菲斯强度准则适用于脆性材料的张性破裂，Griffith(1921)认为脆性材料的破坏受控于材料中广泛存在、随机分布的微裂缝，岩石中由于结构面、沉积作用等普遍存在微裂缝。当岩石受到外力作用时，在有利于发生破裂的微裂缝尖端处出现应力集中现象，导致裂缝扩展形成张性裂缝，如图 7-2 所示。

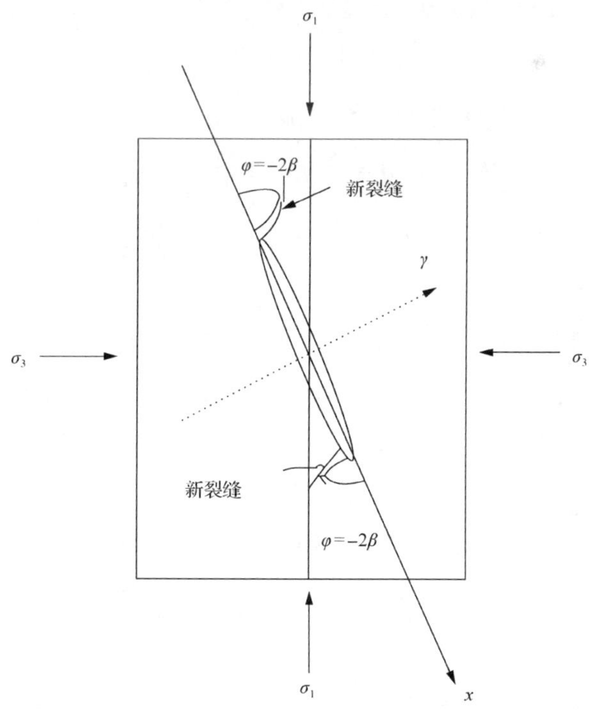

图 7-2　格林菲斯裂缝扩展方向

三维格林菲斯强度准则数学表达式为

当 $\sigma_1+3\sigma_3 \geqslant 0$，

$$(\sigma_1-\sigma_2)^2+(\sigma_2-\sigma_3)^2+(\sigma_1-\sigma_3)^2+24(\sigma_1+\sigma_2+\sigma_3)\sigma_{\mathrm{T}}=0 \tag{7-4}$$

当 $\sigma_1+3\sigma_3<0$，

$$\sigma_3+\sigma_{\mathrm{T}}=0 \tag{7-5}$$

式中，σ_1、σ_2 和 σ_3 分别为最大主应力、中间主应力和最小主应力(规定压应力为正，张应力为负)；σ_{T} 为破裂面上的张应力。

7.2　页岩破裂判别系数研究

7.2.1　页岩剪切破裂判别

由莫尔–库仑强度裂准则可以看出，当岩石处于式(7-1)所对应的应力条件时，对应岩石的剪切破坏临界状态。

通过构造应力场数值模拟，可以得到地层中任意一点的剪切应力 τ_n，岩石的剪切强度 τ 可由式(7-1)可得到。为了定量预测储层中剪切裂缝发育程度，引入剪切破裂系数 S(Ju and Sun, 2016)，其表达式为

$$S=\tau_n/\tau \tag{7-6}$$

为了方便计算，根据图(7-1)可以更加清晰地表达剪破裂系数 S。

$$S=MN/BM=r/DM\times\cos\varphi=(\sigma_1-\sigma_3)/\left[(\sigma_1+\sigma_3)\sin\varphi+2C\cos\varphi\right] \tag{7-7}$$

式中，MN 和 BM 如图 7-1 所示，当 $S>1$ 时，岩石发生剪切破裂；当 $S<1$ 时，岩石不发生破裂。

7.2.2　页岩张性破裂判别

为了定量预测储层中某处的张性裂缝发育程度，引入张性裂缝系数 T，其表达式为(Wu et al., 2017)

$$T=\sigma_{\mathrm{T}}/\sigma_{\mathrm{t}} \tag{7-8}$$

式中，σ_{T} 为岩石的三维等效张应力，经过应力场数值模拟计算后，得到最大主应力 σ_1 和最小主应力 σ_3 的分布，而 σ_{T} 是 σ_1 和 σ_3 的函数，根据式(7-4)和式(7-5)就可以求出 σ_{T}；σ_{t} 为通过室内试验测得的岩石单轴抗拉强度。

根据 T 值可以判断岩石的破裂情况，当 $T>1$ 时，岩石发生破裂，T 值越大，表明岩石张性裂缝越发育。

当 $\sigma_1+3\sigma_3\geqslant 0$ 时，通过最大主应力 σ_1 与破裂面之间的夹角确定临界破裂方位，其表达式为

$$\cos\beta=(\sigma_1-\sigma_3)/\left[2(\sigma_1+\sigma_3)\right] \tag{7-9}$$

当 $\sigma_1+3\sigma_3<0$ 时，张性破裂方向与最大主应力 σ_1 方向一致。

7.2.3　页岩储层破裂综合判别

对研究区下寒武统牛蹄塘组页岩储层岩心裂缝观测显示，页岩储层中没有单独存在张性裂缝或者剪切裂缝，而是同时发育张性裂缝和剪切裂缝。岩石破裂程度是剪切破裂和张性破裂综合作用的结果，并且张性裂缝和剪切裂缝的发育程度不同。这里引入综合破裂系数 I_{c}。

$$I_{\mathrm{c}}=m_0S+nT \tag{7-10}$$

式中，m_0 和 n 分别为岩心中观察到的剪切裂缝和张性裂缝的数量，通过对 FC-1 井岩心裂缝统计分析，剪切裂缝所占比例为 35%，张性裂缝所占比例为 65%。在式(7-10)中，当 $I_{\mathrm{c}}>1$ 时，岩石开始发生破裂；当 $I_{\mathrm{c}}<1$ 时，岩石不发生破裂。

7.3　页岩储层裂缝发育程度定量预测

根据燕山期和喜马拉雅期构造变形叠加后的数值模拟结果，结合上述岩石破裂准则，对研究区下寒武统牛蹄塘组页岩储层构造裂缝发育情况进行定量预测(图 7-3)。

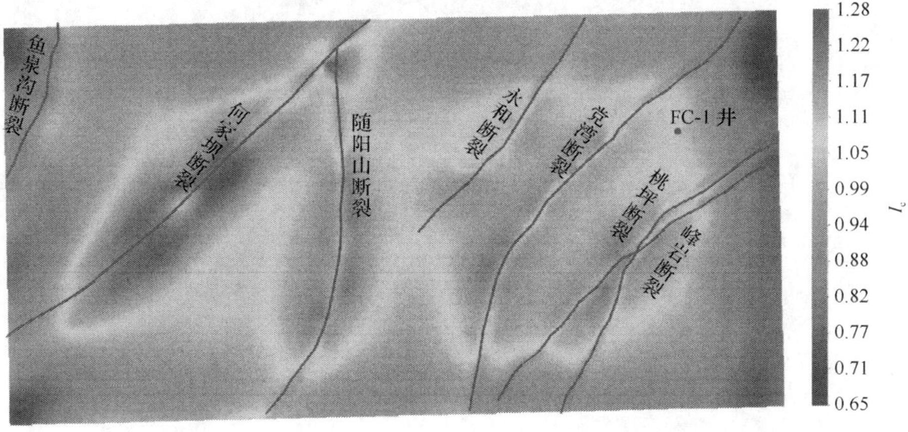

图 7-3　研究区下寒武统牛蹄塘组页岩储层裂缝分布

对研究区下寒武统牛蹄塘组页岩储层裂缝发育程度进行定量预测，通过研究区综合破裂值分布特点和钻井岩心构造裂缝统计分析，将研究区页岩储层裂缝发育程度分为 3 个等级：裂缝发育区(I_c>1.11)、裂缝相对发育区($1<I_c<1.11$)和裂缝不发育区(I_c<1)。

裂缝发育区(I_c>1.11)主要分布在：①何家坝断裂、随阳山断裂、党湾断裂、桃坪断裂和峰岩断裂；②断裂转折处及不同断裂相交处。裂缝相对发育区($1<I_c<1.11$)主要分布在鱼泉沟断裂、随阳山断裂西部、永和断裂、FC-1 井西侧和峰岩断裂西部。其他地方属于裂缝不发育区(I_c<1)，如图 7-4 所示。由此可见，研究区下寒武统牛蹄塘组页岩储层裂缝发育程度主要受断裂控制。下一步研究区的重点勘探区域建议优先选择裂缝发育区。

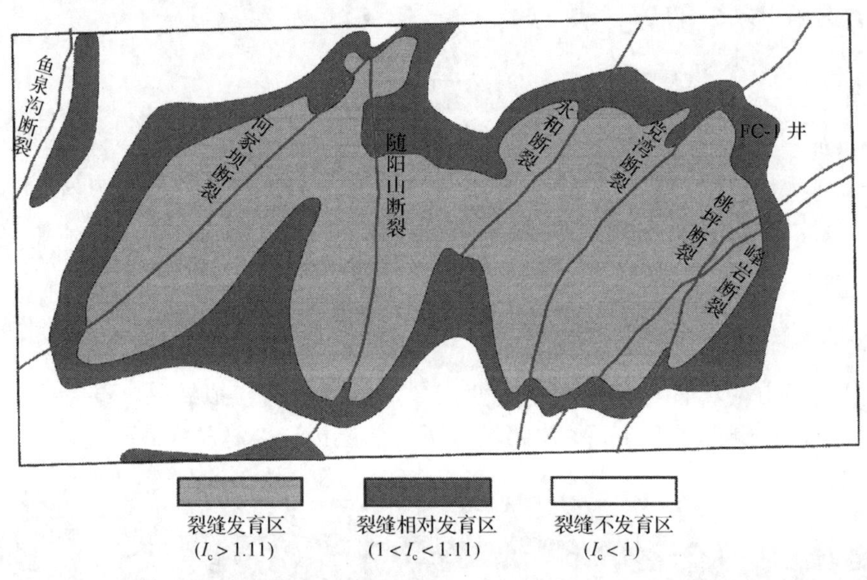

图 7-4　构造裂缝发育评价图

第8章 结　　论

(1) 研究区经历了多期次构造运动，雪峰运动时期(Z)、早—中加里东时期(∈—O)、晚加里东时期(S)、海西期(D—C)、印支期、燕山期和喜马拉雅期。其中，燕山期构造运动最为强烈，喜马拉雅期对燕山期的构造进行了叠加和改造。多期构造运动的叠加，造成了研究区复杂的构造形态。

(2) 通过X射线衍射全岩定量分析和黏土矿物分析，研究区下寒武统牛蹄塘组页岩储层中，石英含量为36%～92%，平均含量为78%；黄铁矿含量为2%～25%，平均含量为7.4%；斜长石含量为3%～23%，平均含量为15%；黏土矿物含量为2%～30%，平均含量为8%，黏土矿物以伊利石为主，平均含量为87%。该区下寒武统牛蹄塘组黑色页岩脆性矿物含量较高，容易在外力作用下形成裂缝。

(3) 通过扫描电镜观察可知：研究区下寒武统牛蹄塘组页岩中发育的孔隙包括粒间孔、有机质孔、溶蚀孔、特殊孔隙(草莓状黄铁矿粒间孔)等，孔隙连通性普遍较差，导致渗透率很低。利用核磁共振测试分析，研究区下寒武统牛蹄塘组页岩中发育大量纳米级孔隙，页岩的孔喉主要分布在0～0.1μm，属于纳米级孔隙，也有少量的微米级孔隙。页岩的孔径分布主要集中在0.001～0.01μm和0.01～0.4μm，说明研究区页岩孔隙以纳米级孔隙为主。通过全岩–应力–应变渗透性试验，测定了不同围压和不同渗透压下页岩的渗透率，结果显示页岩的渗透率与围压呈非线性相关关系，通过数值拟合，发现三次函数拟合程度最高，在较低围压下页岩渗透率随着围压的增大近似呈三次函数关系。随着围压的增大页岩渗透率减小，页岩渗透率与渗透压差近似呈线性正相关关系。在较低围压下，页岩渗透率与渗透压差近似呈线性正相关关系，较低围压下渗透率随着渗透压差的增大而大幅度增加；较高围压下的渗透率增加幅度减小。

(4) 通过数值试验研究了方解石脉充填下页岩在不同加载方向下的破裂模式，将页岩单轴破坏后的最终破坏模式归纳为4种：倒V形($\alpha=0°$、30°、45°)、倒Z形($\alpha=15°$)、直线形($\alpha=75°$)、V形($\alpha=60°$、90°)。观察数值试验中声发射分布情况，其分布特征与宏观破坏模式有相似性，基于分形几何理论，采用计算不同应力水平、不同方向加载条件下的页岩破裂分形维数D_s，能很好地反映页岩的破裂模式。从破裂模式的变化趋势可知，倒Z形破坏试样D_s最大，为1.688016；直线形破坏试样D_s最小，为1.481904；倒V形和V形破坏试样D_s在两者之间。因此，D_s越大，破坏模式越复杂，D_s越小破坏模式越简单。

(5) 对研究区下寒武统牛蹄塘组页岩进行了孔渗试验，通过试验拟合结果可知，有效应力与渗透率和孔隙度满足负指数函数规律，相关性系数在 0.9 以上。在压应力作用下，随着应力的增加，页岩储层产生法向压缩变形，页岩储层孔隙度减小、渗透率下降；研究区下寒武统牛蹄塘组页岩储层压缩系数 m 为 0.1093～0.2814MPa^{-1}，平均为 0.1734MPa^{-1}；应力敏感性系数为 0.08664～0.12223MPa^{-1}，平均为 0.11030MPa^{-1}；利用压缩系数和应力敏感性系数，可以计算出目前地层压力条件下页岩储层的孔隙度和渗透率，对页岩储层物性研究具有十分重要的意义；页岩渗透率损害率为 61.44%～73.93%，平均为 69.92%，参照石油天然气行业标（SY/T 5336-2006、SY/T 5358-2010、SY/T 6385-2016）可知，本区渗透率损害程度中等偏强。渗透率应力敏感系数为 0.04867～0.05485MPa^{-1}，平均为 0.05312MPa^{-1}，因此本区页岩储层应力敏感性强；页岩应力敏感程度与岩石矿物成分及岩石力学性质有关，矿物成分中黏土矿物含量越高，页岩的弹性模量越小，越容易被压缩，应力敏感性系数也越大。

(6) 从宏观到微观角度观察了页岩储层裂缝发育特征，研究区下寒武统牛蹄塘组页岩岩心裂缝发育，以构造裂缝为主，构造裂缝中张性裂缝所占比例大于剪切裂缝。从岩心、显微镜和扫描电镜观测可知，研究区下寒武统牛蹄塘组页岩裂缝充填程度较高，通常微裂缝中最常见的充填物是方解石，其次还有少量石英和黄铁矿。

(7) 构造应力场、岩性和矿物成分、岩石力学性质和有机碳含量是控制页岩储层裂缝的重要因素，其中构造应力场对裂缝的影响程度最高。页岩中石英、白云石、方解石等脆性矿物含量越高，裂缝越发育，有机碳含量也与裂缝发育程度呈正相关关系。研究区燕山期和喜马拉雅期构造运动叠加后的应力场模拟结果表明，在断裂附近，断裂端部和断裂交汇处，应力水平较高，应力低值区分布在断裂与断裂之间。裂缝发育区（$I_c>1.11$）主要分布在：①何家坝断裂、随阳山断裂、党湾断裂、桃坪断裂和峰岩断裂；②断裂转折处及不同断裂带相交处。裂缝相对发育区（$1<I_c<1.11$）主要分布在鱼泉沟断裂、随阳山断裂西部、永和断裂、FC-1 井西侧和峰岩断裂西部。其他地方属于裂缝不发育区（$I_c<1$）。研究区下寒武统牛蹄塘组裂缝的发育程度受断裂控制明显。研究区下一步勘探的重点区域建议优先选择裂缝发育区。

参考文献

白振瑞. 2012. 遵义—綦江地区下寒武统牛蹄塘组页岩沉积特征及页岩气评价参数研究. 北京: 中国地质大学.

薄泊伶, 包书景, 王毅, 等. 2008. 页岩气成藏条件分析——以美国页岩气盆地为例. 石油地质与工程, 22(3): 33-36.

陈吉, 肖贤明. 2013. 南方古生界 3 套富有机质页岩矿物组成与脆性分析. 煤炭学报, 38(5): 822-826.

陈尚斌, 朱炎铭, 王红岩, 等. 2012. 川南龙马溪组页岩气储层纳米孔隙结构特征及其成藏意义. 煤炭学报, 37(3): 438-444.

陈天宇, 冯夏庭, 张希巍, 等. 2014. 黑色页岩力学特性及各向异性特性试验研究. 岩石力学与工程学报, 33(9): 1772-1779.

陈文玲, 周文, 罗平, 等. 2013. 四川盆地长芯 1 井下志留统龙马溪组页岩气储层特征研究. 岩石学报, 29(3): 7-11.

崔健, 张军, 王延民. 2008. 储层裂缝预测方法研究. 重庆科技学院学报(自然科学版), 10(1): 5-8.

戴俊生, 商琳, 王彤达, 等. 2014. 富台潜山凤山组现今地应力场数值模拟及有效裂缝分布预测. 油气地质与采收率, 21(6): 33-36.

邓攀, 陈孟晋, 杨泳. 2006. 分形方法对裂缝性储集层的定量预测研究和评价. 大庆石油地质与开发, 25(2): 18-20.

刁海燕. 2013. 泥页岩储层岩石力学特性及脆性评价. 岩石学报, 29(9): 344-350.

丁文龙, 樊太亮, 黄晓波, 等. 2010. 塔中地区中—下奥陶统古构造应力场模拟与裂缝储层有利区预测. 中国石油大学学报(自然科学版), 34(5): 1-6.

丁文龙, 樊太亮, 黄晓波, 等. 2011a. 塔里木盆地塔中地区上奥陶统古构造应力场模拟与裂缝分布预测. 地质通报, 30(4): 588-594.

丁文龙, 许长春, 久凯, 等. 2011b. 泥页岩裂缝研究进展. 地球科学进展, 26(2): 135-144.

丁文龙, 李超, 李春燕, 等. 2012. 页岩裂缝发育主控因素及其对含气性的影响. 地学前缘, 19(2): 212-220.

丁原辰, 邵兆刚. 2001. 测定岩石经历的最高古应力状态实验研究. 地球科学, 26(1): 99-104.

丁中一, 钱祥麟, 霍红, 等. 1998. 构造裂缝定量预测的一种新方法——二元法. 石油与天然气地质, 19(1): 1-7.

范存辉, 郭彤楼, 王本强, 等. 2013. 四川盆地元坝中部地区须家河组储层裂缝发育特征及控制因素. 油气地质与采收率, 20(5): 52-54.

方小美, 陈明霜. 2011. 页岩气开发将改变全球天然气市场格局——美国能源信息署(EIA)公布全球页岩气资源初评结果. 国际石油经济, 19(6): 40-44.

冯建伟, 戴俊生, 马占荣, 等. 2011. 低渗透砂岩裂缝参数与应力场关系理论模型. 石油学报, 32(4): 664-671.

冯阵东, 戴俊生, 邓航, 等. 2011. 利用分形几何定量评价克拉 2 气田裂缝. 石油与天然气地质, 32(6): 928-933.

顾雯, 王铎翰, 阎建国. 2013. 基于地震多属性的裂缝检测技术. 天然气勘探与开发, 36(3): 17-22.

贵州省地质矿产局. 1987. 贵州省区域地质志. 北京: 地质出版社.

国家能源局. 2010. 沉积岩中粘土矿物和常见非粘土矿物 X 衍射分析方法: SY/T 5163—2010. 北京: 石油工业出版社.

郭科, 胥泽银, 倪根生. 1998. 用主曲率法研究裂缝性油气藏. 物探化探计算技术, 20(4): 335-337.

郭旭升, 李宇平, 刘若冰, 等. 2014. 四川盆地焦石坝地区龙马溪组页岩微观孔隙结构特征及其控制因素. 天然气工业, 34(6): 9-16.

韩双彪, 张金川, 李玉喜, 等. 2013. 黔北地区下寒武统牛蹄塘组页岩气地质调查井位优选. 天然气地球科学, 24(1): 182-187.

衡帅, 杨春和, 郭印同, 等. 2015a. 层理对页岩水力裂缝扩展的影响研究. 岩石力学与工程学报, 34(2): 228-237.

衡帅, 杨春和, 张保平, 等. 2015b. 页岩各向异性特征的试验研究. 岩土力学, 36(3): 609-616.

洪有密. 2008. 测井原理与综合解释. 北京: 中国石油大学出版社.

胡明, 秦启荣, 李昌全. 2005. 叠加构造分析及其应用——以贵州赤水地区为例. 天然气工业, 25(12): 25-27.

胡伟光. 2010. 相干体技术在川东北油气勘探中的应用. 物探化探计算技术, 32(3): 260-264.

黄继钧, 伊海生, 余团. 1996. 油气田构造地质力学分析. 成都: 成都科技大学出版社.

黄继新, 彭仕宓, 王小军, 等. 2006. 成像测井资料在裂缝和地应力研究中的应用. 石油学报, 27(6): 65-69.

黄金亮, 邹才能, 李建忠, 等. 2012. 川南志留系龙马溪组页岩气形成条件与有利区分析. 煤炭学报, 37(5): 782-787.

黄磊, 申维. 2015. 页岩气储层孔隙发育特征及主控因素分析: 以上扬子地区龙马溪组为例. 地学前缘, 22(1): 374-385.

久凯, 丁文龙, 李玉喜, 等. 2012. 黔北地区构造特征与下寒武统页岩气储层裂缝研究. 天然气地球科学, 23(4): 195-201.

鞠玮, 侯贵廷, 冯胜斌, 等. 2014. 鄂尔多斯盆地庆城—合水地区延长组长 63 储层构造裂缝定量预测. 地学前缘, 21(6): 310-320.

鞠玮, 侯贵廷, 黄少英, 等. 2013. 库车坳陷依南-吐孜地区下侏罗统阿合组砂岩构造裂缝分布预测. 大地构造与成矿学, 37(4): 592-602.

琚宜文, 卜红玲, 王国昌. 2014. 页岩气储层主要特征及其对储层改造的影响. 地球科学进展, 29(4): 492-506.

李传亮. 2007. 岩石应力敏感指数与压缩系数之间的关系式. 岩性油气藏, 19(4): 95-98.

李娟, 于炳松, 郭峰. 2013. 黔北地区下寒武统底部黑色页岩沉积环境条件与源区构造背景分析. 沉积学报, 31(1): 20-31.

李娟, 于炳松, 张金川, 等. 2012. 黔北地区下寒武统黑色页岩储层特征及其影响因素. 石油与天然气地质, 33(3): 364-374.

李庆辉, 陈勉, 金衍, 等. 2012a. 含气页岩破坏模式及力学特性的试验研究. 岩石力学与工程学报, 31(s2): 3763-3771.

李庆辉, 陈勉, 金衍, 等. 2012b. 页岩气储层岩石力学特性及脆性评价. 石油钻探技术, 40(4): 17-22.

李守巨, 李德, 武力, 等. 2014. 非均质岩石单轴压缩试验破坏过程细观模拟及分形特性. 煤炭学报, 39(5): 849-854.

李四光. 1973. 地质力学概论. 北京: 科学出版社.

李启翠, 楼一珊, 史文专, 等. 2013. FMI 成像测在四川盆地页岩气地层中的应用. 石油地质与工程, 27(6): 58-60.

李新景, 胡素云, 程克明. 2007. 北美裂缝性页岩气勘探开发的启示. 石油勘探与开发, 34(4): 392-400.

李新景, 吕宗刚, 董大忠, 等. 2009. 北美页岩气资源形成的地质条件. 天然气工业, 29(5): 27-32.

李志军, 张瀛, 窦煜, 等. 2013. 曲率法致密砂岩储层裂缝预测. 西南石油大学学报(自然科学版), 35(6): 57-63.

李志勇, 曾佐勋, 罗文强. 2003. 裂缝预测主曲率法的新探索. 石油勘探与开发, 30(6): 83-85.

李忠平. 2014. 深层致密砂岩气藏裂缝特征描述、识别及分布评价. 成都: 成都理工大学.

梁豪. 2014. 页岩储层岩石脆性破裂机理及评价方法. 成都: 西南石油大学.

刘传虎. 2001. 地震相干分析技术在裂缝油气藏预测中的应用. 石油地球物理勘探, 36(2): 238-244.

刘宏, 蔡正旗, 谭秀成, 等. 2008. 川东高陡构造薄层碳酸盐岩裂缝性储集层预测. 石油勘探与开发, 35(4): 431-436.

刘金华. 2009. 油气储层裂缝形成、分布及有效性研究. 东营: 中国石油大学.

刘树根, 马文革, Luba J, 等. 2011. 四川盆地东部地区下志留统龙马溪组页岩储层特征. 岩石学报, 27(8): 2239-2252.

刘晓梅, 孙勤华, 刘建新, 等. 2009. 利用地震属性、多元统计分析理论和 ANFIS 预测碳酸盐岩储层裂缝孔隙度. 测井技术, 33(3): 257-260.

鹿重阳, 左宇军, 李希建, 等. 2016. 贵州凤冈地区页岩气储层裂缝发育研究. 中国科技论文, 11(3): 307-310.

罗安银, 李振苓, 代红霞. 2015. 页岩气测井技术及应用. 油气田勘探与开发国际会议, 西安.

孟庆峰, 侯贵廷. 2012. 页岩气成藏地质条件及中国上扬子区页岩气潜力. 油气地质与采收率, 19(1): 11-14.

孟召平, 侯泉林. 2012. 煤储层应力敏感性及影响因素的试验分析. 煤炭学报, 37(3): 430-437.

穆龙新, 赵国良, 田中元, 等. 2009. 储层裂缝预测研究. 北京: 石油工业出版社.

聂海宽, 张金川, 张培先, 等. 2009a. 福特沃斯盆地 Barnett 页岩气藏特征及启示. 地质科技情报, 28(2): 87-93.

聂海宽, 唐玄, 边瑞康. 2009b. 页岩气成藏控制因素及中国南方页岩气发育有利区预测. 石油学报, 30(4): 484-491.

牛虎林, 田作基, 胡欣, 等. 2008. 成像测井解释模式在基岩油气藏裂缝性储层的应用研究. 地球物理学进展, 23(5): 1544-1549.

彭红利, 熊钰, 孙良田. 2005. 主曲率法在麻柳场嘉陵江组裂缝预测中的应用研究. 特种油气藏, 12(4): 21-23.

秦守荣, 刘爱民. 1998. 论贵州喜山期的构造运动. 贵州地质, 15(2): 105-114.

邱登峰, 郑孟林, 张瑜, 等. 2012. 塔中地区构造应力场数值模拟研究. 大地构造与成矿学, 36(2): 168-175.

任学平, 高耀东. 2007. 弹性力学基础及有限单元法. 武汉: 华中科技大学出版社.

沈国华. 2008. 有限元数值模拟方法在构造裂缝预测中的应用. 油气地质与采收率, 15(4): 24-26, 29.

石油工业标准化技术委员会. 2007. 岩心分析方法: SY/T 5336—2006. 北京: 石油工业出版社.

石油工业标准化技术委员会. 2010. 储层敏感性流动实验评价方法: SY/T 5358—2010. 北京: 石油工业出版社.

宋惠珍, 曾海容, 孙君秀, 等. 1999a. 储层古应力场的数值模拟. 地震地质, 21(3): 193-203.

宋惠珍, 曾海容, 孙君秀, 等. 1999b. 储层构造裂缝预测方法及其应用. 地震地质, 21(3): 205-213.

苏朝光, 刘传虎, 王军, 等. 2002. 相干分析技术在泥岩裂缝油气藏预测中的应用. 石油物探, 41(2): 197-201.

孙全宏. 2014. 黔西北地区龙潭组页岩气形成条件与分布预测. 北京: 中国地质大学.

孙尚如. 2003. 预测储层裂缝的两种曲率方法应用比较. 地质科技情报, 22(4): 71-74.

孙晓庆. 2008. 古构造应力场有限元数值模拟的应用及展望. 断块油气田, 15(3): 31-33.

孙岩, 陆现彩, 舒良树, 等. 2008. 岩石中纳米粒子层的观察厘定及其地质意义. 地质力学学报, 14(1): 37-44.

谭成轩, 王连捷. 1999. 三维构造应力场数值模拟在含油气盆地构造裂缝分析中应用初探. 地球学报, 20(4): 392-394.

唐永, 刘怀庆, 黎清华, 等. 2015. 广西灵山断裂带构造应力场地质分析及活动性预测. 大地构造与成矿学, 39(1): 62-75.

唐永, 梅廉夫, 陈友智, 等. 2012. 川东北宣汉—达县地区构造应力场对裂缝的控制. 地质力学学报, 18(2): 120-139.

唐永, 梅廉夫, 肖安成, 等. 2013. 川东北宣汉—达县地区晚中生代—新生代构造应力场转化及其油气意义. 石油学报, 34(1): 59-70.

天工. 2015. 重庆现全球第二大页岩气田. 天然气工业, 1(10): 150.

童亨茂. 2004. 储层裂缝描述与预测研究进展. 新疆石油学院学报, 16(2): 9-13.

万天丰. 2004. 中国大地构造学纲要. 北京: 地质出版社.

万学鹏, 欧瑾, 于兴河. 2007. 利用相干体技术研究碳酸盐岩裂缝特征. 断块油气田, 14(3): 43-45.

王静. 2012. 南海现代构造应力场分析与研究. 青岛: 中国科学院研究生院(海洋研究所).

王俊鹏, 张荣虎, 赵继龙, 等. 2014. 超深层致密砂岩储层裂缝定量评价及预测研究——以塔里木盆地克深气田为例. 天然气地球科学, 25(11): 1735-1745.

王珂, 戴俊生, 商琳, 等. 2014. 曲率法在库车坳陷克深气田储层裂缝预测中的应用. 西安石油大学学报(自然科学版), 29(1): 34-39, 45.

王珂, 张荣虎, 戴俊生, 等. 2015. 低渗透储层裂缝研究进展. 地球科学与环境学报, 37(2): 44-58.

王坤阳, 杜谷, 杨玉杰, 等. 2014. 应用扫描电镜与 X 射线能谱仪研究黔北黑色页岩储层孔隙及矿物特征. 岩矿测试, 33(5): 634-639.

王雷, 陈海清, 陈国文, 等. 2010. 应用曲率属性预测裂缝发育带及其产状. 石油地球物理勘探, 45(6): 885-889.

王丽波, 久凯, 曾维特, 等. 2013. 上扬子黔北地区下寒武统海相黑色泥页岩特征及页岩气远景区评价. 岩石学报, 29(9): 3263-3278.

王濡岳, 丁文龙, 龚大建, 等. 2016. 渝东南—黔北地区下寒武统牛蹄塘组页岩裂缝发育特征与主控因素. 石油学报, 37(7): 832-845.

王世玉. 2013. 黔北地区上奥陶统五峰组—下志留统龙马溪组黑色页岩(气)特征研究. 成都: 成都理工大学.

王秀平, 牟传龙, 葛详英, 等. 2015. 川南及邻区龙马溪组黑色岩系矿物组分特征及评价. 石油学报, 36(2): 150-162.

王玉满, 董大忠, 李建忠, 等. 2012. 川南下志留统龙马溪组页岩气储层特征. 石油学报, 33(4): 551-561.

汪勇. 2013. 裂缝油气藏储层预测方法及应用研究. 武汉: 中国地质大学.

邬光辉, 李建军, 杨栓荣, 等. 2002. 塔里木盆地中部地区奥陶纪碳酸盐岩裂缝与断裂的分形特征. 地质科学, 37(s1): 51-56.

邬忠虎. 2017. 下寒武统牛蹄塘组页岩储层裂缝特征及分布预测研究——以贵州凤冈三区块为例. 贵阳: 贵州大学.

邬忠虎, 左宇军, 鹿重阳, 等. 2015. 凤冈地区构造特征与页岩储层裂缝研究. 科学技术与工程, 15(32): 156-160.

巫芙蓉, 李亚林, 王玉雪, 等. 2006. 储层裂缝发育带的地震综合预测. 天然气工业, 26(11): 49-51.

吴礼明, 丁文龙, 张金川, 等. 2011. 渝东南地区下志留统龙马溪组富有机质页岩储层裂缝分布预测. 石油天然气学报, 33(9): 43-46.

吴胜和. 2010. 储层表征与建模. 北京: 石油工业出版社.

向立宏. 2008. 济阳坳陷泥岩裂缝主控因素定量分析. 油气地质与采收率, 15(5): 31-33.

肖立志. 2010. 成像测井学基础. 北京: 石油工业出版社.

谢和平. 1996. 分形–岩石力学导论. 北京: 科学出版社.

杨迪, 刘树根, 单钰铭, 等. 2013. 上扬子地区牛蹄塘组黑色页岩的力学性质. 成都理工大学学报(自然科学版), 40(6): 677-687.

杨建, 付永强, 陈鸿飞, 等. 2012. 页岩储层的岩石力学特性. 天然气工业, 32(7): 12-14.

杨剑, 易发成. 2012. 黔北下寒武统黑色岩系元素赋存状态及富集模式. 矿物学报, 32(2): 112-118.

杨剑, 易发成, 侯兰杰. 2004. 黔北黑色岩系的岩石地球化学特征和成因. 矿物学报, 24(3): 285-289.

杨志鹏, 何柏, 谢凌志, 等. 2015. 基于巴西劈裂试验的页岩强度与破坏模式研究. 岩土力学, 36(12): 3447-3455.

易同生, 赵霞. 2014. 贵州下寒武统牛蹄塘组页岩储层特征及其分布规律. 天然气工业, 34(8): 8-14.

姚军辉. 2012. 准噶尔盆地百 31 断块储层裂缝预测研究. 北京: 中国矿业大学.

姚瑞士, 王璞珺, 宋立忠, 等. 2011. 松辽盆地营城组火山岩孔隙与裂缝的成像测井研究. 地球物理学进展, 26(6): 2122-2131.

殷有泉. 1987. 有限单元方法及其在地学中的应用. 北京: 地震出版社.

尹燕义, 柳成志, 陈洪波, 等. 1998. 裂缝型储层裂缝发育程度分形描述方法. 东北石油大学学报, 22(1): 8-10.

于炳松. 2013. 页岩气储层孔隙分类与表征. 地学前缘, 20(4): 211-220.

于庆磊, 唐春安, 唐世斌. 2007. 基于数字图像的岩石非均匀性表征技术及初步应用. 岩石力学与工程学报, 26(3): 551-559.

于庆磊, 唐春安, 朱万成, 等. 2008. 基于数字图像的混凝土破坏过程的数值模拟. 工程力学, 25(9): 72-78.

于庆磊, 杨天鸿, 郑超, 等. 2011. 岩石细观结构对其变形强度影响的数值分析. 岩土力学, 32(11): 3468-3472.

岳喜伟, 戴俊生, 王珂. 2014. 岩石力学参数对裂缝发育程度的影响. 地质力学学报, (4): 372-378.

袁宏, 肖加飞, 何熙琦, 等. 2007. 黔北牛蹄塘组的地球化学特征及形成环境. 贵州地质, 24(1): 55-59, 63.

袁士义, 新民, 启全, 等. 2004. 裂缝性油藏开发技术. 北京: 石油工业出版社.

曾锦光, 罗元华, 陈太源. 1982. 应用构造面主曲率研究油气藏裂缝问题. 力学学报, 18(2): 202-206.

曾联波, 柯式镇, 刘洋. 2010. 低渗透油气储层裂缝研究方法. 北京: 石油工业出版社.

曾联波, 李跃纲, 张贵斌, 等. 2007. 川西南部上三叠统须二段低渗透砂岩储层裂缝分布的控制因素. 中国地质, 34(4): 622-627.

曾联波, 肖淑蓉. 1999. 低渗透储集层中的泥岩裂缝储集体. 石油实验地质, 21(3): 266-269.

张凤莲, 曹国银, 李玉清, 等. 2007. 地震属性分析技术在松辽北徐东地区火山岩裂缝中的应用. 东北石油大学学报, 31(2): 12-14.

张金川, 金之钧, 袁明生. 2004. 页岩气成藏机理和分布. 天然气工业, 24(7): 15-18.

张明, 姚逢昌, 韩大匡, 等. 2007. 多分量地震裂缝预测技术进展. 天然气地球科学, 18(2): 293-297.

张树东, 司马立强, 刘萍英, 等. 2007. 基于测井新技术解释有效裂缝发育规律. 西南石油大学学报, 29(1): 23-25.

赵力彬, 戴俊生, 孙勇, 等. 2012. 分形几何方法在克拉 2 气田裂缝预测中的应用. 新疆石油地质, 33(5): 595-598.

赵松. 2013. 黔北地区构造特征及其下古生界黑色页岩裂缝发育特征和分布规律研究. 北京: 中国地质大学.

赵杏媛, 何东博. 2012. 黏土矿物与页岩气. 新疆石油地质, 33(6): 643-647.

中国电力企业联合会. 2013. 工程岩体试验方法标准: GB/T 50266—2013. 北京: 中国计划出版社.

中国石油天然气集团公司. 2016. 覆压下岩石孔隙度和渗透率测定方法: SY/T 6385—2016. 北京: 石油工业出版社.

中华人民共和国国家标准化管理委员会. 2009. 煤和岩石物理力学性质测定方法 第 7 部分: 单轴抗压强度测定及软化系数计算方法: GB/T 23561.7—2009. 北京: 中国标准出版社.

中华人民共和国国家标准化管理委员会. 2009. 煤和岩石物理力学性质测定方法 第 9 部分: 煤和岩石三轴强度及变形参数测定方法: GB/T 23561.9—2009. 北京: 中国标准出版社.

中华人民共和国国家标准化管理委员会. 2010. 煤和岩石物理力学性质测定方法 第 10 部分: 煤和岩石抗拉强度测定方法: GB/T 23561.10—2010. 北京: 中国标准出版社.

钟建华, 刘圣鑫, 马寅生, 等. 2015. 页岩宏观破裂模式与微观破裂机理. 石油勘探与开发, 42(2): 242-250.

周新桂, 孙宝珊, 李跃辉. 1998. 辽河张强凹陷科尔康油田储层裂隙预测研究. 地质力学学报, 4(3): 70-75.

周新桂, 张林炎, 范昆. 2007. 含油气盆地低渗透储层构造裂缝定量预测方法和实例. 天然气地球科学, 18(3): 328-333.

周泽. 2015. 贵州凤冈二区块下寒武统牛蹄塘组页岩气成藏特征研究. 徐州: 中国矿业大学.

朱炎铭, 王阳, 陈尚斌, 等. 2016. 页岩储层孔隙结构多尺度定性-定量综合表征: 以上扬子海相龙马溪组为例. 地学前缘, 23(1): 154-163.

朱珍德, 张爱军, 徐卫亚. 2002. 脆性岩石全应力—应变过程中渗流特性试验研究. 岩土力学, 23(5): 555-559.

邹才能. 2011. 非常规油气地质. 北京: 地质出版社.

Ameen M S, Macpherson K, Al-Marhoon M I, et al. 2012. Diverse fracture properties and their impact on performance in conventional and tight-gas reservoirs, Saudi Arabia: the Unayzah, South Haradh case study. Aapg Bulletin, 96(3): 459-492.

Bayly B. 1992. Mechanics in Structural Geology. Springer US.

Baytok S, Pranter M J. 2013. Fault and fracture distribution within a tight-gas sandstone reservoir: mesaverde group, mamm creek field, piceance basin, colorado, usa. Petroleum Geoscience, 19(3): 203-222.

Bouboulis P, Dalla L, Drakopoulos V. 2006. Construction of recurrent bivariate fractal interpolation surfaces and computation of their box-counting dimension. Journal of Approximation Theory, 141(2): 99-117.

Bowker K A. 2007. Barnett shale gas production, fort worth basin: issues and discussion. Aapg Bulletin, 91(4): 523-533.

Brady B H G, Brown E T. 2006. Rock Mechanics for Underground Mining. Springer Netherlands.

Cho Y, Ozkan E, Apaydin O G. 2013. Pressure-dependent natural-fracture permeability in shale and its effect on shale-gas well production. Spe Reservoir Evaluation & Engineering, 16(2): 216-228.

Chopra S, Marfurt K J. 2014. Observing fracture lineaments with euler curvature. Leading Edge, 33 (2) : 122-126.

Curtis J B. 2002. Fractured shale-gas systems. Aapg Bulletin, 86 (11) : 1921-1938.

Ding W, Li C, Li C, et al. 2012. Fracture development in shale and its relationship to gas accumulation. Geoscience Frontiers, 3 (1) : 97-105.

Ding W, Zhu D, Cai J, et al. 2013. Analysis of the developmental characteristics and major regulating factors of fractures in marine–continental transitional shale-gas reservoirs: a case study of the Carboniferous–Permian strata in the southeastern Ordos Basin, central China. Marine and Petroleum Geology, 45 (4) : 121-133.

Dubinya N, Lukin S, Chebyshev I, et al. 2015. Two-way coupled geomechanical analysis of naturally fractured oil reservoir's behavior using finite element method. SPE Russian Petroleum Technology Conference: 1-15.

EIA. 2013. Annual energy outlook 2013 early release overview. http://www.eia.gov/forecasts/aeo/er/executive_summary.cfm.

Elgmati M. 2011. Shale gas rock characterization and 3D submicron pore network reconstruction.

Ghosh K, Mitra S. 2009. Structural controls of fracture orientations, intensity, and connectivity, teton anticline, sawtooth range, Montana. Aapg Bulletin, 93 (8) : 995-1014.

Griffith A A. 1921. The phenomena of rupture and flow in solids. Philosophical Transactions of the Royal Society of London. Series A, Containing Papers of a Mathematical or Physical Character, 221 (2) : 163-198.

Guo P, Yao L, Ren D. 2016. Simulation of three-dimensional tectonic stress fields and quantitative prediction of tectonic fracture within the Damintun Depression, Liaohe Basin, northeast China. Journal of Structural Geology, 86: 211-223.

He J, Ding W, Jiang Z, et al. 2016. Logging identification and characteristic analysis of the lacustrine organic-rich shale lithofacies: a case study from the Es_3^L shale in the Jiyang Depression, Bohai Bay Basin, Eastern China. Journal of Petroleum Science and Engineering, 145: 238-255.

He J, Ding W, Jiang Z, et al. 2017. Mineralogical and chemical distribution of the Es_3^L oil shale in the Jiyang Depression, Bohai Bay Basin（E China）: implications for paleoenvironmental reconstruction and organic matter accumulation. Marine and Petroleum Geology, 81 (2) : 196-219.

Hill D G, Nelson C R. 2000. Reservoir properties of the Upper Cretaceous Lewis Shale, a new natural gas play in the San Juan Basin. Aapg Bulletin, 84 (8) : 1240.

Hu H, Hao F, Lin J, et al. 2017. Organic matter-hosted pore system in the Wufeng-Longmaxi（O_3w-S_1l）shale, Jiaoshiba area, Eastern Sichuan Basin, China. International Journal of Coal Geology, 173 (9) : 40-50.

Hunt L, Reynolds S, Hadley S, et al. 2011. Causal fracture prediction: curvature, stress, and geomechanics. Leading Edge, 30 (11) : 1274-1286.

Jarvie D M, Hill R J, Ruble T E, et al. 2007. Unconventional shale-gas systems: the Mississippian Barnett Shale of north-central Texas as one model for thermogenic shale-gas assessment. Aapg Bulletin, 91 (4) : 475-499.

Javadpour F. 2009. Nanopores and apparent permeability of gas flow in mudrocks（shales and siltstone）. Journal of Canadian Petroleum Technology, 48 (8) : 16-21.

Jiu K, Ding W, Huang W, et al. 2013. Simulation of paleotectonic stress fields within Paleogene shale reservoirs and prediction of favorable zones for fracture development within the Zhanhua Depression, Bohai Bay Basin, east China. Journal of Petroleum Science and Engineering, 110 (7) : 119-131.

Jr G H. 1965. Quantitative fracture study: Sanish Pool, Mckenzie County, north Dakota. Am. Assoc. Pet. Geol. Bull.;（United States）, 49: 14 (1) : 57-65.

Ju W, Sun W. 2016. Tectonic fractures in the Lower Cretaceous Xiagou Formation of Qingxi Oilfield, Jiuxi Basin, NW China. Part two: numerical simulation of tectonic stress field and prediction of tectonic fractures. Journal of Petroleum Science and Engineering, 146(2): 626-636.

Li J, Du Q, Sun C. 2009. An improved box-counting method for image fractal dimension estimation. Pattern Recognition, 42(11): 2460-2469.

Li Y, Huang R. 2015. Relationship between joint roughness coefficient and fractal dimension of rock fracture surfaces. International Journal of Rock Mechanics and Mining Sciences, 75(1): 15-22.

Li Z, Oyediran I A, Huang R, et al. 2016. Study on pore structure characteristics of marine and continental shale in China. Journal of Natural Gas Science and Engineering, 33(3): 143-152.

Lisjak A, Grasselli G, Vietor T. 2014. Continuum–discontinuum analysis of failure mechanisms around unsupported circular excavations in anisotropic clay shales. International Journal of Rock Mechanics and Mining Sciences, 65(19): 96-115.

Lisle. 1994. Detection of zones of abnormal strains in structures using gaussian curvature analysis. Aapg Bulletin, 78(12): 1811-1819.

Liu H Y, Kou S Q, Lindqvist P A. 2002. Numerical simulation of the fracture process in cutting heterogeneous brittle material. International Journal of Rock Mechanics and Mining Sciences, 26(26): 1253-1278.

Loucks R G, Ruppel S C. 2007. Mississippian Barnett Shale: lithofacies and depositional setting of a deep-water shale-gas succession in the Fort Worth Basin, Texas. Aapg Bulletin, 91(4): 579-601.

Meng W, Chen Z, Li P, et al. 2009. Exploration theories and practices of buried-hill reservoirs: a case from Liaohe Depression. Petroleum Exploration and Development, 36(2): 136-143.

Meng Z P, Xian X M. 2013. Analysis of the mechanical property of mudstone/shale in paralic coal measures and its influence factors. Journal of Coal Science and Engineering (China), 19(1): 1-7.

Meng Z, Li G. 2013. Experimental research on the permeability of high-rank coal under a varying stress and its influencing factors. Engineering Geology, 162(6): 108-117.

Mokhtari M, Alqahtani A, Tutuncu A N. 2013. Failure behavior of anisotropic Shales. US Rock Mechanics/Geome chanics Symposium.

Montgomery S L, Jarvie D M, Bowker K A, et al. 2005. Mississippian Barnett Shale, Fort Worth Basin, North-Central Texas: gas-shale play with multi–trillion cubic foot potential. Aapg Bulletin, 89(2): 155-175.

Murray G H. 1968. Quantitative fracture study: Sanish Pool, Mckenzie County, North Dakota. Aapg Bulletin, 49(9): 1570-1571.

Nelson R A. 2001. Geologic Analysis of Naturally Fractured Reservoirs. Gulf Professional Pub.

Niandou H, Shao J F, Henry J P, et al. 1997. Laboratory investigation of the mechanical behaviour of Tournemire shale. International Journal of Rock Mechanics and Mining Sciences, 34(1): 3-16.

Pei P, Zeng Z, Ling K. 2014. Finite element study of the paleostress and natural fracture development in the Bakken formation, Nesson anticline area, North Dakota. Journal of Petroleum Science Research, 3(4): 197.

Pireh A, Alavi S A, Ghassemi M R, et al. 2015. Analysis of natural fractures and effect of deformation intensity on fracture density in Garau formation for shale gas development within two anticlines of Zagros fold and thrust belt, Iran. Journal of Petroleum Science and Engineering, 125(2): 162-180.

Price N J. 1966. Fault and Joint Development in Brittle and Semi-brittle Rock. Oxford, England: Pergamon Press.

Rossi F, Di Carlo A, Lugli P. 1998. Microscopic theory of quantum-transport phenomena in mesoscopic systems: a Monte Carlo approach. Physical Review Letters, 80(15): 3348.

Ross D J K, Bustin R M. 2008. Characterizing the shale gas resource potential of Devonian-Mississippian strata in the Western Canada sedimentary basin: application of an integrated formation evaluation. Aapg Bulletin, 92(1): 87-125.

Ross D J K, Marc Bustin R. 2009. The importance of shale composition and pore structure upon gas storage potential of shale gas reservoirs. Marine and Petroleum Geology, 26(6): 916-927.

Rouquerol J, Avnir D, Fairbridge C W, et al. 1994. Recommendations for the characterization of porous solids, International Union of Pure and APPlied chemistry. Pure Applied Chemistry, 68: 1739-1758.

Rybacki E, Reinicke A, Meier T, et al. 2015. What controls the mechanical properties of shale rocks? – Part I: strength and Young's modulus. Journal of Petroleum Science and Engineering, 135(4): 702-722.

Rybacki E, Meier T, Dresen G. 2016. What controls the mechanical properties of shale rocks?—Part Ⅱ: brittleness. Journal of Petroleum Science and Engineering, 144: 39-58.

Rubinstein R Y, Kroese D P. 2011. Simulation and the Monte Carlo Method. John Wiley & Sons.

Sanei M, Faramarzi L, Goli S, et al. 2013. Development of a new equation for joint roughness coefficient (JRC) with fractal dimension: a case study of Bakhtiary Dam site in Iran. Arabian Journal of Geosciences, 8(1): 465-475.

Shaban A, Sherkati S, Miri S A. 2011. Comparison between curvature and 3d strain analysis methods for fracture predicting in the Gachsaran oil field (Iran). Geological Magazine, 148(5-6): 868-878.

Sliz K, Al-Dossary S. 2014. Seismic attributes and kinematic azimuthal analysis for fracture and stress detection in complex geologic settings. Interpretation, 2(1): SA67-SA75.

Smart K J, Ferrill D A, Morris A P. 2009. Impact of interlayer slip on fracture prediction from geomechanical models of fault-related folds. Aapg Bulletin, 93(11): 1447-1458.

Sondergeld C H, Ambrose R J, Rai C S, et al. 2010. Microstructural studies of gas shales. Society of Petroleum Engineers.

Sone H, Zoback M D. 2013. Mechanical properties of shale-gas reservoir rocks—Part 1: static and dynamic elastic properties and anisotropy. Geophysics, 78(5): D381-D392.

Tingay M, Muller B, Reinecker J, et al. 2012. Understanding tectonic stress in the oil patch: The World Stress Map Project. Leading Edge, 24(12): 1276-1282.

Wang L, Fu Y, Li J, et al. 2016a. Mineral and pore structure characteristics of gas shale in Longmaxi formation: a case study of Jiaoshiba gas field in the southern Sichuan Basin, China. Arabian Journal of Geosciences, 9(19): 733.

Wang R, Ding W, Zhang Y, et al. 2016b. Analysis of developmental characteristics and dominant factors of fractures in lower Cambrian marine shale reservoirs: a case study of niutitang formation in Cen'Gong Block, Southern China. Journal of Petroleum Science and Engineering, 138(5): 31-49.

Wang R, Gu Y, Ding W, et al. 2016c. Characteristics and dominant controlling factors of organic-rich marine shales with high thermal maturity: a case study of the Lower Cambrian Niutitang Formation in the Cen'Gong Block, Southern China. Journal of Natural Gas Science and Engineering, 33(3): 81-96.

Wang S Y, Sloan S W, Sheng D C, et al. 2012a. Numerical analysis of the failure process around a circular opening in rock. Computers and Geotechnics, 39(1): 8-16.

Wang S Y, Sloan S W, Tang C A, et al. 2012b. Numerical simulation of the failure mechanism of circular tunnels in transversely isotropic rock masses. Tunnelling & Underground Space Technology Incorporating Trenchless Technology Research, 32(11): 231-244.

Warlick D. 2006. Gas shale and cbm development in North America. Oil and Gas Financial Journal, 3(11): 1-5.

World Energy Council. 2010. Survey of energy resources :focus on shale gas. General Information.

Wu Z H, Zuo Y J, Wang S Y, et al. 2016. Numerical simulation and fractal analysis of mesoscopic scale failure in shale using digital images. Journal of Petroleum Science and Engineering, 145(3): 592-599.

Wu Z H, Zuo Y J, Wang S Y, et al. 2017. Numerical study of multi-period palaeotectonic stress fields in lower cambrian shale reservoirs and the prediction of fractures distribution: a case study of the Niutitang formation in Feng'gang No. 3 block, South China. Marine and Petroleum Geology, 80: 369-381.

Yang R, He S, Yi J, et al. 2016. Nano-scale pore structure and fractal dimension of organic-rich Wufeng-Longmaxi shale from Jiaoshiba area, Sichuan Basin: investigations using FE-SEM, gas adsorption and helium pycnometry. Marine and Petroleum Geology, 70 (2) : 27-45.

Yang S, Huang L, Xie F, et al. 2014. Quantitative analysis of the shallow crustal tectonic stress field in China mainland based on in situ stress data . Journal of Asian Earth Sciences, 85 (2) : 154-162.

Yue G Y, Du S Q. 1987. Superposition of stresses and combined structure. Science China Chemistry, 30 (8) : 93-105.

Zeng L, Wang H, Gong L, et al. 2010. Impacts of the tectonic stress field on natural gas migration and accumulation: a case study of the Kuqa Depression in the Tarim Basin, China. Marine and Petroleum Geology, 27 (7) : 1616-1627.

Zeng W, Ding W, Zhang J, et al. 2013a. Fracture development in Paleozoic shale of Chongqing area (South China). Part two: numerical simulation of tectonic stress field and prediction of fractures distribution. Journal of Asian Earth Sciences, 75 (8) : 267-279.

Zeng W, Zhang J, Ding W, et al. 2013b. Fracture development in Paleozoic shale of Chongqing area (South China). Part one: fracture characteristics and comparative analysis of main controlling factors. Journal of Asian Earth Sciences, 75 (8) : 251-266.

Zhang D, Ranjith P G, Perera M S A. 2016. The brittleness indices used in rock mechanics and their application in shale hydraulic fracturing: a review. Journal of Petroleum Science and Engineering, 143 (2) : 158-170.

Zhao H, Givens N B, Curtis B. 2007. Thermal maturity of the Banett Shale determined from well-log analysis. Aapg Bulletin, 91 (4) : 535-549.

Zhu W C, Liu J, Tang C A, et al. 2005. Simulation of progressive fracturing processes around underground excavations under biaxial compression. Tunnelling and Underground Space Technology, 20 (3) : 231-247.

Zoback M L, Zoback M D, Adams J, et al. 1989. Global patterns of tectonic stress. Nature, 341 (6240) : 291-298.

Zoback M D. 2010. Reservoir Geomechanics. Cambridge University Press.

Zou C, Dong D, Wang S, et al. 2010. Geological characteristics and resource potential of shale gas in China. Petroleum Exploration and Development, 37 (6) : 641-653.

Zou Y, Zhang S, Ma X, et al. 2016. Numerical investigation of hydraulic fracture network propagation in naturally fractured shale formations. Journal of Structural Geology, 84 (1) : 1-13.

Zuo Y, Xu T, Zhang Y, et al. 2011. Numerical study of zonal disintegration within a rock mass around a deep excavated tunnel. International Journal of Geomechanics, 12 (4) : 471-483.

Zuo Y, Zhang Q, Xu T, et al. 2015. Numerical tests on failure process of rock particle under impact loading. Shock and Vibration, 2015 (6) : 1-12.